水处理综合实验技术

（第二版）

主　编　章北平　任拥政　陆谢娟

主　审　金儒霖

副主编　邹东雷　卢俊平　童延斌　张　峰

童英林

参　编　张晓晶　付四立　吕　聪　刘正乾

吴晓晖　张翔凌　罗　凡　左椒兰

王宗平　杨　群　解清杰　周爱姣

牛　姝　刘礼祥　高　兰　熊思江

崔玉虹　黄冠山

华中科技大学出版社

中国·武汉

内容简介

本书是华中科技大学"教学质量工程"精品教材资助项目。全书内容主要包括实验设计与数据处理、水处理基础实验技术、水处理综合设计实验和特种水处理综合设计实验四大部分，主要阐述实验设计的基本理论、水处理实验的基本操作及综合实验的自主创新，对提高学生的实践能力、科研创新能力大有裨益。

全书将理论与实践相结合，及时反映和应用科研成果中的新技术，内容丰富，图文并茂，可供高等学校给排水科学与工程、环境工程等专业师生使用，亦可供从事本专业的工程技术人员或科研人员参考。

图书在版编目(CIP)数据

水处理综合实验技术/章北平，任拥政，陆谢娟主编.—2版.—武汉：华中科技大学出版社，2021.11
ISBN 978-7-5680-7589-3

Ⅰ.①水… Ⅱ.①章… ②任… ③陆… Ⅲ.①水处理-实验-高等学校-教材 Ⅳ.①TU991.2-33

中国版本图书馆CIP数据核字(2021)第219870号

水处理综合实验技术(第二版)
Shuichuli Zonghe Shiyan Jishu (Di-er Ban)

章北平　任拥政　陆谢娟　主编

策划编辑：王新华
责任编辑：王新华　张　萌
封面设计：潘　群
责任校对：李　弋
责任监印：周治超
出版发行：华中科技大学出版社(中国·武汉)　电话：(027)81321913
武汉市东湖新技术开发区华工科技园　邮编：430223
录　　排：武汉正风天下文化发展有限公司
印　　刷：湖北开心印印刷设计有限公司
开　　本：787mm×1092mm　1/16
印　　张：13.5
字　　数：350千字
版　　次：2021年11月第2版第1次印刷
定　　价：38.00元

第二版前言

本书自2011年出版至今已有十年的历史，为水质工程学实验教学提供了参考，受到了师生们的欢迎。

在这十年中，给排水处理技术得到了很大的发展，新的水处理原理和工艺层出不穷，急需在实验过程中对学生进行动手能力的训练和综合能力的培养。为适应人才培养的需求，本书的修订不可避免。本书的出版得到了华中科技大学出版社的大力支持。

本书由华中科技大学章北平老师、任拥政老师、陆谢娟老师主编，由该校环境科学与工程学院市政工程系的老师与兄弟院校相关专业老师合作完成。新增内容中，第一章第六节，第二章实验七、实验十一、实验十六由内蒙古农业大学卢俊平老师编写；第二章实验十八由太原理工大学张峰老师编写；第三章第二节实验五、实验六及第四章实验十一由吉林大学邹东雷老师、吕聪老师、牛姝老师编写；第三章第一节实验六、实验七，第二节实验九至实验十二由任拥政老师、石河子大学童延斌老师、仲恺农业工程学院童英林老师编写；第三章第一节实验八由华中科技大学刘正乾老师编写。第三章第一节实验一至实验五由陆谢娟老师修订。华中科技大学付四立老师对第一版文字进行了修订。部分研究生参与了本书的编写，在此一并致谢。

本书由华中科技大学金儒霖教授主审。

由于编者水平有限，书中不足之处在所难免，欢迎广大读者批评指正。

编　者

2021年8月

第一版前言

水环境污染和水资源危机日益加剧，水污染控制的新技术和新方法应运而生，水处理实验技术也发挥着重要作用。给水排水工程专业培养和训练学生的综合素质和实践能力，不仅要求学生具有坚实的理论基础，而且要让其掌握实验操作技能，具备解决专业实际问题和科研创新的能力。基于此，本书在国家"985"学科建设平台的基础上，介绍了水处理实验中的传统基础实验，编写了水和特种水处理综合设计实验，编入了实验设计、误差分析与处理等相关内容。

本书是华中科技大学市政工程系老师们多年教学与科研工作的结晶，书中汇集了许多科研和实验资料，对培养学生的实验操作能力与科研创新能力颇有裨益。

本书内容包括实验设计与数据处理、水处理基础实验技术、水和特种水处理综合设计实验。其中水处理基础实验技术包括14个传统的基础理论实验；水处理综合设计实验包括给水处理综合实验设计4个，污水综合设计实验6个；特种水处理综合设计实验（设计研究型实验）有10个。综合设计实验体现了从污水处理到纯净水净化的设计理念，不仅要求学生完成单一的装置实验，而且要进行该装置的自主设计实验，还要根据不同原水水质指标进行不同装置组合实验，使出水达到相应的标准。

本书由华中科技大学章北平教授主编。其中第一章由任拥政老师、陆谢娟老师和吴晓晖老师编写；第二章实验十三由武汉理工大学张翔凌老师编写，其余实验由华中科技大学环境科学与工程学院市政工程系老师编写；第三章实验由华中科技大学环境科学与工程学院市政工程系老师编写，其中第一节的实验一由罗凡老师编写，实验二由左椒兰老师编写，实验三由陆谢娟老师编写，实验四由王宗平老师编写，第二节的实验一由杨群老师编写，实验二由解清杰老师编写，实验三由周爱姣老师编写，实验四由刘礼祥博士编写，实验五、实验六由任拥政老师编写；第四章实验一、实验五与实验六由章北平老师编写，实验二由任拥政老师编写，实验三、实验七由吴晓晖老师编写，实验四由刘正乾老师编写，实验八由高兰博士编写，实验九由熊思江博士编写，实验十由崔玉虹老师编写。此外，华中科技大学环境科学与工程学院中心实验室的黄冠山老师、付四立老师等参加了部分编写工作。

本书由华中科技大学金儒霖教授主审。

由于编者水平有限，书中不妥之处在所难免，欢迎广大读者给予批评指正。

编　者

2010年12月

目　　录

第一章　实验设计与数据处理

第一节　实验设计的几个基本概念

实验设计是解决水处理问题的必要手段，实验设计的目的在于选择一种对所研究的特定问题的最有效、最合理的实验安排，以便用最少的人力、物力和时间获得满足要求的实验结果。

优化实验设计，就是一种在实验进行之前，根据实验中的不同问题，利用数学原理，科学地安排实验，以求迅速找到最佳方案的科学实验方法。它对于减少实验次数，节省原材料与较快得到有用信息是非常重要的。由于通过优化实验设计提供了科学安排实验的方法，因此，近年来优化实验设计越来越被科技人员重视，并得到广泛应用。优化实验设计打破了传统均分和对分安排实验等方法，其中单因素的 0.618 法和分数法（斐波那契数列法）、分批实验法、多因素的正交实验设计法、平行线法等在国外已广泛地应用于科学实验上，取得了很好的效果。

实验设计在水处理中具有重要的作用，它是水处理工作者必须掌握的技能和方法。因此，在进行实验设计时，有必要先对实验设计的一些基本概念有所了解。

(1) 实验方法　通过做实验获得大量的自变量与因变量一一对应的数据，以此为基础来分析整理并得到客观规律的方法，称为实验方法。

(2) 实验设计　实验设计是指为节省人力、财力，迅速找到最佳条件，揭示事物内在规律，根据实验中不同的问题，在实验前利用数学原理科学编排实验的过程。

(3) 指标　在实验设计中用来衡量实验效果好坏所采用的标准称为实验指标（或简称指标）。例如，天然水中存在大量胶体颗粒，使水混浊，为了降低浊度需往水中投加混凝剂，当实验目的是求最佳投药量时，水样中剩余浊度即作为实验指标。

(4) 因素　对实验指标有影响的条件称为因素。例如，在水中投入适量的混凝剂可降低水的浊度，因此水中投加的混凝剂即作为分析的实验因素，简称因素。有一类因素，在实验中可以人为地加以调节和控制，如水质处理中的投药量，称为可控因素；另一类因素，由于自然条件和设备等条件的限制，暂时还不能人为调节，如水质处理中的气温，称为不可控因素。在实验设计中，一般只考虑可控因素。因此本书中的因素凡未特别说明都指可控因素。

(5) 水平　因素在实验中所处的不同状态，可能引起指标的变化，因素变化的各种状态称为因素的水平。某个因素在实验中需要考虑它的几种状态，就称为几个水平的因素。

因素的各个水平有的能用数量表示，有的不能用数量表示。例如，有几种混凝剂可以降低水的浊度，要研究哪种混凝剂较好，各种混凝剂就表示混凝剂这个因素的各个水平，不能用数量表示。凡是不能用数量表示水平的因素，称为定性因素。在多因素实验中，经常会遇到定性因素。对于定性因素，只要对每个水平规定其具体含义，就可与通常的定量因素一样对待。

(6) 因素间的交互作用　若实验中所考虑的各因素相互间没有影响，则称因素间没有交互作用，否则称因素间有交互作用，并记为 A（因素）$\times B$（因素）。

第二节　单因素实验优化设计

只有一个影响因素的实验,或影响因素虽多但在安排实验时,只考虑一个对指标影响最大的因素,其他因素及量保持不变的实验,称为单因素实验。如何选择实验方案来安排实验,找出最优实验点,使实验结果最好,是实验前要考虑的重要问题。

在安排单因素实验时,一般考虑三方面的内容。

a　　　　b

图 1-1　单因素实验范围

首先确定包括最优点的实验范围。设下限是 a,上限是 b,实验范围就用由 a 到 b 的线段表示(图 1-1),并记作$[a,b]$。若用 x 表示实验点,则写成 $a \leqslant x \leqslant b$,如果不考虑端点 a、b,就记为(a,b)或 $a<x<b$。

然后确定指标。如果实验结果(y)和因素取值(x)的关系可写成数学表达式 $y=f(x)$,则称 $f(x)$为指标函数(或目标函数)。根据实际问题,在因素的最优点上,已知指标函数 $f(x)$ 的最大值、最小值或满足某种规定的要求称为评定指标。对于不能写成指标函数甚至实验结果不能定量表示的情况,例如,比较水库中水的气味,就要确定评定实验结果好坏的标准。

最后确定实验方法,科学地安排实验点。下面主要介绍单因素实验优化设计方法。内容包括均分法、对分法、0.618 法和分数法。

一、均分法与对分法

(一) 均分法

均分法具体做法如下:如果要做 n 次实验,就把实验范围按式(1-1)等分为 $n+1$ 份,每份的实验范围为 i,在各个分点上做实验,如图 1-2 所示。

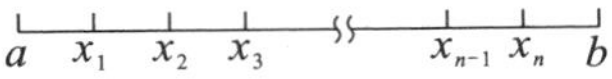

a　x_1　x_2　x_3　　x_{n-1}　x_n　b

图 1-2　均分法实验点

$$x_i = a + \frac{b-a}{n+1} i \tag{1-1}$$

把 n 次实验结果进行比较,选择出所需要的最好结果,相对应的实验点即为 n 次实验中的最优点。

均分法是一种原始的实验方法。这种方法的优点是只需把实验放在等分点上,实验可以同时安排,也可以一个接一个安排;其缺点是实验次数较多。

(二) 对分法

对分法的要点是每个实验点取在实验范围的中点。若实验范围为$[a,b]$,则中点公式为

$$x = \frac{a+b}{2} \tag{1-2}$$

用这种方法,每次可去掉实验范围的一半,直到取得满意的结果为止。但是对分法是有条件限制的,它只适用于每做一次实验就能确定下次实验方向的情况。

如某酸性污水,要求投加碱量调整 pH 值至 7~8,加碱量范围为$[a,b]$,试确定最佳投药量。若采用对分法,第一次加药量 $x_1=\frac{a+b}{2}$,加药后水样 pH<7(或 pH>8),则加药范围中小于 x_1(或大于 x_1)的范围可舍弃,而取另一半重复实验,直到满意为止。

二、0.618 法

单因素优选法中，对分法的优点是每次实验可以将实验范围缩小一半，缺点是要求每次实验能确定下次实验方向。有些实验不能满足这个要求，因此，对分法的应用受到一定的限制。

科学实验中，有相当普遍的一类实验，目标函数只有一个峰值，在峰值的两侧实验效果都差，将这样的目标函数称为单峰函数。图 1-3 所示为一个上单峰函数。

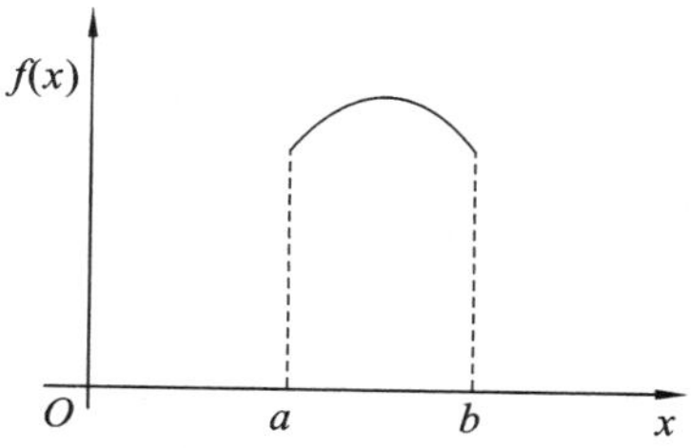

图 1-3　上单峰函数

0.618 法适用于目标函数为单峰函数的情形。具体做法如下：设实验范围为$[a,b]$，第 1 个实验点 x_1 选在实验范围的 0.618 位置上，即

$$x_1=a+0.618(b-a) \tag{1-3}$$

第 2 个实验点选在第 1 个实验点 x_1 的对称点 x_2 上，即实验范围的 0.382 位置上。

$$x_2=a+0.382(b-a) \tag{1-4}$$

图 1-4　0.618 法第 1、2 个实验点分布

实验点 x_1、x_2 如图 1-4 所示。

设 $f(x_1)$和 $f(x_2)$表示 x_1 与 x_2 两点的实验结果，且 $f(x)$的值越大越好。

(1) 如果 $f(x_1)$比 $f(x_2)$好，根据“留好去差”的原则，去掉实验范围$[a,x_2]$部分，在剩余范围$(x_2,b]$内继续做实验。

(2) 如果 $f(x_1)$比 $f(x_2)$差，同样根据“留好去差”的原则，去掉实验范围$[x_1,b]$部分，在剩余范围$[a,x_1)$内继续做实验。

(3) 如果 $f(x_1)$和 $f(x_2)$实验效果一样，去掉两端，在剩余范围$[x_1,x_2]$内继续做实验。

根据单峰函数性质，上述 3 种做法都可使好点留下，将差点去掉，不会发生最优点丢失的情况。

继续做实验，在 $f(x_1)$比 $f(x_2)$好的情况下，在剩余实验范围$(x_2,b]$内用公式(1-3)计算新的实验点 x_3。

$$x_3=x_2+0.618(b-x_2)$$

如图 1-5 所示，在实验点 x_3 安排一次新的实验。

在 $f(x_1)$比 $f(x_2)$差的情况下，在剩余实验范围$[a,x_1)$内用公式(1-4)计算新的实验点 x_3。

$$x_3=a+0.382(x_1-a)$$

如图 1-6 所示，在实验点 x_3 安排一次新的实验。

图 1-5　$f(x_1)$比 $f(x_2)$好时第 3 个实验点 x_3

图 1-6　$f(x_1)$比 $f(x_2)$差时第 3 个实验点 x_3

在 $f(x_1)$和 $f(x_2)$实验效果一样的情况下，剩余实验范围为$[x_2,x_1]$，用公式(1-3)和公式(1-4)计算两个新的实验点 x_3 和 x_4。

$$x_3=x_2+0.618(x_1-x_2)$$

$$x_4=x_2+0.382(x_1-x_2)$$

在 x_3、x_4 安排两次新的实验。

无论上述 3 种情况出现哪一种，在新的实验范围内都有两个实验点的实验结果，可以进行比较。仍然按照"留好去差"原则，再去掉实验范围的一段或两段，这样反复做下去，直到找到满意的实验点，得到比较好的实验结果为止，或实验范围已很小，再做下去，实验结果差别不大，就可以停止实验。

例如，为降低水的浊度，需加入一种药剂，已知其最佳加入量在 1 000 g 与 2 000 g 之间的一点，现在要通过实验找到它，按照 0.618 法选点，先在实验范围的 0.618 处做第 1 个实验，这一点的加入量可由公式(1-3)计算出来。

$$x_1=1\ 000+0.618\times(2\ 000-1\ 000)=1\ 618\ (\mathrm{g})$$

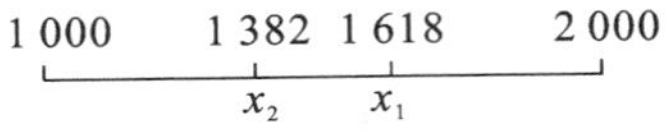

1 000　1 382　1 618　2 000
x_2　x_1

图 1-7　降低水的浊度第 1、2 次实验加药量

再在实验范围的 0.382 处做第 2 个实验，这一点的加入量可由公式(1-4)计算出，如图1-7所示。

$$x_2=1\ 000+0.382\times(2\ 000-1\ 000)=1\ 382\ (\mathrm{g})$$

比较两次实验结果，如果点 x_1 比点 x_2 好，则去掉 1 382 g 以下的部分，然后在留下部分再用公式(1-3)找出第 3 个实验点 x_3，在点 x_3 做第 3 次实验，这一点的加入量为 1 764 g，如图 1-8 所示。

如果仍然是点 x_1 好，则去掉 1 764 到 2 000 这一段，在留下的部分按公式(1-4)计算得出第 4 实验点 x_4，在点 x_4 做第 4 次实验，这一点的加入量为 1 528 g，如图 1-9 所示。

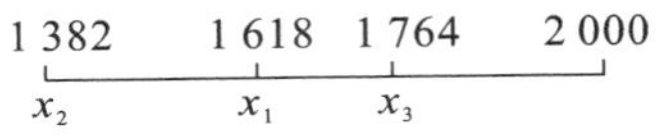

1 382　1 618　1 764　2 000
x_2　x_1　x_3

图 1-8　降低水的浊度第 3 次实验加药量

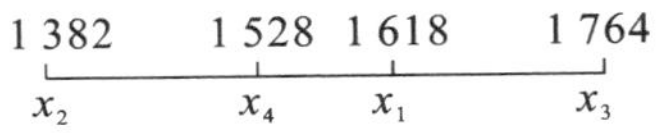

1 382　1 528　1 618　1 764
x_2　x_4　x_1　x_3

图 1-9　降低水的浊度第 4 次实验加药量

如果这一点比点 x_1 好，则去掉 1 618 到 1 764 这一段，在留下的部分按同样方法继续做下去，如此重复，最终即能得到最佳点。

总之，0.618 法简便易行，对每个实验范围都可以计算出两个实验点进行比较，好点留下，从差点处把实验范围切开，丢掉短而不包括好点的一段，实验范围就缩小了。在新的实验范围内，再用公式(1-3)、公式(1-4)算出两个实验点，其中一个就是刚才留下的好点，另一个是新的实验点。应用此法每次可以去掉实验范围的 0.382，因此可以用较少的实验次数迅速找到最佳点。

三、分数法

(一) 分数法的概念

分数法又称为斐波那契数列法，它是利用斐波那契数列进行单因素实验优化设计的一种方法。

斐波那契数列是满足下列条件的数列，即 F_n 在 $F_0=F_1=1$ 时符合递推式

$$F_n=F_{n-1}+F_{n-2}\quad(n\geqslant 2)$$

即从第 3 项起，每一项都是它前面两项之和，写出来就是

$$1,1,2,3,5,8,\cdots$$

相应的 F_n 为 $F_0,F_1,F_2,F_3,F_4,F_5,\cdots$。

分数法也是适用于单峰函数的方法，它和 0.618 法的不同之处在于要求预先给出实验总

次数。在实验能取整数时，或由于某种条件限制只能做几次实验时，或由于某些原因，实验范围有一些不连续的、间隔不等的点组成或实验点只能取某些特定值时，利用分数法安排实验更为有利、方便。

（二）利用分数法进行单因素实验优化设计

设 $f(x)$ 是单峰函数，先分两种情况研究如何利用斐波那契数列来安排实验。

(1) 所有可能进行的实验总次数 m 值，正好是某一个 F_{n-1} 值时，即可能的实验总次数 m 次，正好与斐波那契数列中的某数减 1 相一致时。

此时，前两个实验点分别放在实验范围的 F_{n-1} 和 F_{n-2} 的位置上，也就是现在斐波那契数列上的第 F_{n-1} 和 F_{n-2} 点上做实验，如图 1-10 所示。

可能实验次序		1	2	3	4	5	6	7	8	9	10	11	12
F_n 数列	F_0 1	F_1 1	F_2 2	F_3 3		F_4 5			F_5 8				F_6 13
相应投配率/(%)		2	3	4	5	6	7	8	9	10	11	12	13
实验次序		x_4	x_3	x_5		x_2		x_1					

图 1-10　分数法第一种情况实验安排

例如通过某种污泥的消化实验确定其最佳投配率 P，实验范围为 2%～13%，以变化 1% 为 1 个实验点，则可能的实验总次数为 12，符合 $12=13-1=F_6-1$，即 $m=F_n-1$ 的关系，故第 1 个实验点为

$$F_{n-1}=F_5=8$$

即放在 8 处或者说放在第 8 个实验点处，如图 1-10 所示，投配率为 9%。

同理，第 2 个实验点为

$$F_{n-2}=F_4=5$$

即第 5 个实验点，投配率为 6%。

实验后，比较两个不同投配率的结果，根据产气率、有机物的分解率，若污泥投配率 6% 优于 9%，则根据“留好去差”的原则，去掉 9% 以上的部分（同理，若 9% 优于 6% 时，则去掉 6% 以下的部分）重新安排实验。

此时实验范围如图 1-10 中虚线左侧所示，可能实验总次数 $m=7$，符合 $8-1=7$，$m=F_n-1$，$F_n=8$，故 $n=5$。第 1 个实验点为

$$F_{n-1}=F_4=5,\quad P=6\%$$

该点已进行实验，第 2 个实验点为

$$F_{n-2}=F_3=3,\quad P=4\%$$

或利用在该范围内与已有实验点的对称关系找出第 2 个实验点，如在 1～7 点内与第 5 点相对称的点为第 3 点，相对应的投配率 $P=4\%$。

比较投配率为 4% 和 6% 两个实验的结果并按照上述步骤重复进行，如此进行下去，则对可能的 $F_6-1=13-1=12$ 次实验，只要 $n-1=6-1=5$ 次实验，就能找出最优点。

(2) 可能的实验总次数 m，不符合上述关系，而是符合

$$F_{n-1}-1<m<F_n-1$$

在此条件下,可在实验范围两端增加虚点,人为地使实验的个数变成 F_n-1,使其符合第一种情况,而后安排实验。当实验被安排在增加的虚点上时,不要真正做实验,而应直接判断虚点的实验结果比其他实验点效果都差,将实验继续做下去,即可得到最优点。

例如混凝沉淀中,要从 5 种投药量中,筛选出最佳投药量,利用分数法安排实验。

由斐波那契数列可知

$$m=5,\quad F_5-1=8-1=7$$

$$F_{n-1}-1=F_4-1=5-1=4$$

$4<m<7$,符合 $F_{n-1}-1<m<F_n-1$,故属于分数法的第二种情况。

首先要增加虚点,使其实验总次数达到 7,如图 1-11 所示。

可能实验次序		1	2	3	4	5	6	7
F_n 数列	F_0 1	F_1 1	F_2 2	F_3 3		F_4 5	F_5 8	
相应投药量/(mg/L)		0.0	0.5	1.0	1.3	2.0	3.0	0.0
实验次序				x_2		x_1	x_3	

图 1-11 分数法第二种情况实验安排

第 1 个实验点为 $F_{n-1}=5$,投药量为 2.0 mg/L;第 2 个实验点为 $F_{n-2}=3$,投药量为 1.0 mg/L。经过比较后,投药量为 2.0 mg/L 时效果较理想,根据“留好去差”的原则,舍掉 1.0 mg/L以下的实验点,由图 1-11 可知,第 3 个实验点应安排在实验范围 4～7 内 F_5 的对称点 6 处,即投药量为 3.0 mg/L。比较结果后投药量 3.0 mg/L 优于 2.0 mg/L 时,则舍掉 F_5 点以下数据,在 6～7 范围内根据对称点选取第 4 个实验点为虚点 7,投药量为 0.0 mg/L,因此最佳投药量为3.0 mg/L。

第三节　多因素实验设计

多因素实验就是实验中需要考虑多个因素,而每个因素又要考虑多个水平的实验问题。

在科学实验和研究的过程中,遇到的问题往往都比较复杂,它们一般都包含许多影响因素,每个因素又往往有多个水平,它们之间有可能互相交织、互相作用,情况错综复杂。要解决问题,往往需要做大量的实验。例如,某工业废水采用厌氧消化处理,经研究分析,决定考虑 3 个因素(如温度、时间、负荷率等),而每个因素又可能有 4 个不同的水平(如消化时控制的温度可为 20 ℃、25 ℃、30 ℃、35 ℃ 4 个水平),它们之间可能有 4^3,即 64 种不同的组合,也就是可能要经过 64 次实验才能找出最佳的实验点。这样既耗时又耗资,有时甚至是不可能做到的。由此可见,多因素的实验存在着如下突出的矛盾:

(1) 全面实验的次数与实际可行的实验次数之间的矛盾;

(2) 实际所做的少数实验与要求掌握的事物内在规律之间的矛盾。

为解决第一个矛盾,就需要对实验进行合理的安排,挑选少数几个具有代表性的实验做;为解决第二个矛盾,就应当对所选定的几个实验的实验结果进行科学的分析。

如何合理地安排多因素实验？又如何对多因素实验结果进行科学分析？目前应用的方法较多，而正交实验设计就是处理多因素实验的一种科学方法，它有助于实验者在实验前借助事先已制好的正交表科学地设计实验方案，从而挑选出少量具有代表性的实验做，实验后经过简单的表格运算，分清各个因素在实验中的主次作用并找到较好的运行方案，得到正确的分析结果。因此，正交实验设计在各个领域得到了广泛应用。

正交实验设计，就是利用事先制好的特殊表格——正交表来安排多因素实验，并用统计方法进行数据分析的一种方法。它简便易行，而且计算表格化，并能较好地解决如上所述的多因素实验中存在的两个突出问题，对多因素问题的解决往往能得到事半功倍的效果。

（一）用正交表安排多因素实验的步骤

(1) 明确实验目的，确定评价指标。即根据水处理工程实际明确实验要解决的问题，同时，要结合工程实际选用能定量、定性表达的突出指标作为实验分析的评价指标。指标可能是一个或多个。

(2) 挑选因素、水平，列出因素水平表。影响实验结果的因素很多，但是不可能对每个因素都进行考察，因此要根据已有的专业知识和相关文献资料以及实际情况，固定一些因素于最佳条件下，排除一些次要因素，挑选主要因素。例如，对于不可控因素，由于无法测出因素的数值，所以看不出不同水平的差别，也就无法判断出该因素的作用，因此不能将其列为被考察的因素。对于可控因素，应当挑选那些对指标可能影响较大，但又没有把握的因素来进行考察，特别是不能将重要因素固定而不加以考察。

(3) 选择合适的正交表。常用的正交表有几十种，可以经过分析灵活运用，但一般要视因素及水平的数量、有无重点因素需加以详细考察、实验的工作量大小和允许的条件综合分析而定。实际安排实验时，挑选因素、水平和选用正交表等步骤往往是结合进行的。接着根据以上选择的因素及水平的取值和正交表，即可制定一张反映实验所需考察研究的因素和各因素的水平的因素水平表。

(4) 确定实验方案。根据因素水平表及所选用的正交表，确定实验的方案。

① 因素顺序上列：按照因素水平表固定下来的因素次序，将因素放到正交表的纵列上，每列放一种。

② 水平对号入座：因素顺序上列后，把相应的水平按因素水平表所确定的关系对号入座。

③ 确定实验条件：在因素顺序上列、水平对号入座后，正交表中的每一横行即代表所要进行的实验的一种条件，横行数则代表实验的次数。

(5) 按照正交表中每一横行所规定的条件进行实验。实验过程中，要严格操作，准确记录实验数据，分析整理出每组条件下的评价指标。

（二）实验结果的直观分析

通过实验获得大量的实验数据后，如何科学地分析这些数据，从中得到正确的结论，是正交实验设计不可分割的一个组成部分。

正交实验设计的数据分析的目的就是要解决以下问题：哪些因素影响大；哪些因素影响小；因素的主次关系如何；各影响因素中，哪个水平能得到满意的结果。从而找出最佳生产运行条件。

下面以正交表 $L_4(2^3)$ 为例，其中各数字以符号 $L_n(f^m)$ 表示，如表 1-1 所示。

直观分析法的具体步骤如下。

表 1-1 $L_4(2^3)$正交表直观分析

水平		列号 1	列号 2	列号 3	实验结果(评价指标)y_i
实验号	1	1	1	1	y_1
	2	1	2	2	y_2
	3	2	1	2	y_3
	4	2	2	1	y_4
K_1 K_2					
$\overline{K}_1$ $\overline{K}_2$					
$R=\overline{K}_1-\overline{K}_2$					

(1) 填写评价指标。

将每组实验的数据分析处理后,求出相应的评价指标值 y_i,并填入正交表的右栏"实验结果"内。

(2) 计算各列的各水平效应值 K_f、均值 $\overline{K}_f$ 及极差 R 值。

K_f 为列中 f 号的水平相应指标值之和。

$$\overline{K}_f=\frac{K_f}{m\text{ 列的 }f\text{ 号水平的重复次数}} \tag{1-5}$$

R 为列中 $\overline{K}_f$ 的极大值与极小值之差。

(3) 比较各因素的极差 R 值,根据其大小,即可排出因素的主次关系。从直观上很易理解,对实验结果影响大的因素一定是主要因素。所谓影响大,就是这个因素的不同水平所对应的指标间的差异大。相反,则是次要因素。

(4) 比较同一因素下各个水平的效应均值 $\overline{K}_f$,能使指标达到满意的值(最大值或最小值)为较为理想的水平值。这样就可以确定最佳生产运行条件。

(5) 作因素和指标的关系图,即以各因素的水平值为横坐标,各因素水平所对应的均值 $\overline{K}_f$ 为纵坐标,在直角坐标系上绘图,可以直观地反映出在其他因素变化基本相同的条件下,该因素与指标的关系。

(三) 正交实验分析举例

【例 1-1】 根据华中科技大学主持的国家"十五""863"课题"城市污水生物/生态处理技术与示范"中自响应节能生物反应器的兼性生化反应模式的研究内容,在室温下进行实验研究。首先进行 3 因素 3 水平的正交实验,得出典型工况的运行参数和最佳运行工况。在进行正交实验的同时观察实验出现的各种现象,并进行工况与影响因素的分析。

解 1) 确定实验方案并实验

(1) 实验目的。找出影响自响应节能生物反应器中的兼性生化反应模式的主要因素并确定典型工况的运行参数和最佳运行工况。

(2) 挑选因素。影响该反应器工作的因素主要有以下几种:① 反应池水力停留时间

(HRT);② 混合液悬浮固体浓度(MLSS);③ 进水有机物浓度;④ 水温;⑤ 溶解氧(DO)与氧化还原电位(ORP);⑥ pH 值、酸碱度。

根据有关文献及经验分析,主要考察以下 3 个因素:① HRT;② MLSS;③ 进水有机物浓度。

(3) 确定各因素的水平。为了减少实验次数而又便于说明问题,每个因素选用 3 个水平,分析结果见表 1-2。

表 1-2 实验因素及水平表

水 平	因 素		
	HRT/h	MLSS/(mg/L)	进水有机物浓度/(mg/L)
	A	B	C
水平 1	4	4 000	100
水平 2	8	5 500	180
水平 3	12	7 000	260

(4) 确定实验评价指标。本次实验以 COD 的去除率为评价指标最为合适。COD 的去除率计算方法如下:

$$\eta=\frac{COD_{进水}-COD_{出水}}{COD_{进水}}\times 100\%$$

(5) 选择合适的正交表。根据以上所选择的因素和水平,确定选用 $L_9(3^4)$ 正交表,如表 1-3 所示。

表 1-3 $L_9(3^4)$正交表

实 验 号	列 号			
	1	2	3	4
1	1	1	1	1
2	1	2	2	2
3	1	3	3	3
4	2	1	2	3
5	2	2	3	1
6	2	3	1	2
7	3	1	3	2
8	3	2	1	3
9	3	3	2	1

(6) 确定实验方案。根据正交实验设计的要求,随机选择如下。

A_1:8 h; A_2:4 h; A_3:12 h。

B_1:4 000 mg/L; B_2:7 000 mg/L; B_3:5 500 mg/L。

C_1:100 mg/L; C_2:180 mg/L; C_3:260 mg/L。

本正交实验安排如表 1-4 所示。

表 1-4　实验计划表

实验号	HRT/h	MLSS/(mg/L)	进水有机物浓度/(mg/L)
	A	B	C
1	A_1(8)	B_1(4 000)	C_1(100)
2	A_1(8)	B_2(7 000)	C_2(180)
3	A_1(8)	B_3(5 500)	C_3(260)
4	A_2(4)	B_1(4 000)	C_2(180)
5	A_2(4)	B_2(7 000)	C_3(260)
6	A_2(4)	B_3(5 500)	C_1(100)
7	A_3(12)	B_1(4 000)	C_3(260)
8	A_3(12)	B_2(7 000)	C_1(100)
9	A_3(12)	B_3(5 500)	C_2(180)

2）实验结果及直观分析

实验数据见表 1-5。

表 1-5　正交实验数据表

实验号	HRT/h	MLSS /(mg/L)	进水有机物浓度/(mg/L)	混合液温度/℃	$COD_{进水}$ /(mg/L)	$COD_{出水}$ /(mg/L)	去除率
1	A_3(12)	B_2(7 000)	C_1(100)	27.1	106.51	50.31	0.528
2	A_1(8)	B_2(7 000)	C_2(180)	25.2	173.41	64.51	0.628
3	A_2(4)	B_2(7 000)	C_3(260)	24.0	292.49	140.62	0.519
4	A_3(12)	B_3(5 500)	C_2(180)	22.1	189.56	52.06	0.725
5	A_1(8)	B_3(5 500)	C_3(260)	24.5	261.20	78.36	0.700
6	A_2(4)	B_3(5 500)	C_1(100)	21.5	107.35	58.55	0.455
7	A_2(4)	B_1(4 000)	C_2(180)	16.4	188.49	114.60	0.392
8	A_1(8)	B_1(4 000)	C_1(100)	13.3	104.41	54.29	0.480
9	A_3(12)	B_1(4 000)	C_3(260)	11.9	250.80	155.39	0.380

把实验数据代入正交实验表中计算，结果如表 1-6 所示。

表 1-6　正交实验表

实验号	列号				数据 y
	A	B	C	D	
	1	2	3	4	
1	A_1(8)	B_1(4 000)	C_1(100)	D_1	0.480
2	A_1(8)	B_2(7 000)	C_2(180)	D_2	0.628

续表

实验号	列号				数据 y
	A	B	C	D	
	1	2	3	4	
3	A_1(8)	B_3(5 500)	C_3(260)	D_3	0.700
4	A_2(4)	B_1(4 000)	C_2(180)	D_3	0.392
5	A_2(4)	B_2(7 000)	C_3(260)	D_1	0.519
6	A_2(4)	B_3(5 500)	C_1(100)	D_2	0.455
7	A_3(12)	B_1(4 000)	C_3(260)	D_2	0.380
8	A_3(12)	B_2(7 000)	C_1(100)	D_3	0.528
9	A_3(12)	B_3(5 500)	C_2(180)	D_1	0.725
K_1	1.808	1.252	1.463	1.713	—
K_2	1.366	1.675	1.745	1.464	
K_3	1.633	1.880	1.599	1.620	
$\overline{K}_1$	0.603	0.417	0.488	0.571	—
$\overline{K}_2$	0.455	0.558	0.582	0.488	
$\overline{K}_3$	0.544	0.627	0.533	0.540	
R	0.148	0.210	0.094	0.083	—

计算各列的 K、$\overline{K}$ 和极差 R 值。如计算水力停留时间(HRT)这一列的因素时，各水平的 M 值如下。

第 1 个水平

$$K_1=0.480+0.628+0.700=1.808$$

第 2 个水平

$$K_2=0.392+0.519+0.455=1.366$$

第 3 个水平

$$K_3=0.380+0.528+0.725=1.633$$

其均值 m 分别为

$$\overline{K}_1=1.808/3=0.603$$

$$\overline{K}_2=1.366/3=0.455$$

$$\overline{K}_3=1.633/3=0.544$$

$$R=0.603-0.455=0.148$$

以此分别计算 MLSS、进水有机物浓度。

(1) 因素重要性比较。

划分因素重要性的依据是极差。极差 R 的大小反映了实验中各因素作用的大小。极差大，表明这个因素对指标的影响大，它的变化对结果影响大；反之，极差 R 小，说明该因素是保守的，它的变化对结果影响小。

本实验中 $R_2=0.210>R_1=0.148>R_3=0.094$,因此,各因素对指标影响大小的顺序为B>A>C,即 MLSS>HRT>进水有机物浓度。

(2) 确定最优的工艺条件。

由以上分析可知,各因素中最佳的水平组合条件为 $A_1B_3C_2$,即 HRT 为 8 h、MLSS 为 5 500 mg/L、进水有机物浓度为 180 mg/L,此为反应器的最佳工况,有最佳的去除率。

第四节　实验误差分析

水处理综合实验中,常常需要做一系列的测定,并取得大量的数据。实验表明,每项实验都有误差,同一项目的多次重复测量,结果总有差异,即实验值与真实值的差异。这是实验环境不理想、实验人员技术水平不高、实验设备的不完善造成的,实验中的误差可以不断减小,但是不可能做到没有误差。因此,绝不能认为得到了实验数据就万事大吉。一方面,必须对所测对象进行分析研究,估计测试结果的可靠程度,并对取得的数据给予合理的解释;另一方面,还必须将所得数据加以整理归纳,用一定的方式表示出各数据之间的相互关系。前者为误差分析,后者为数据处理。

实验误差分析和数据处理构成了实验的重要组成部分,它们的作用如下。

(1) 根据科学实验的目的,合理选择实验装置、仪器、条件和方法。

(2) 正确处理实验数据,以便在一定条件下得到接近真实值的最佳结果。

(3) 合理选定实验结果的误差,避免由于误差选取不当造成人力、物力的浪费。

(4) 总结测定的结果,得到正确的实验结论,并通过必要的整理归纳(如绘制成曲线或得出经验公式),为理论的分析验证提供条件。

一、真实值与平均值

在实验过程中要做各种测试工作,但由于实验的仪器设备、实验方法、环境、实验人员的观察力等都不可能是尽善尽美的,因此无法获取真实值。如果对同一考察项目进行无限多次的测试,然后根据误差分布定律(如正、负误差出现的概率相等),可以求得各测试值的平均值。在无系统误差的情况下,该值为接近于真实值的数值。通常,实验的次数总是有限的,用有限测试次数求得的平均值只能是真实值的近似值。

常用的平均值有算术平均值、均方根平均值、加权平均值、中位值及几何平均值等。计算平均值方法的选择,主要取决于一组观测值的分布类型。

(一) 算术平均值

算术平均值是最常用的一种平均值,当观测值呈正态分布时,算术平均值与真实值最接近。

设某实验进行 n 次观测,观测值分别为 $x_1,x_2,\cdots,x_n$,则算术平均值为

$$\bar{x}=\frac{x_1+x_2+\cdots+x_n}{n}=\frac{1}{n}\sum_{i=1}^{n}x_i \tag{1-6}$$

(二) 均方根平均值

均方根平均值应用相对较少,其计算式为

$$\bar{x}=\sqrt{\frac{x_1^2+x_2^2+\cdots+x_n^2}{n}}=\sqrt{\frac{1}{n}\sum_{i=1}^{n}x_i^2} \tag{1-7}$$

（三）加权平均值

若对同一事物用不同方法测定，或者由不同人测定，计算平均值时，常采用加权平均值。其计算式为

$$\bar{x}=\frac{w_1x_1+w_2x_2+\cdots+w_nx_n}{w_1+w_2+\cdots+w_n}=\frac{\sum_{i=1}^{n}w_ix_i}{\sum_{i=1}^{n}w_i} \tag{1-8}$$

其中，$w_1,w_2,\cdots,w_n$ 为与各观测值相对应的权重。各观测值的权重 w_i 可以是观测值的重复次数、观测值在总数中所占的比例，或者根据经验确定。

【例 1-2】　某实验小组对某河的水质进行了监测，河水的 BOD_5 监测结果如表 1-7 所示，试计算其平均浓度。

表 1-7　河水 BOD_5 浓度及出现次数

$x(BOD_5)/(mg/L)$	140	150	160	170	180
出现次数	2	4	6	3	2

解　其平均浓度按式(1-8)计算，得

$$\bar{x}=\frac{140\times2+150\times4+160\times6+170\times3+180\times2}{2+4+6+3+2}=159.4\ (mg/L)$$

（四）中位值

中位值是指一组观测值按大小顺序排列的中间值。若观测次数为偶数，则中位值为正中两个值的平均值；若观测次数为奇数，则中位值为正中间的那个数值。中位值的最大优点是求法简单。只有当观测值呈正态分布时，中位值才能代表一组观测值的中间趋向，近似于真实值。

（五）几何平均值

如果一组观测值是非正态分布的，当对这组数据取对数后，所得图形的分布曲线更对称时，常用几何平均值。几何平均值是一组 n 个观测值连乘并开 n 次方求得的值，计算公式为

$$\bar{x}=\sqrt[n]{x_1x_2\cdots x_n} \tag{1-9}$$

也可用对数表示为

$$\lg\bar{x}=\frac{1}{n}\sum_{i=1}^{n}\lg x_i \tag{1-10}$$

【例 1-3】　测得某工厂污水的 COD 分别为 200 mg/L、210 mg/L、230 mg/L、220 mg/L、215 mg/L、290 mg/L、270 mg/L，试计算其平均浓度。

解　该厂污水的 COD 大部分为 200～230 mg/L，少数数据的数值较大，此时采用几何平均值才能较好地代表这组数据的中心趋势。

其平均浓度为

$$\bar{x}=\sqrt[7]{200\times210\times230\times220\times215\times290\times270}=231.6\ (mg/L)$$

二、误差与误差分类

（一）绝对误差与相对误差

观测值的准确度用误差来量度。个别观测值 x_i 与真实值 μ 之差称为个别观测值的误差，即绝对误差，用公式表示为

$$E_i = x_i - \mu \tag{1-11}$$

误差 E_i 的数值越大，说明观测值 x_i 偏离真实值 μ 越远。若观测值大于真实值，说明存在正误差；反之，存在负误差。

实际上，对于一组观测值的准确度，通常用各个观测值 x_i 的平均值 $\overline{x} = \frac{1}{n}\sum_{i=1}^{n} x_i$ 来表示观测的结果。因此，绝对误差又可表示为

$$E = \overline{x} - \mu \tag{1-12}$$

只有绝对误差的概念是不够的，因为它没有同真实值联系起来。相对误差是绝对误差与真实值的比值，即

$$E_r = \frac{E}{\mu} \tag{1-13}$$

相对误差用于不同观测结果的可靠性对比，常用百分数表示。

实际应用中，由于真实值 μ 不易测得，常用观测值的平均值 $\overline{x} = \frac{1}{n}\sum_{i=1}^{n} x_i$ 代替真实值 μ，用观测值与平均值之差表示绝对误差。严格地说，观测值与平均值之差应称为偏差，但在工程实践中多称为误差。

（二）系统误差、随机误差与过失误差

1. 系统误差

系统误差也可称为可测误差，是指在测定中由未发现或未确认的因素所引起的误差。这些因素使测定结果永远朝一个方向发生偏差，其大小及符号在同一实验中完全相同。产生系统误差的原因有以下几种：① 仪器不良，如刻度不准、砝码未校正等；② 环境的改变，如外界温度、压力的变化等；③ 个人的习惯和偏向，如读数偏高或偏低等。这类误差可以根据仪器的性能、环境条件或个人操作等加以校正克服，使之降低。

2. 随机误差

随机误差也称为偶然误差，它是由难以控制的因素引起的，通常并不能确切地知道这些因素，也无法说明误差何时发生或不发生，它的出现纯粹是偶然的、独立的和随机的。但是，随机误差服从统计规律，可以通过增加实验的测定次数来减小，并用统计的方法对测定结果作出正确的表述。实验数据的精确度主要取决于随机误差。随机误差是由研究方案和研究条件总体所固有的一切因素引起的。

3. 过失误差

除了上述的系统误差和随机误差，还有一类误差称为过失误差。过失误差是由于操作者工作的粗心大意、过度疲劳或操作不正确等因素引起的，是一种与事实明显不符的误差。这类误差无规律可循，但只要操作者加强责任心，提高操作水平，这类误差是可以避免的。

三、准确度与精密度

(一) 准确度与精密度的关系

准确度是指测定值与真实值偏离的程度,它反映系统误差和随机误差的大小,一般用相对误差表示。

精密度是指在控制条件下用一个均匀试样反复测量,所得数值之间的重复程度。它反映随机误差的大小,与系统误差无关。因此,测定观测数据的好坏,首先要考察精密度,然后考察准确度。

一般地讲,实验结果的精密度很高,并不表明准确度也很高,这是因为即使有系统误差的存在,也不妨碍结果的精密度。

(二) 精密度的表示方法

若在某一条件下进行多次测试,其误差为 $\delta_1,\delta_2,\cdots,\delta_n$,因为单个误差可大可小,可正可负,无法表示该条件下的测试精密度,因此常采用极差、算术平均误差、标准误差等表示精密度。

1. 极差

极差又称误差范围,是指一组观测值 x_i 中的最大值与最小值之差,是用于描述实验数据分散程度的一种特征参数。其计算式为

$$R = x_{\max} - x_{\min} \tag{1-14}$$

极差的缺点是只与两极端数值有关,而与观测次数无关,用它反映精密度比较粗糙,但其计算简便,在快速检验中可用以度量数据波动的大小。

2. 算术平均误差

算术平均误差是观测值与平均值之差的绝对值的算术平均值,其计算式为

$$\delta = \frac{\sum_{i=1}^{n} |x_i - \overline{x}|}{n} \tag{1-15}$$

式中:δ—— 算术平均误差;

x_i—— 观测值;

$\overline{x}$—— 全部观测值的平均值;

n—— 观测次数。

例如,有一组观测值与平均值的偏差(即单个误差)为 4、3、−2、2、4,则其算术平均误差为

$$\delta = \frac{4+3+2+2+4}{5} = 3$$

算术平均误差的缺点是无法表示出各次测试间彼此符合的情况。因为在一组测试中偏差彼此接近的情况下,与另一组测试中偏差有大、中、小三种的情况下,所得的算术平均误差可能基本相同。

3. 标准误差

各观测值 x_i 与平均值 $\overline{x}$ 之差的平方和的算术平均值的平方根称为标准误差,又称均方根误差、均方差或均方误差。其计算公式为

$$d = \sqrt{\frac{1}{n}\sum_{i=1}^{n}(x_i - \overline{x})^2} \tag{1-16}$$

式中:d—— 标准误差;

n—— 观测次数。

有时,在有限次观测中,标准误差的计算公式为

$$d=\sqrt{\frac{1}{n-1}\sum_{i=1}^{n}(x_i-\overline{x})^2} \tag{1-17}$$

由此可以看出,观测值越接近平均值,标准误差越小;观测值和平均值相差越大,标准误差越大。即标准误差对测试中的较大误差或较小误差比较灵敏,所以它可以较好地表示精密度,是表明实验数据分散程度的特征参数。

【例 1-4】 已知两次测试的偏差分别为 4、3、-2、2、4 和 1、5、0、-3、-6,试计算其误差。

解 算术平均误差为

$$\delta_1=\frac{4+3+2+2+4}{5}=3$$

$$\delta_2=\frac{1+5+0+3+6}{5}=3$$

标准误差为

$$d_1=\sqrt{\frac{4^2+3^2+(-2)^2+2^2+4^2}{5}}=3.1$$

$$d_2=\sqrt{\frac{1^2+5^2+0^2+(-3)^2+(-6)^2}{5}}=3.8$$

上述结果表明,虽然第一组测试所得的偏差彼此比较接近,第二组测试所得的偏差较离散,但用算术平均误差表示时,两者所得结果相同。标准误差能较好地反映出测试结果与真实值的离散程度。

第五节 实验数据处理

一、实验数据整理

实验数据整理,即根据误差分析理论对原始数据进行筛选,剔除极个别不合理的数据,保证原始数据的可靠性,以供下一步数据处理之用。

实验数据整理的目的在于:① 分析实验数据的一些基本特点;② 通过计算,得到实验数据的基本统计特征;③ 利用计算所得到的一些参数,分析实验数据中可能存在的异常点,为实验数据取舍提供一定的依据。

(一) 有效数字及其运算规则

每一个实验都要记录大量原始数据,并对它们进行分析运算。但这些直接测量的数据都是近似数,存在一定的误差,这就存在一个实验的数据应取几位数字、运算后又应保留几位数字的问题。

1. 有效数字

准确测定的数字加上最后一位估读数字(又称可疑数字)所得到的数字称为有效数字。实验报告中的数据除最后一位数字可疑外,其余各位数字都不能带误差。若可疑数字不止一位,其他一位或几位就应当剔除。剔除没有意义的位数时,应采用“四舍五入”的方法。但“五

入”要将前一位数凑成偶数，若前一位数已是偶数，则剔除“5”。

实验中观测值的有效数字与仪器仪表的刻度有关，一般可根据实际可能估计到最小分度的 1/10、1/5 或 1/2。例如，滴定管的最小刻度为 0.1 mL，则百分位上是估计值，在读数时可读到百分位，也就是有效数字到百分位为止。

2. 有效数字的运算规则

由于间接测量值是由直接测量值计算出来的，因而也存在有效数字的问题。有如下一些常用的运算规则。

(1) 在加减运算中，运算后得到的数所保留的小数点后的位数，应与所给各数中小数点后位数最少的相同。

(2) 在乘除运算中，运算后所得到的积或商的有效数字与参加运算各有效数字中位数最少的相同。

(3) 在乘方、开方运算中，运算后的有效数字的位数与其底的有效数字的位数相同。

(4) 在计算平均值时，如果四个数或超过四个数相平均，则平均值的有效数字位数可增加一位。

(5) 计算有效数字位数时，如果首位有效数字是 8 或 9，则有效数字位数要多计一位。

(6) 计算有效数字位数时，由于公式中的某些系数不是由实验测得，计算中不考虑其位数。

(7) 在对数运算中，对数尾数的有效数字位数应与真数的有效数字位数相同，如

$$\lg \underbrace{379}_{\text{真数}} = \underbrace{2}_{\text{首数}}.\underbrace{579}_{\text{尾数}}$$

(二) 实验数据的基本特点与几个重要的数字特征

1. 实验数据的基本特点

对实验数据进行简单分析后，可以看出，实验数据一般具有以下特点。

(1) 实验数据总是以有限次数给出并具有一定的波动性。

(2) 实验数据总是存在实验误差，且是综合性的，即随机误差、系统误差、过失误差同时存在于实验数据中。本书所研究的实验数据，假定为没有系统误差的数据。

(3) 实验数据大都具有一定的统计规律性。

2. 几个重要的数字特征

有几个有代表性的参数，用来描述随机变量 X 的基本统计特征，通常把这几个参数称为随机变量 X 的数字特征。

实验数据的数字特征计算，就是由实验数据计算一些有代表性的特征量，用以浓缩、简化实验数据中的信息，使问题变得更加清晰、简单，易于理解和处理。本书给出分别用来描述实验数据取值的大致位置、分散程度和相关特征的几个数字特征参数。

1) 位置特征参数及其运算

实验数据的位置特征参数，是用来描述实验数据取值的平均位置和特定位置的，常用的有均值、极值、中值和众值等。

(1) 均值 $\overline{x}$　如由实验得到一批数据 $x_1, x_2, \cdots, x_n$，n 为测试次数，则均值为

$$\overline{x} = \frac{1}{n}\sum_{i=1}^{n} x_i \tag{1-18}$$

均值 $\overline{x}$ 计算简便，对于符合正态分布的数据，具有与真实值接近的优点。它是指示实验数

据取值平均位置的特征参数。

(2) 极值　极值是一组测试数据中的极大值与极小值。

极大值　　$a=\max\{x_1,x_2,\cdots,x_n\}$

极小值　　$b=\min\{x_1,x_2,\cdots,x_n\}$

(3) 中值 X　中值是一组实验数据的中间测量值,其中一半实验数据小于此值,另一半实验数据大于此值。若测量次数为偶数,则中值为正中两个值的平均值。该值可以反映全部实验数据的平均水平。

(4) 众值 N　众值是实验数据中出现最频繁的值,故也是最可能值,其值即为所求频率的极大值出现时的量。因此,众值不像上述几个位置特征参数那样可以迅速直接求得,而是应先求得频率分布再从中确定。

2) 分散特征参数及其计算

分散特征参数是用来描述实验数据的分散程度的,常用的有极差、方差、标准误差、变异系数等。

(1) 极差 R　极差是一组实验数据极大值与极小值之差,是最简单的分散特征参数,可以度量数据波动的大小,其表达式为

$$R=\max\{x_1,x_2,\cdots,x_n\}-\min\{x_1,x_2,\cdots,x_n\} \tag{1-19}$$

极差具有计算简便的特点,但由于它没有充分利用全部数据提供的信息,而是依赖个别的实验数据,故代表性较差,反映实际情况的精度较差。实际应用中,多用以均值 $\overline{x}$ 为中心的分散特征参数,如标准误差、方差、变异系数等。

(2) 方差和标准误差　方差和标准误差的表达式如下。

方差
$$\sigma^2=\frac{1}{n-1}\sum_{i=1}^{n}(x_i-\overline{x})^2 \tag{1-20}$$

标准误差
$$\sigma=\sqrt{\frac{1}{n-1}\sum_{i=1}^{n}(x_i-\overline{x})^2} \tag{1-21}$$

两者都是表明实验数据分散程度的特征参数。标准误差,与实验数据单位一致,可以反映实验数据与均值之间的平均差距。这个差距越大,表明实验所取数据越分散;反之,表明实验所取数据越集中。方差这一特征参数所取单位与实验数据单位不一致。由公式可以看出,标准误差大则方差大,标准误差小则方差小,所以方差同样可以表明实验数据取值的分散程度。

(3) 变异系数 C_γ　变异系数的表达式为

$$C_\gamma=\frac{\sigma}{\overline{x}} \tag{1-22}$$

变异系数可以反映数据相对波动的大小,尤其是对标准误差相等的两组数据,$\overline{x}$ 大的一组数据相对波动小,$\overline{x}$ 小的一组数据相对波动大。而极差 R、标准误差 σ 只反映数据的绝对波动大小,此时变异系数的应用就显得更重要。

3) 相关特征参数

为了表示变量间可能存在的关系,常常采用相关特征参数,如线性相关系数等。它反映变量间存在的线性关系的强弱。

(三) 实验数据中可疑数据的取舍

1. 可疑数据

整理实验数据进行计算分析时,常常发现有个别测量值与其他值偏差很大,这些值有可能

是由于随机误差造成的，也可能是由于过失误差或条件的改变而造成的。因此，在实验数据整理的整个过程中，控制实验数据的质量，消除不应该有的实验误差是非常重要的。但是对于这些特殊值的取舍一定要慎重，不能轻易舍弃，因为任何一个测量值都是测试结果的一个信息。通常，将个别偏差大的、不是来自同一分布总体的、对实验结果有明显影响的测量数据称为离群数据；而将可能影响实验结果，但尚未确定是离群数据的测量数据称为可疑数据。

2. 可疑数据的取舍

虽然舍掉可疑数据会使实验结果精密度提高，但是离群数据并非全都是可疑数据，因为正常测定的实验数据总有一定的分散性，若不加分析，人为地删掉全部，离群数据，则可能删去了一些误差较大的非错误的数据，由此得到的实验结果并不一定符合客观实际。因此，可疑数据的取舍，必须遵循一定的原则。这项工作一般由一些具有丰富经验的专业人员进行。

实验中由于条件的改变、操作不当或其他人为原因产生离群数值，并有当时记录可供参考，而从理论上分析，此点又明显反常时，可以根据偶然误差分布的规律，决定它的取舍。一般应根据不同的检验目的选择不同的检验方法，常用的方法有以下几种。

1）用于一组测量值的离群数据的检验

（1）3σ 法则　实验数据的总体是正态分布（一般实验数据为此分布）时，先计算出数列标准误差，求其极限误差 $K_\sigma=3\sigma$，此时测量数据均落于 $\bar{x}\pm3\sigma$ 范围内的可能性为99.7%，也就是说，落于此区间外的数据只有 0.3% 的可能性，这在一般测量次数不多的实验中是不易出现的，若出现了这种情况则可认为是由于某种错误造成的。因此，这些特殊点的误差超过极限误差后，可以舍弃。一般把依此进行可疑数据取舍的方法称为 3σ 法则。

（2）肖维涅准则　实际工程中常根据肖维涅准则，利用表1-8决定可疑数据的取舍。表中 n 为测量次数，K 为系数，极限误差 $K_\sigma = K\sigma$。当可疑数据误差大于极限误差 K_σ 时，即可舍弃。

表 1-8　肖维涅准则系数 K

n	K	n	K	n	K
4	1.53	10	1.96	16	2.16
5	1.65	11	2.00	17	2.18
6	1.73	12	2.04	18	2.20
7	1.79	13	2.07	19	2.22
8	1.86	14	2.10	20	2.24
9	1.92	15	2.13		

2）用于多组测量值均值的离群数据的检验

常用的是格鲁布斯(Grubbs) 检验法，具体步骤如下。

（1）计算统计量 T　将 m 组测定数据的均值按照大小顺序排列成 $\bar{x}_1,\bar{x}_2,\cdots,\bar{x}_{m-1},\bar{x}_m$ 数列，其中，最大、最小均值分别记为 $\bar{x}_{\max}$、$\bar{x}_{\min}$，则此数列总均值 $\bar{\bar{x}}$ 和标准误差的计算公式为

$$\bar{\bar{x}}=\frac{1}{m}\sum_{i=1}^{m}\bar{x}_i \tag{1-23}$$

$$\sigma_{\bar{x}}=\sqrt{\frac{1}{m-1}\sum_{i=1}^{m}(\bar{x}_i-\bar{\bar{x}})^2} \tag{1-24}$$

可疑数据为最大及最小均值时,统计量 T 的计算公式分别为

$$T_{max}=\frac{\bar{x}_{max}-\bar{\bar{x}}}{\sigma_{\bar{\bar{x}}}} \tag{1-25}$$

$$T_{min}=\frac{\bar{\bar{x}}-\bar{x}_{min}}{\sigma_{\bar{\bar{x}}}} \tag{1-26}$$

(2) 查出临界值 T_α　根据给定的显著性水平 α 和测定的组数 m,查表得Grubbs检验临界值 T_α。

(3) 判断　若统计量 $T>T_{0.01}$,则可疑数据为离群数据,可舍掉,即舍去与均值相应的一组数据。若 $T_{0.05}<T\leqslant T_{0.01}$,则 T 为偏离数据。若 $T\leqslant T_{0.05}$,则 T 为正常数据。

3) 用于多组测量值方差的离群数据的检验

常用的是 Cochran 最大方差检验法。此法既可用于剔除多组测定中精度较差的一组数据,也可用于多组测定值的方差一致性检验(即等精度检验)。具体步骤如下。

(1) 计算统计量 C　将 m 组测定数据的标准误差按大小顺序排列成 $\sigma_1,\sigma_2,\cdots,\sigma_m$ 数列,最大值记为 σ_{max},则统计量 C 的计算公式为

$$C=\frac{\sigma_{max}^2}{\sum_{i=1}^{m}\sigma_i^2} \tag{1-27}$$

当每组仅测量两次时,统计量用极差公式计算,即

$$C=\frac{R_{max}^2}{\sum_{i=1}^{m}R_i^2} \tag{1-28}$$

式中:R_i—— 每组的极差值;

R_{max}——m 组极差中的最大值。

(2) 查临界值 C_α　根据给定的显著性水平 α 和测定组数 m、每组测定次数 n,由 Cochran 最大方差检验临界值 C_α 表查得 C_α 值。

(3) 判断　若统计量 $C>C_{0.01}$,则可疑方差为离群方差,说明该组数据精密度过低,应予剔除。若 $C_{0.05}<C\leqslant C_{0.01}$,则可疑方差为偏离方差。若 $C\leqslant C_{0.05}$,则可疑方差为正常方差。

(四) 实验数据整理举例分析

【例 1-5】　在机械搅拌曝气清水充氧实验中,曝气充氧设备直径为 30 cm,搅拌装置叶轮直径为 10 cm。在水深 $H=30$ cm,工作压力 $p=0.10$ MPa,搅拌叶轮转速 $R=4\ 000$ r/min 的情况下,共进行 10 组实验。每一组实验中同时可得几个 20 ℃ 下氧的总转移系数值 $K_{La(20)}$,求其平均值后,则可得 10 组实验 $K_{La(20)}$ 均值,并可求得 10 组标准误差 σ。现以第 09 组为例,将第 09 组的测定结果($K_{La(20)}$)及 10 组 $K_{La(20)}$ 均值和各组标准误差 σ 列于表 1-9 中。

表 1-9　曝气清水充氧实验数据整理结果

第 09 组的 $K_{La(20)}$		10 组的均值		10 组的 σ 值	
编号	$K_{La(20)}/min^{-1}$	组号	$\overline{K}_{La(20)}/min^{-1}$	组号	σ/min^{-1}
1	0.526	01	0.535	01	0.006 2
2	0.532	02	0.551	02	0.005 7
3	0.525	03	0.538	03	0.004 6
4	0.528	04	0.521	04	0.005 0

续表

第 09 组的 $K_{La(20)}$		10 组的均值		10 组的 σ 值	
编号	$K_{La(20)}/min^{-1}$	组号	$\overline{K}_{La(20)}/min^{-1}$	组号	σ/min^{-1}
5	0.522	05	0.524	05	0.005 2
6	0.537	06	0.536	06	0.004 0
7	0.539	07	0.519	07	0.005 6
8	0.533	08	0.534	08	0.004 9
9	0.527	09	0.530	09	0.005 3
10	0.534	10	0.542	10	0.004 1

对这些数据进行整理，判断是否有离群数据。

解　(1) 首先判断每一组的 $K_{La(20)}$ 值是否有离群数据，否则应予剔除。

① 按 3σ 法则判断。通过计算，第 09 组 $K_{La(20)}$ 的标准误差 $\sigma=0.0053$，极限误差 $K_\sigma=3\sigma=3\times0.0053=0.016$，第 09 组 $K_{La(20)}$ 均值 $\overline{K}_{La(20)}=0.530$，则

$$\overline{K}_{La(20)}\pm3\sigma=0.530\pm0.016=0.514\sim0.546$$

由于第 09 组测得的 $K_{La(20)}$ 值 0.522～0.539 均落于 0.514～0.546 范围内，故该组数据中，无离群数据。

② 按肖维涅准则判断。由于测量次数 $n=10$，查表 1-8 得 $K=1.96$。

极限误差 $K_\sigma=1.96\times0.0053=0.010$。由均值 $\overline{K}_{La(20)}=0.530$，则该组数据中极大值、极小值的误差为 $0.539-0.530=0.009\leqslant0.010$，$0.530-0.522=0.008\leqslant0.010$。故该组数据中无离群数据。

(2) 利用 Grubbs 法，检测 10 组测量均值是否有离群数据。

10 组 $K_{La(20)}$ 的均值按大小顺序排列：0.519、0.521、0.524、0.530、0.534、0.535、0.536、0.538、0.542、0.551。

数列中，最大值、最小值分别为 $K_{La(20)\,max}=0.551$、$K_{La(20)\,min}=0.519$。数列的均值 $\overline{K}_{La(20)}=0.533$，标准误差 $\sigma=0.009$。

当可疑数据为最大值时，其统计量为

$$T_{max}=\frac{K_{La(20)\,max}-\overline{K}_{La(20)}}{\sigma}=\frac{0.551-0.533}{0.009}=2.00$$

当可疑数据为最小值时，其统计量为

$$T_{min}=\frac{\overline{K}_{La(20)}-K_{La(20)\,min}}{\sigma}=\frac{0.533-0.519}{0.009}=1.56$$

由附录 B 查得，$m=10$，显著性水平 $\alpha=0.05$ 时，$T_{0.05}=2.176$。由于

$$T_{max}=2.00<2.176$$
$$T_{min}=1.56<2.176$$

故所得 10 组的 $K_{La(20)}$ 均值均为正常值。

(3) 利用 Cochran 法，检验 10 组测量值的标准误差是否有离群数据。

10 组标准误差按大小顺序排列：0.004 0、0.004 1、0.004 6、0.004 9、0.005 0、0.005 2、0.005 3、0.005 6、0.005 7、0.006 2。

最大标准误差 $\sigma_{max}=0.006\ 2$，其统计量 C 为

$$C=\frac{\sigma_{\max}^{2}}{\sum_{i=1}^{m}\sigma_{i}^{2}}$$

$$=\frac{0.006\,2^2}{0.004\,0^2+0.004\,1^2+0.004\,6^2+0.004\,9^2+0.005\,0^2+0.005\,2^2+0.005\,3^2+0.005\,6^2+0.005\,7^2+0.006\,2^2}$$

$$=0.148$$

根据显著性水平 $\alpha=0.05$，组数 $m=10$，假定每组测定次数 $n=6$，查得 $C_{0.05}=0.303$。由于 $C=0.148<0.303$。故 10 组标准误差无离群数据。

二、实验数据处理

在对实验数据进行整理，剔除了错误数据之后，数据处理的目的就是充分使用实验所提供的这些信息，利用数理统计的知识，分析各个因素(变量)对实验结果的影响及其主次关系；对数据进行整理归纳，并用图形、表格或经验公式加以表示，以找出各个变量之间的相互影响的规律，为得到正确的结论提供可靠的信息。

以下从方差分析和实验结果表示两个方面加以介绍。

(一) 方差分析

方差分析是分析实验数据的一种方法，就是通过数据分析弄清与实验研究有关的各个因素(可定量或定性表示的因素)对实验结果的影响及其主次关系。下面介绍单因素方差分析和正交实验方差分析。

1. 单因素方差分析

单因素方差分析，就是要通过数据分析，把因素变化所引起的实验结果间的差异与实验误差的波动所引起的实验结果间的差异区别开来，从而弄清因素对实验结果的影响。若因素变化所引起的实验结果的波动落在误差的范围内，或与误差相差不大，可以就此判断因素对实验结果无显著影响；若因素变化所引起实验结果的波动超出误差范围，可以就此判断因素对实验结果有显著的影响。所以用方差分析法来分析实验结果，其关键是要找出误差的范围，而数理统计中的 F 检验法正好可以解决这个问题。

为研究某一因素不同水平对实验结果有无显著的影响，设有 $A_1,A_2,\cdots,A_i,\cdots,A_b$ 个水平，在每个水平下进行 a 次实验，用 x_{ij} 表示在 A_i 水平下进行的第 j 个实验结果。现在要通过对实验数据的分析，研究水平的变化对实验结果有无显著性影响。这实际上就是要研究一个单因素对实验结果有无影响以及影响程度大小的问题。

1) 常用的几个统计学名词

(1) 水平平均值　该因素下某个水平实验数据的算术平均值，计算公式为

$$\overline{x_i}=\frac{1}{a}\sum_{j=1}^{a}x_{ij}\quad(i=1,2,\cdots,b)\tag{1-29}$$

(2) 因素总平均值　该因素下各个水平实验数据的算术平均值，计算公式为

$$\overline{x}=\frac{1}{n}\sum_{i=1}^{b}\sum_{j=1}^{a}x_{ij}\tag{1-30}$$

式中，$n=ab$。

(3) 总偏差平方和与组内、组间偏差平方和　总偏差平方和是各个实验数据与它们总水平值之差的平方和，其计算公式为

$$S_T = \sum_{i=1}^{b} \sum_{j=1}^{a} (x_{ij} - \overline{x})^2 \tag{1-31}$$

总偏差平方和反映了 n 个数据分散和集中的程度。若 S_T 大，说明这组数据较为分散；反之，则说明数据较为集中。造成总偏差的原因有两个：一个是由测试中误差的影响所造成的，表现为同一水平内实验数据的差异，以组内偏差平方和 S_E 表示；另一个是由实验过程中同一因素所处的不同水平的影响引起的，表现为不同实验数据平均值之间的差异，以因素的组间偏差平方和 S_A 表示。所以有 $S_T = S_E + S_A$。

在工程技术上，为了便于计算和应用，常将总偏差平方和分解成组内偏差平方和与组间偏差平方和，通过比较判断因素影响的显著性。

先定义 P、Q、R：

$$P = \frac{1}{ab}\left(\sum_{i=1}^{b} \sum_{j=1}^{a} x_{ij}\right)^2 \tag{1-32}$$

$$Q = \frac{1}{a}\sum_{i=1}^{b}\left(\sum_{j=1}^{a} x_{ij}\right)^2 \tag{1-33}$$

$$R = \sum_{i=1}^{b} \sum_{j=1}^{a} x_{ij}^2 \tag{1-34}$$

组间偏差平方和的计算公式为

$$S_A = Q - P \tag{1-35}$$

组内偏差平方和的计算公式为

$$S_E = R - Q \tag{1-36}$$

总偏差平方和的计算公式为

$$S_T = S_E + S_A \tag{1-37}$$

(4) 自由度　方差分析中，由于 S_A、S_E 的计算是求若干项的平方和，其大小与参加求和的项数有关，为了在分析中去掉项数的影响，故引入自由度的概念。自由度主要反映一组数据之中真正独立数据的个数。

总偏差平方和 S_T 的自由度 f_T 等于总实验次数减 1，其表达式为

$$f_T = ab - 1 = n - 1 \tag{1-38}$$

组间偏差平方和 S_A 的自由度 f_A 等于水平数减 1，其表达式为

$$f_A = b - 1 \tag{1-39}$$

组内偏差平方和 S_E 的自由度 f_E 为水平数与实验次数减 1 之积，其表达式为

$$f_E = b(a - 1) \tag{1-40}$$

2) 单因素方差分析的步骤

对于具有 b 个水平的单因素，每个水平下进行 a 次重复实验得到一组数据，其方差分析和计算步骤如下。

(1) 列出单因素方差分析计算表，见表 1-10。

表 1-10　单因素方差分析计算表

n	A_1	A_2	…	A_i	…	A_b	—
1	x_{11}	x_{21}	…	x_{i1}	…	x_{b1}	—
2	x_{12}	x_{22}	…	x_{i2}	…	x_{b2}	

续表

n	A_1	A_2	…	A_i	…	A_b	—
⋮	⋮	⋮		⋮		⋮	
j	x_{1j}	x_{2j}	…	x_{ij}	…	x_{bj}	—
⋮	⋮	⋮		⋮		⋮	
a	x_{1a}	x_{2a}	…	x_{ia}	…	x_{ba}	
—	$\sum_{j=1}^{a} x_{1j}$	$\sum_{j=1}^{a} x_{2j}$	…	$\sum_{j=1}^{a} x_{ij}$	…	$\sum_{j=1}^{a} x_{bj}$	$\sum_{i=1}^{b}\sum_{j=1}^{a} x_{ij}$
—	$\left(\sum_{j=1}^{a} x_{1j}\right)^2$	$\left(\sum_{j=1}^{a} x_{2j}\right)^2$	…	$\left(\sum_{j=1}^{a} x_{ij}\right)^2$	…	$\left(\sum_{j=1}^{a} x_{bj}\right)^2$	$\sum_{i=1}^{b}\left(\sum_{j=1}^{a} x_{ij}\right)^2$
—	$\sum_{j=1}^{a} x_{1j}^2$	$\sum_{j=1}^{a} x_{2j}^2$	…	$\sum_{j=1}^{a} x_{ij}^2$	…	$\sum_{j=1}^{a} x_{bj}^2$	$\sum_{i=1}^{b}\sum_{j=1}^{a} x_{ij}^2$

(2) 计算统计量 S_A、S_E、S_T 及相应的自由度。

(3) 将统计量及自由度列入表内,并计算均方值和 F 值,见表 1-11。

表 1-11 方差分析表

方差来源	偏差平方和	自由度	均方	F 值
组间误差	S_A	$b-1$	$\overline{S}_A=\frac{S_A}{b-1}$	$F=\overline{S}_A/\overline{S}_E$
组内误差	S_E	$b(a-1)$	$\overline{S}_E=\frac{S_E}{b(a-1)}$	—
总和	S_T	$ab-1$	—	—

F 值是因素水平对实验结果所造成的影响和由于误差所造成的影响的比值。F 值越大,说明因素变化对结果影响越显著;反之,则说明因素影响越小。因素影响的显著与否可以与相应的 F 分布表的临界值比较来判断。

(4) 由附录 C 的 F 分布表,根据组间和组内自由度 $n_1=f_A=b-1$,$n_2=f_E=b(a-1)$与显著性水平 α,查出临界值 F_α。

(5) 作出判断。如果 $F>F_\alpha$,则说明因素对实验结果在显著性水平 α 下有显著性影响,是一个重要因素;如果 $F<F_\alpha$,则说明因素对实验结果在显著性水平 α 下无显著性影响,是一个次要因素。

在各种检验中,一般有 $\alpha=0.05$ 和 $\alpha=0.01$ 两个显著性水平,究竟选取哪个水平,取决于问题的要求。一般情况下,在水平 $\alpha=0.05$ 下:当 $F<F_{0.05}$ 时,认为因素对实验结果影响不显著;当 $F_{0.05}\leqslant F<F_{0.01}$ 时,认为因素对实验结果影响显著;当 $F\geqslant F_{0.01}$ 时,认为因素对实验结果影响特别显著。

对于单因素各水平不等重复实验,或虽然是重复实验但由于数据整理中剔除了离群数据或其他原因造成各水平的实验数据不等时,进行单因素方差分析,只要对 P、Q、R 的计算公式作出适当的修改即可，其他的步骤可以不变。如某因素水平为 $A_1, A_2, \cdots, A_i, \cdots, A_b$，相应的实验次数为 $n_1, n_2, \cdots, n_i, \cdots, n_b$，则有

$$P = \frac{1}{\sum_{i=1}^{b} n_i} \left(\sum_{i=1}^{b} \sum_{j=1}^{n_i} x_{ij} \right)^2 \tag{1-41}$$

$$Q = \sum_{i=1}^{b} \frac{1}{n_i} \left(\sum_{j=1}^{n_i} x_{ij} \right)^2 \tag{1-42}$$

$$R = \sum_{i=1}^{b} \sum_{j=1}^{n_i} x_{ij}^2 \tag{1-43}$$

3）单因素方差分析计算举例

同一曝气设备在清水和污水中的充氧性能不同，为了能够根据污水生化需氧量正确计算出曝气设备在清水中所应提供的氧量，引入了曝气设备充氧修正系数 α、β，其值为

$$\alpha = K_{La(20)w} / K_{La(20)} \tag{1-44}$$

$$\beta = C_{sw} / C_s \tag{1-45}$$

式中：$K_{La(20)}$、$K_{La(20)w}$—— 在相同条件下，同一曝气设备在 20 ℃ 清水与污水中的总氧转移系数，min^{-1}；

C_s、C_{sw}—— 清水、污水中同温度、同压力下氧饱和溶解浓度，mg/L。

【例 1-6】　用曝气设备向污水中曝气充氧时，影响 α 值的因素有很多，例如水质、水中有机物含量、风量、搅拌强度、曝气池内混合液污泥浓度等。若实验在其他因素固定，只改变混合液污泥浓度的条件下进行，实验数据见表 1-12。试对混合物污泥浓度这一因素对 α 值的影响进行单因素方差分析，并判断这一因素在显著性水平 $\alpha = 0.05$ 下的显著性。

表 1-12　污泥浓度与 α 值的关系

污泥浓度 X /(g/L)	$K_{La(20)w}$(20 ℃) /min^{-1}			$\overline{K}_{La(20)w}$ /min^{-1}	α
1.45	0.219 9	0.237 7	0.220 8	0.226 1	0.958
2.52	0.216 5	0.232 5	0.215 3	0.221 4	0.938
3.80	0.225 9	0.209 7	0.216 5	0.217 4	0.921
4.50	0.210 0	0.213 4	0.216 4	0.213 3	0.904

解　具体分析步骤如下。

(1) 根据表 1-10，得到方差分析计算表 1-13，清水中的总氧转移系数为 $K_{La(20)} = 0.236\ 0\ min^{-1}$。

表 1-13　污泥浓度影响显著性方差分析计算表

项目		x				行之和
		1.45	2.52	3.80	4.50	
n	1	0.932	0.917	0.957	0.890	—
	2	1.007	0.985	0.889	0.904	
	3	0.936	0.912	0.917	0.917	

续表

项　目	x				行之和
	1.45	2.52	3.80	4.50	
$\sum x$	2.875	2.814	2.763	2.711	11.163
$(\sum x)^2$	8.266	7.919	7.634	7.350	31.169
$\sum x^2$	2.759	2.643	2.547	2.450	10.399

(2) 计算统计量 S_A、S_E、S_T 及相应的自由度。

根据式(1-32) 至式(1-37) 得

$$P=\frac{1}{ab}\left(\sum_{i=1}^{b}\sum_{j=1}^{a}x_{ij}\right)^2=\frac{1}{3\times 4}\times 11.163^2=10.384$$

$$Q=\frac{1}{a}\sum_{i=1}^{b}\left(\sum_{j=1}^{a}x_{ij}\right)^2=\frac{1}{3}\times 31.169=10.390$$

$$R=\sum_{i=1}^{b}\sum_{j=1}^{a}x_{ij}{}^2=10.399$$

组间偏差平方和

$$S_A=Q-P=10.390-10.384=0.006$$

组内偏差平方和

$$S_E=R-Q=10.399-10.390=0.009$$

所以,总偏差平方和

$$S_T=S_E+S_A=0.006+0.009=0.015$$

对应的自由度由式(1-38)至式(1-40)得

$$f_T=ab-1=3\times 4-1=11$$

$$f_A=b-1=4-1=3$$

$$f_E=b(a-1)=4\times(3-1)=8$$

(3) 根据表 1-11,列出表 1-14,计算 F 值。

表 1-14　污泥浓度影响显著性分析表

方差来源	偏差平方和	自由度	均方	F
污泥 S_A	0.006	3	$\overline{S}_A=\frac{S_A}{b-1}=0.002$	$F=\overline{S}_A/\overline{S}_E$ $=0.002/0.0011$ $=1.82$
污泥 S_E	0.009	8	$\overline{S}_E=\frac{S_E}{b(a-1)}=0.0011$	
总和 S_T	0.015	11	—	

(4) 查附录 C 中的 F 值分布表,根据给出的显著性水平 $\alpha=0.05$,$n_1=f_A=3$,$n_2=f_E=8$,查表得 $F_{0.05}=4.07$。因为 $F=1.82<F_{0.05}=4.07$,所以污泥浓度对 α 值有影响,但 95%的置信度说明它不是一个显著影响因素。

2. 正交实验方差分析

正交实验方差分析除了前面介绍过的直观分析法外,还有方差分析法。直观分析法简单、直观，分析的计算量小，容易理解，但它因为缺乏误差分析，所以不能给出误差大小的估计，有时难以得到确切的结论，也不能提供一个标准，用来考察判断因素影响是否显著。使用方差分析法，虽然计算量大了一些，但可以克服以上的缺点，所以正交实验的方差分析法在科研工作中有着广泛的应用。

正交实验方差分析法的关键问题也是把实验数据总的差异，也就是总偏差平方和分为两个部分。一部分反映因素水平变化引起的差异，即组间（各因素）偏差平方和；另一部分反映实验误差引起的差异，即组内偏差平方和。然后，计算它们的平均偏差平方和即均方和，进行各因素组间均方和与误差均方和的比较。

利用正交实验方差分析法进行多因素实验，由于实验因素、正交表的选择、实验条件、精度要求等有所不同，正交实验方差分析也有所不同，一般遇到的有以下几种类型：① 正交表各列未饱和情况下的方差分析；② 正交表各列饱和情况下的方差分析；③ 有重复实验的正交实验方差分析。

这三种正交实验方差分析的基本思想、计算步骤等均一样，关键的不同之处在于组内偏差平方和 S_E 的求解。以下通过实例来说明多因素正交实验的因素显著性检验。

（1）正交表各列未饱和情况下的方差分析。

在多因素正交实验设计中，当选择正交表的列数大于实验因素数目时，正交实验结果方差分析就属于这类问题。

因为进行正交表的方差分析时，组内偏差平方和 S_E 的处理非常重要，并且有很大的灵活性，因而在安排实验进行显著性检验时，所进行的正交实验的表头设计应尽可能不把正交表的列占满，也就是留有空白列，此时各空白列的偏差平方和及自由度就分别代表了组内偏差平方和 S_E 和自由度 f_E。现举例说明正交表各列未饱和情况下方差分析的计算步骤。

【例 1-7】 研究同坡底、同回流比（R）、同水平投影面积下，表面负荷及池型（斜板与矩形沉淀池）对回流污泥浓度性能的影响。指标以回流污泥浓度 x_R 与曝气池混合液（进入二沉池）的污泥浓度 x 之比来表示。x_R/x 大，则说明污泥在二沉池内浓缩性能好，在维持曝气池内的污泥浓度 x 不变的前提下，可以减少污泥回流量，从而减少运行费用。

解　该实验是一个二因素二水平的多因素实验，为了进行因素显著性分析，选择了 $L_4(2^3)$ 正交表，留有一空白项，用以计算 S_E。实验结果见表 1-15，具体计算与分析步骤如下。

表 1-15　斜板、矩形沉淀池回流污泥性能实验（R=100%）

实验号	因素			指标（x_R/x）
	水力负荷/[$m^3/(m^2 \cdot h)$]	池型	空白	
1	0.45	斜	1	2.06
2	0.45	矩	2	2.20
3	0.60	斜	2	1.49
4	0.60	矩	1	2.04
K_1	4.26	3.55	4.10	$\sum \frac{x_R}{x} = 7.79$
K_2	3.53	4.24	3.69	

① 列表计算各因素不同水平的效应值 K 及指标之和,如表 1-15 所示。

② 依照式(1-46)至式(1-53),求组间、组内偏差平方和。

统计量 P、Q_i 和 W 的计算公式分别为

$$P=\frac{\left(\sum_{z=1}^{n}y_z\right)^2}{n} \tag{1-46}$$

$$Q_i=\frac{\sum_{j=1}^{b}K_{ij}^2}{a} \tag{1-47}$$

$$W=\sum_{z=1}^{n}y_z^2 \tag{1-48}$$

组间偏差平方和

$$S_i=Q_i-P \tag{1-49}$$

组内偏差平方和

$$S_E=S_0=Q_0-P \tag{1-50}$$

$$S_E=S_T-\sum_{i=1}^{m}S_i \tag{1-51}$$

总偏差平方和

$$S_T=W-P \tag{1-52}$$

$$S_T=\sum_{i=1}^{m}S_i+S_E \tag{1-53}$$

式中:n—— 实验总次数,即正交表中排列的总实验次数;

a—— 某因素下同水平的实验次数;

b—— 某因素下水平数;

m—— 因素的个数;

i—— 因素的代号;

S_0—— 空白列偏差平方和。

由以上的计算公式可知,组内偏差平方和有两种计算方法。一种是由总偏差平方和减去各因素的偏差平方和,另一种是由正交表中空白列的偏差平方和作为误差平方和,这两种计算方法的实质是一样的,因为根据方差分析理论,$S_T=\sum_{i=1}^{m}S_i+S_E$,自由度 $f_T=\sum_{i=1}^{m}f_i+f_E$ 总是成立的。正交实验中,排有因素列的偏差就是该因素的偏差平方和,而没有排上因素(或交互作用)列的偏差(空白列的偏差),就是随机误差引起的偏差平方和,即 $S_E=\sum S_0$,而 $f_E=\sum f_0$,所以 $S_E=S_T-\sum S_i=\sum S_0$。

在本例中:

$$P=\frac{1}{n}\left(\sum_{z=1}^{n}y_z\right)^2=\frac{1}{4}\times 7.79^2=15.17$$

$$Q_A=\frac{1}{a}\sum_{j=1}^{b}K_{Aj}^2=\frac{1}{2}\times(4.26^2+3.53^2)=15.30$$

$$Q_B=\frac{1}{a}\sum_{j=1}^{b}K_{Bj}^2=\frac{1}{2}\times(3.55^2+4.24^2)=15.29$$

$$Q_C=\frac{1}{a}\sum_{j=1}^{b}K_{Cj}^2=\frac{1}{2}\times(4.10^2+3.69^2)=15.22$$

$$W=\sum_{z=1}^{n}y_z^2=2.06^2+2.20^2+1.49^2+2.04^2=15.47$$

则

$$S_A=Q_A-P=15.30-15.17=0.13$$
$$S_B=Q_B-P=15.29-15.17=0.12$$
$$S_T=W-P=15.47-15.17=0.30$$
$$S_E=S_T-\sum S_i=0.30-0.13-0.12=0.05$$

③ 计算自由度。

总和自由度为实验总次数减去1，即

$$f_T=n-1=4-1=3$$

各因素自由度为水平数减去1，即 $f_i=b-1$，所以有

$$f_A=2-1=1$$
$$f_B=2-1=1$$

误差自由度为

$$f_E=f_T-\sum_{i=1}^{m}f_i=f_T-f_A-f_B=3-1-1=1$$

④ 列出方差分析检验表，见表1-16。

表1-16　方差分析检验表

方差来源	偏差平方和	自由度	均方	F 值	$F_{0.05}$
因素 A(水力负荷)	0.13	1	0.13	2.6	161.4
因素 B(池型)	0.12	1	0.12	2.4	161.4
误差	0.05	1	0.05	—	—
总和	0.30	3	—	—	—

根据因素与误差的自由度，在显著性水平 $\alpha=0.05$ 的情况下，查 F 分布表，得 $F<F_{0.05}$，所以该二因素均为非显著性因素。

(2) 正交表各列饱和情况下的方差分析。

当正交表各列全被实验因素及要考虑的交互作用占满，也就是没有空白列时，方差分析中 $S_E=S_T-\sum_{i=1}^{m}S_i$，$f_E=f_T-\sum_{i=1}^{m}f_i$。因为无空白列，即 $S_E=S_T$，$f_E=f_T$，而出现 $S_E=0$，$f_E=0$，此时若一定要对实验数据进行方差分析，则只有用正交表中各因素偏差中几个最小的平方和来代替，同时，这几个因素不再作进一步的分析。或进行重复实验后，按有重复实验的方差分析法进行分析。以下用一个实际的例子来说明各列饱和情况下正交实验的方差分析。

【例 1-8】 为了探讨制革硝化污泥的真空过滤脱水性能，确定设备过滤负荷与运行参数，利用 $L_9(3^4)$正交表进行叶片吸滤实验。实验结果见表 1-17，试利用方差分析判断影响因素的显著性。

表 1-17　叶片吸滤实验及结果

实验号	吸滤时间 t_i/min	吸干时间 t_d/min	滤布种类	真空度/Pa	过滤负荷 y_z/[kg/(m² · h)]
1	0.5	1.0	1	39 990	15.03
2	0.5	1.5	2	53 320	12.31
3	0.5	2.0	3	66 650	10.87
4	1.0	1.0	2	66 650	18.13
5	1.0	1.5	3	39 990	12.86
6	1.0	2.0	1	53 320	11.79
7	1.0	1.0	3	53 320	17.28
8	1.5	1.5	1	66 650	14.04
9	1.5	2.0	2	39 990	11.34
K_1	38.21	50.44	40.86	39.23	$\sum_{z=1}^{n} y_z = 123.65$
K_2	42.78	39.21	41.78	41.38	
K_3	42.66	34.00	41.01	43.04	

注："滤布种类"一列中，1—尼龙 6501-5226；2—涤纶小帆布；3—尼龙 6501-5236。

解　具体计算步骤如下。

① 列表计算各因素不同水平的水平效应值 K 及指标 y 值和，如表 1-17 所示。

② 根据式(1-46)至式(1-53)，计算统计量与各项偏差平方和。

$$P=\frac{1}{n}\left(\sum_{z=1}^{n} y_z\right)^2=\frac{1}{9}\times 123.65^2=1\ 698.81$$

$$Q_A=\frac{1}{a}\sum_{j=1}^{b} K_{Aj}^2=\frac{1}{3}\times(38.21^2+42.78^2+42.66^2)=1\ 703.34$$

$$Q_B=\frac{1}{a}\sum_{j=1}^{b} K_{Bj}^2=\frac{1}{3}\times(50.44^2+39.21^2+34.00^2)=1\ 745.87$$

$$Q_C=\frac{1}{a}\sum_{j=1}^{b} K_{Cj}^2=\frac{1}{3}\times(40.86^2+41.78^2+41.01^2)=1\ 698.98$$

$$Q_D=\frac{1}{a}\sum_{j=1}^{b} K_{Dj}^2=\frac{1}{3}\times(39.23^2+41.38^2+43.04^2)=1\ 701.25$$

$$W=\sum_{z=1}^{n} y_z^2$$

$$=15.03^2+12.31^2+10.87^2+18.13^2+12.86^2+11.79^2+17.28^2+14.04^2+11.34^2$$

$$=1\ 752.99$$

所以

$$S_A=Q_A-P=1\ 703.34-1\ 698.81=4.53$$

$$S_B = Q_B - P = 1\ 745.87 - 1\ 698.81 = 47.06$$
$$S_C = Q_C - P = 1\ 698.98 - 1\ 698.81 = 0.17$$
$$S_D = Q_D - P = 1\ 701.25 - 1\ 698.81 = 2.44$$

总偏差为

$$S_T = W - P = 1\ 752.99 - 1\ 698.81 = 54.18$$

而按另一种计算方法为

$$S_T = S_A + S_B + S_C + S_D = 4.53 + 47.06 + 0.17 + 2.44 = 54.20$$

因此，正交实验各列均排满因素，其组内偏差平方和不能用 $S_E = S_T - \sum_{i=1}^{m} S_i$ 求得，此时只能将正交表因素偏差中几个小的偏差平方和代替组内偏差平方和。所以有

$$S_E = S_C + S_D = 0.17 + 2.44 = 2.61$$

③ 计算自由度。

$$f_A = f_B = 3 - 1 = 2$$
$$f_E = f_C + f_D = 2 + 2 = 4$$

④ 列出方差检验表，见表 1-18。

表 1-18　叶片吸滤实验方差分析检验表

方差来源	偏差平方和	自由度	均方	F 值	$F_{0.05}$
因素 A(吸滤时间)	4.53	2	2.27	3.49	19.00
因素 B(吸干时间)	47.06	2	23.53	36.20	19.00
误差 S_E	2.61	4	0.65	—	—
总和 S_T	54.20	8	—	—	—

根据因素的自由度和误差的自由度，查附录C得 $F_{0.05}$，由于 $F_A < F_{0.05}$，$F_B > F_{0.05}$，因此因素 A 不是显著性因素，只有因素 B 是显著性因素。

（3）有重复实验的正交方差分析。

用正交表安排多因素实验方差分析，最好要进行重复实验。为了提高实验的精度，减少实验误差的干扰，也要进行重复实验。所谓重复实验，是真正地将实验内容重复做几次，而不是重复测量，也不是重复取样。

要进行重复实验数据的方差分析，一种简单的方法就是把同一实验的重复实验数据取算术平均值，然后和没有重复实验的正交实验方差分析一样进行。这种方法虽然简单，但因为没有充分地利用重复实验所提供的信息，因此不是很常用。以下介绍一种常用的分析方法。

重复实验方差分析的基本思想和计算步骤和前面介绍的方法基本上一致，因为它与无重复实验的区别在于实验结果的数据多少不同，所以两者在方差分析上也有所不同，其区别主要在以下几个方面。

① 在列正交实验结果表与计算各因素不同水平的效应以及指标 y 时，将重复实验的结果（指标值）均列入结果栏内；计算各因素不同水平的效应 K 值时，是将相应的实验结果之和代入，个数为该水平重复数 a 与实验重复次数 c 的积；指标 y 求和时取全部实验结果之和，个数为实验次数 n 与重复次数 c 之积。

② 在求统计量与偏差平方和时，实验的总次数 n' 为实验次数 n 与实验重复次数 c 之积；某

因素下同水平实验次数 a' 为正交表中该水平出现次数 a 与实验重复次数 c 之积。

则统计量 P、Q、W 的计算按下式进行：

$$P=\frac{1}{nc}\left(\sum_{z=1}^{n}y_z\right)^2 \tag{1-54}$$

$$Q_i=\frac{1}{ac}\sum_{j=1}^{b}K_{ij}^2 \tag{1-55}$$

$$W=\frac{1}{c}\sum_{z=1}^{n}y_z^2 \tag{1-56}$$

③ 在重复实验时，实验误差 S_E 包括两个部分，S_{E1} 和 S_{E2}，则 $S_E=S_{E1}+S_{E2}$。

S_{E1} 为空列偏差平方和，本身包括实验误差和模型误差两个部分。由于无重复实验中误差项是指此类误差，所以又称为第一类误差变动平方和。

S_{E2} 是反映重复实验造成的整个实验组内的变动平方和，它只反映实验误差的大小，所以又称为第二类误差变动平方和，其计算式为

$$S_{E2}=\text{各结果数据平方和}-\frac{\text{同一实验条件下结果数据和的平方之和}}{\text{重复实验的次数}}$$

$$=\sum_{i=1}^{n}\sum_{j=1}^{c}y_{ij}^2-\frac{\sum_{i=1}^{n}\left(\sum_{j=1}^{c}y_{ij}\right)^2}{c} \tag{1-57}$$

(二) 实验结果表示方法

进行水处理综合实验，不仅要通过实验及对实验数据的分析，找出影响实验结果的因素及其主次关系，并给出最佳的运行参数，而且要找出这些变量间的关系，而反映客观规律的变量间的关系可以用列表法、图示法或回归分析等方法实现。表示方法的选择主要依靠经验，可以用其中的一种，也可以综合利用其中的两种或三种。

1. 列表法

列表法是将一组实验数据中的自变量、因变量的各个数值依照一定的形式和顺序一一对应列出来，用以反映各变量间的关系的方法。列表法具有简单易行、形式紧凑、数据容易参考比较等优点，但是对客观规律的反映不如其他表示方法明确，在理论分析上使用不太方便。

完整的表格包括表的序号、表题、表内项目的名称和单位、说明及数据来源等。

实验测得的数据，其自变量和因变量的变化有时是不规则的，使用起来不方便。这时可以通过数据的分度，使表中所列的数据成为有规则的排列，即当自变量作等间距顺序变化时，因变量也随着顺序变化。这样的表格查阅较为方便。数据分度的方法有多种，较为简便的方法是先用原始数据(即为分度的数据) 画图，作出一条光滑的曲线，然后在曲线上一一读出所需的数据(自变量作等间距顺序变化)，最后列出表格。

2. 图示法

图示法适用于以下两种情况：① 已知变量间的依赖关系，通过实验，将取得数据作图，然后求出相应的一些参数；② 两个变量间的关系不清，将实验数据点绘于坐标纸上，用以分析、反映变量间的关系和规律。

图示法的优点在于形式简明直观，便于比较，容易显示出数据中最高点或最低点、转折点、周期性以及其他的特异性等。如果图形作得足够准确，可以不必知道变量间的数学关系，对变量求微分或积分后即可得到需要的结果。

图示法的图形绘制一般包括以下几个步骤。

(1) 选择合适的坐标纸。常用的坐标纸有直角坐标纸、半对数坐标纸和双对数坐标纸。选择坐标纸时，应根据所研究变量间的关系和所要表达的图形形式，确定选用哪一种坐标纸，坐标纸不宜太密或太疏。

(2) 坐标分度以及分度值标记。坐标分度是指在每个坐标轴上划分刻度数值的大小。进行坐标分度时一般要注意以下几个问题。

① 一般以 x 轴代表自变量，y 轴代表因变量。在坐标轴上应注明物理量和所用计量单位，分度的选择应使每一点在坐标纸上都能够迅速方便地找到。

② 坐标原点不一定与变量零点一致，也可用低于实验数据中最低值的某一整数作起点，高于最高值的某一整数作终点。

③ 坐标分度应与实验精度一致，使图线显示其特点，划分得当，并和测量的有效数字位数相应。

④ 为了阅读方便，有时除了标记坐标纸上的主坐标线的分度值外，还在一副坐标线上标以数值。

⑤ 自变量和因变量的变化范围表现在坐标纸上的长度应相差不大，以尽可能使图线在图纸正中央，不偏于一角或一边为准。

(3) 根据实验数据描点和作曲线。描点方法比较简单，把实验得到的自变量与因变量一一对应地点在坐标纸上即可。有几条图线时，应用不同的符号加以区别，并在空白处注明符号的意义，然后根据实验点的分布或连成一条直线，或连成一条光滑的曲线。

作曲线有两种方法：① 数据不够充分，图上的点数较少，不易确定自变量与因变量之间的对应关系，或者自变量与因变量间不一定呈函数关系时，最好是将各点用直线直接连接；② 实验数据充分，图上点数足够多，自变量和因变量呈函数关系，则可作出光滑连续的曲线。

(4) 注解说明。每一个图形上面应有图名，将图形的意义清楚、准确地描写出来，紧接图形应有简要的说明，使读者能容易地理解其意思。此外，还应该注意数据的来源，如实验者、实验地点、时间等。

3. 回归分析

实验结果的变量关系虽然可列表或用图线表示，但是为理论分析讨论、计算方便，多用数学表达式反映，而回归分析正是用来分析、解决两个或多个变量间数量关系的一个有效工具。

1) 概述

水处理综合实验中所遇到的变量关系也和其他学科中存在的变量关系一样，分为确定性关系和相关关系。

(1) 确定性关系　确定性关系即函数关系，它反映事物之间严格的变化规律和依存性。例如，沉淀池表面积 F 与处理水量 Q、水力负荷 q 之间的依存关系，可以用一个不变的公式来确定，即 $F=Q/q$。在这些变量关系中，当一个变量值固定时，只要知道其他两个变量中的一个变量值，即可精确地计算出另一个变量值，这种变量都是非随机变量。

(2) 相关关系　相关关系的特点：对应于一个变量的某个取值，另一个变量以一定的规律分散在它们平均数的周围。例如，曝气设备在污水中充氧的修正系数 α 值与有机物 COD 之间的关系即为相关关系。当取某种污水时，水中有机物 COD 为已定，曝气设备固定，此时可以有几个不同的 α 值出现，这是因为除了有机物这一影响 α 值的主要因素外，还有水温、风量(搅拌) 等影响因素。这些变量间虽存在着密切的关系，但是又不能由一个(或多个) 变量的数值精确地求出另一个变量的值,这类变量的关系就是相关关系。

函数关系与相关关系并没有一条不可逾越的鸿沟,因为存在误差,函数关系在实践中往往以相关关系表现出来。反之,当对事物的内部规律了解更加深刻、更加准确时,相关关系也可转化为函数关系。

2) 回归分析的主要内容

对于相关关系而言,虽然找不出变量间的确定性关系,但经过多次的实验与分析,从大量的实验数据之中也可以找到内在规律性的东西。回归分析应用数学的方法,通过大量数据所提供的信息,经过去伪存真、由表及里的加工之后,找出事物之间的内在关系,给出(近似)定量表达式,从而可以利用该式去推算未知量。因此,回归分析的主要内容有以下两点:① 以观测数据为依据,建立反映变量间相关关系的定量关系式(回归方程),并确定关系式的可信度;② 利用建立的回归方程,对客观过程进行分析、预测和控制。

3) 回归方程建立概述

(1) 回归方程或经验公式　根据两个变量 x 和 y 的 n 对实验数据 $(x_1,y_1),(x_2,y_2),\cdots,(x_n,y_n)$,通过回归分析建立一个确定的函数 $y=f(x)$(近似的定量表达式)来大体描述这两个变量 y、x 间变化的相关规律。这个函数 $f(x)$ 即是 y 对 x 的回归方程,简称回归。因此,y 对 x 的回归方程 $f(x)$ 反映了当 x 固定在 x_0 值时 y 所取的平均值。

(2) 回归方程的求解　求解回归方程的过程,实质上就是采用某一函数的曲线去逼近所有的观测数据,但不是通过所有的点,而是要求拟合误差达到最小,从而建立一个确定的函数关系。因此,求解回归过程一般分为两个步骤。

① 选择函数 $y=f(x)$ 的类型,即 $f(x)$ 属于哪一类函数,是正比例函数 $y=kx$、线性函数 $y=a+bx$、指数函数 $y=a\mathrm{e}^{bx}$,还是幂函数 $y=ax^b$ 或其他函数等,其中 k、a、b 等为公式中的系数。只有函数形式确定了,才能求出式中的系数,建立回归方程。

选择函数的类型时,首先应使其曲线最大限度地与实验点接近,此外,还要力求准确、简单明了、系数少。通常是将经过整理的实验数据在几种不同的坐标纸上作图(多用直角坐标纸),形成的有关两变量变化关系的图形称为散点图。然后根据散点图所提供的变量间的有关信息来确定函数的关系。其步骤如下:a.作散点图;b.根据专业知识、经验,并利用解析几何的知识,判断图形的类型;c.确定函数形式。

② 确定函数 $f(x)$ 中的参数。当函数类型确定后,可由实验数据来确定公式中的系数,除用作图法求系数外,还有许多的方法,但其中最常见的是最小二乘法。

4) 几种主要回归分析类型

由于变量数目、变量间内在规律的不同,因而由实验数据进行的回归分析也不尽相同,工程中常用的有以下几种。

(1) 一元线性回归　当两变量间的关系可用线性函数表达时,其回归即为一元线性回归。它是最简单的一类回归问题。

① 求一元线性回归方程。

一元线性回归就是工程中经常碰到的配直线的问题。也就是说,如果变量 x 和 y 之间存在线性相关关系,就可以通过一组数据 (x_i,y_i) $(i=1,2,\cdots,n)$ 用最小二乘法求出 a、b,并建立其回归直线方程 $y=a+bx$。

最小二乘法就是要求上述 n 个数据的绝对误差的平方和达到最小,即选择适当的 a 与 b 值,使

$$Q=\sum_{i=1}^{n}[y_i-Y_i]^2=\sum_{i=1}^{n}[y_i-(a+bx_i)]^2=\text{最小值} \tag{1-58}$$

式中：y_i—— 实测值；

Y_i—— 计算值。

以此求出 a、b 值，并建立方程。其中，b 称为回归系数，a 称为截距。

一元线性回归的计算步骤如下。

a. 将变量 x、y 的实验数据一一对应地填入表 1-19 中，并按照表中的要求进行计算。

表 1-19　一元线性回归计算表

序　号	x_i	y_i	x_i^2	y_i^2	x_iy_i
和					
平均值	$\overline{x}$	$\overline{y}$	—	—	$\sum(x_iy_i)/n$

b. 计算 L_{xy}、L_{xx}、L_{yy} 值，其公式如下：

$$L_{xy}=\sum_{i=1}^{n}x_iy_i-\frac{1}{n}\left(\sum_{i=1}^{n}x_i\right)\left(\sum_{i=1}^{n}y_i\right) \tag{1-59}$$

$$L_{xx}=\sum_{i=1}^{n}x_i^2-\frac{1}{n}\left(\sum_{i=1}^{n}x_i\right)^2 \tag{1-60}$$

$$L_{yy}=\sum_{i=1}^{n}y_i^2-\frac{1}{n}\left(\sum_{i=1}^{n}y_i\right)^2 \tag{1-61}$$

c. 计算 a、b 值并建立经验公式：

$$b=L_{xy}/L_{xx} \tag{1-62}$$

$$a=\overline{y}-b\overline{x} \tag{1-63}$$

$$y=a+bx \tag{1-64}$$

② 计算相关系数。

用上述方法可以画出回归曲线，建立线性关系式，但是它是否真正反映出两个变量间的客观规律呢？尤其在对变量间的变化关系根本就不了解的情况下，而相关分析就是用来解决这类问题的一种数学方法。引出相关系数 r，用该值来判断建立的经验公式的正确性，其步骤如下。

a. 计算相关系数 r，公式为

$$r=\frac{L_{xy}}{\sqrt{L_{xx}L_{yy}}} \tag{1-65}$$

相关系数 r 的绝对值越接近 1，两变量 x、y 之间的线性关系越好；若 r 接近 0，则认为 x 与 y 之间没有线性关系，或者两者之间具有非线性关系。

b. 给出显著性水平 α，按 $n-2$ 的值，在附录 D 相关系数检验表中查出相应的临界值 r_α。

c. 判断。若 $|r|\geqslant r_\alpha$，两变量间存在线性关系，方程式成立，并称为 r 在水平 α 下显著；若 $|r|<r_\alpha$，则两变量间不存在线性关系，并称 r 在水平 α 下不显著。

③ 回归方程的精度。

由于回归方程给出的是 x、y 两变量间的相关关系而不是确定性关系，因此对于一个固定的 $x=x_0$ 值，并不能精确得到相对应的 y_0 值，而是由方程得到的估计值 $y_0=a+bx_0$，或者说当 x 固定在 x_0 值时，y 取得平均值 y_0，那么用 y_0 作为 Y_0 的估计值时，偏差有多大，也就是用回归算得的结果精度如何呢？这就是回归线的精度问题。

虽然对于一个固定的 x_0 值所相应的 y_0 值无法确切得知，但相应 x_0 值实测的 y_0 值是按照一定的规律分布在 Y_0 上下，其波动一般都认为呈正态分布的规律，也就是说，y_0 是具有某正态分布的随机变量。因此，能算出波动的标准离差，也就可以估计出回归线的精度。

a. 计算标准离差（剩余标准离差或剩余偏差 σ），其公式为

$$\sigma=\sqrt{\frac{Q}{n-2}}=\sqrt{\frac{(1-r^2)L_{yy}}{n-2}} \tag{1-66}$$

b. 由正态分布的性质可以得知，y_0 落在（$Y_0-\sigma$，$Y_0+\sigma$）范围内的概率约为 68.3%，y_0 落在（$Y_0-2\sigma$，$Y_0+2\sigma$）范围内的概率约为 95.4%，y_0 落在（$Y_0-3\sigma$，$Y_0+3\sigma$）范围内的概率约为 99.7%。

也就是说，对于任何一个固定的 $x=x_0$ 值，都有 95.4% 的把握断言其值落在（$Y_0-2\sigma$，$Y_0+2\sigma$）范围内。

显然 σ 越小，回归方程的精度越高，所以可用 σ 测量回归方程精度值。

（2）可化为一元线性回归的非线性回归　两变量间的关系虽然为非线性，但是经过变量替换，函数可化为一元线性关系的，则可用第一类线性回归加以解决，此为可化为一元线性回归的非线性回归。

在一些实际的问题中，两个变量 x 与 y 间的关系并不是线性关系，而是某种曲线关系，这就需要用曲线作回归线。对于曲线类型的选择，在理论上并无依据，只能根据散点图所提供的信息，并根据专业知识与经验和解析几何知识，选择既简单而计算结果与实测值又比较接近的曲线，用这些已知曲线的函数近似地作为变量间的回归方程式。而这些已知的关系式，有些只要通过简单的变换，就可以变成线性形式，这样这些非线性问题就可以作线性回归问题来处理。

例如，当随机变量 y 随着 x 渐增而越来越急剧地增大时，变量间的曲线关系就可近似用指数函数 $y=ab^x$ 拟合，其回归过程是只要把函数两侧取对数，$y=ab^x$ 就变成了 $\lg y=\lg a+x\lg b$，从而化成 $y'=A+Bx'$ 的线性关系，只要用线性回归方法，即可求得 A、B 值，进而求得变量间的关系。

下面列举一些常用的、通过坐标变换可转化为直线的函数图形，供选择曲线时参考。

① 双曲线函数 $1/y=a+b/x$（图 1-12）。

令 $y'=1/y$，$x'=1/x$，则有 $y'=a+bx'$。曲线有两条渐近线 $x=-b/a$ 和 $y=1/a$。

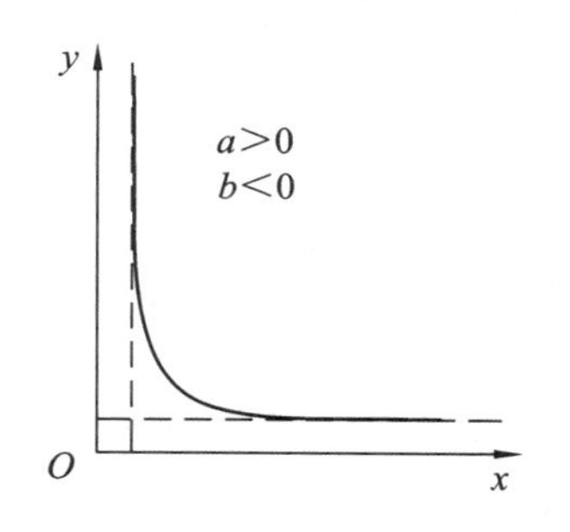

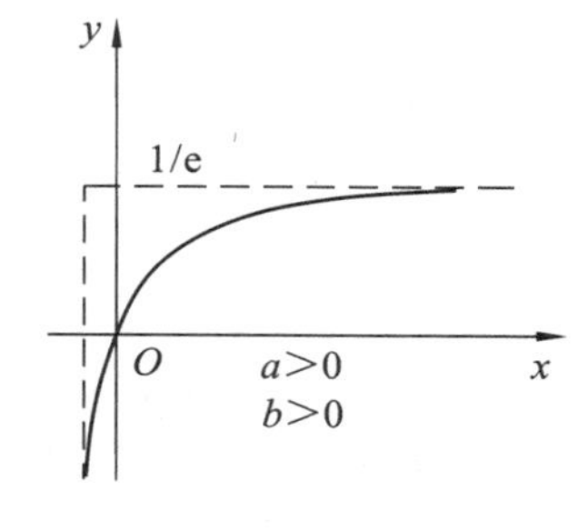

双曲线 $1/y=a+b/x$

图 1-12　双曲线函数

② 幂函数(图 1-13)。

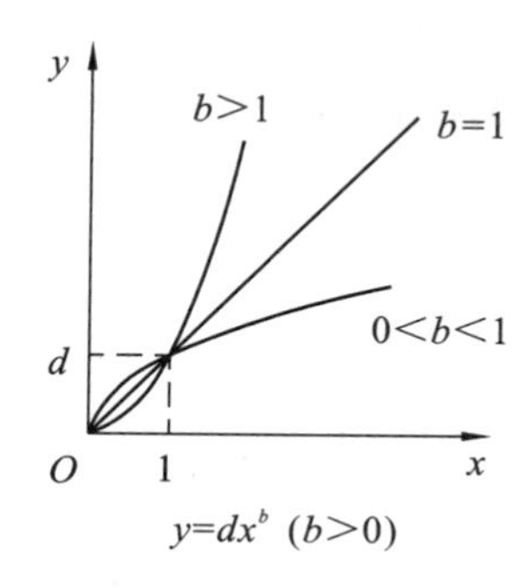

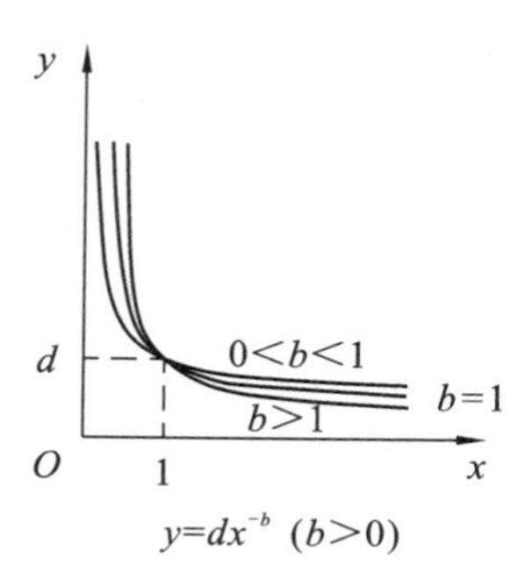

图 1-13　幂函数

令 $y'=\ln y, x'=\ln x, a=\ln d$,则有 $y'=a+bx'$。

③ 指数函数 $y=d\mathrm{e}^{bx}$(图 1-14)。

令 $y'=\ln y, a=\ln d$,则有 $y'=a+bx$,曲线经过点$(0,d)$。

④ 指数函数 $y=d\mathrm{e}^{b/x}$(图 1-15)。

令 $y'=\ln y, a=\ln d, x'=1/x$,则有 $y'=a+bx'$。

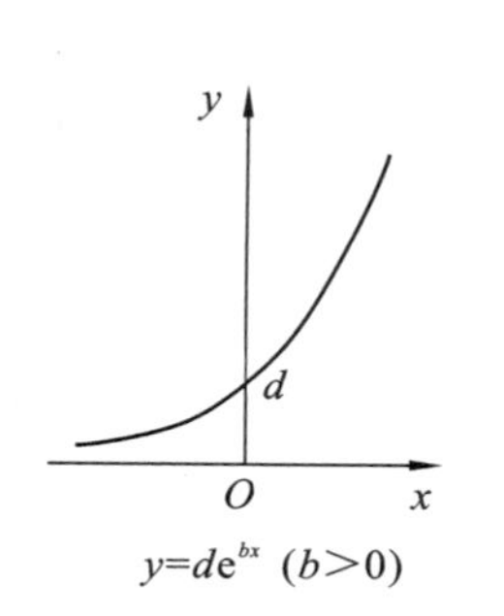

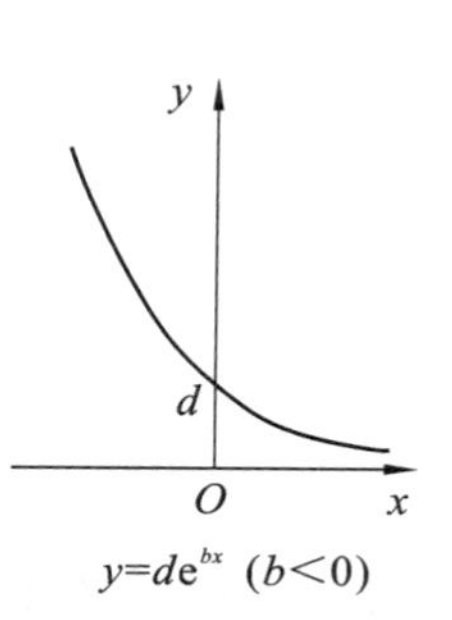

图 1-14　指数函数一

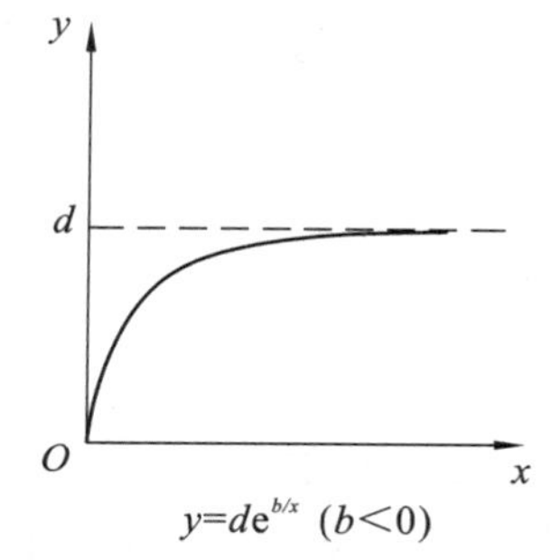

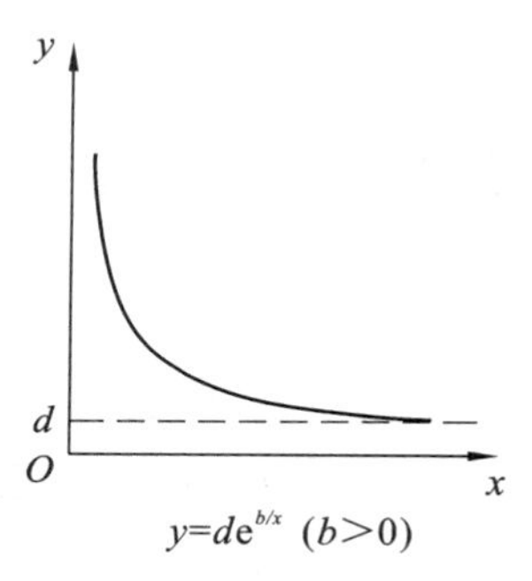

图 1-15　指数函数二

⑤ 对数函数 $y=a+b\lg x$(图 1-16)。

令 $x'=\lg x$,则有 $y=a+bx'$。

⑥ S 形曲线函数 $y=1/(a+b\mathrm{e}^{-x})$(图 1-17)。

令 $y'=1/y, x'=\mathrm{e}^{-x}$,则有 $y'=a+bx'$。

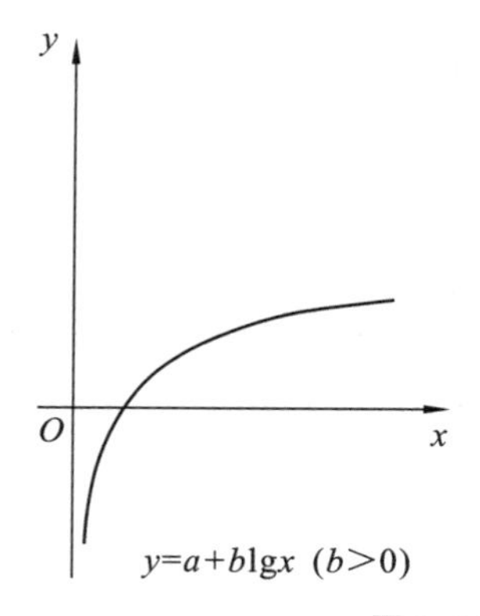

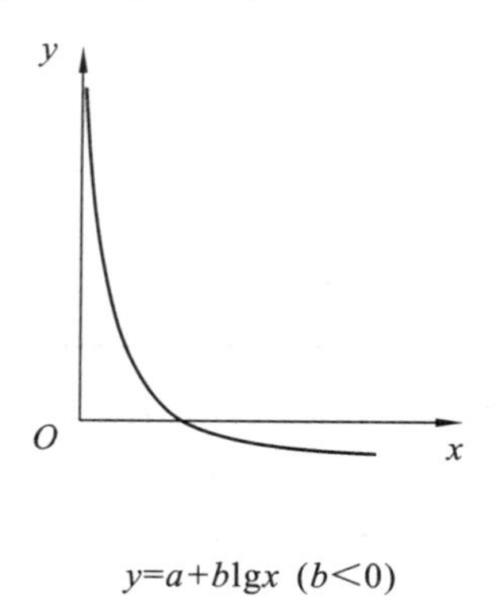

图 1-16　对数函数

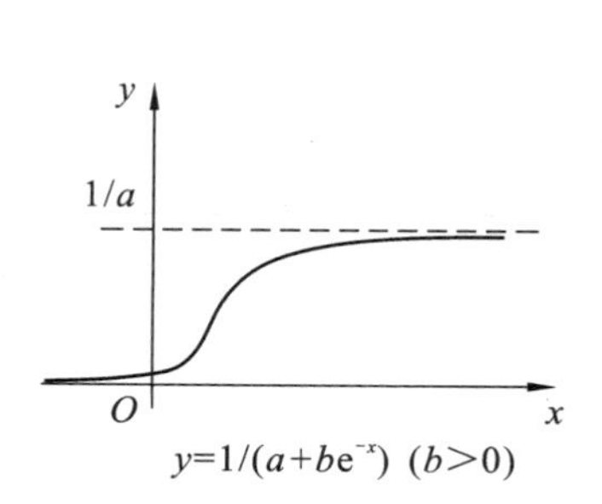

图 1-17　S 形曲线函数

如果散点图所反映出的变量 x 与 y 之间的关系和两个函数类型都有些近似，即一下子无法确定哪种曲线形式更适合，更能客观地反映出其基本规律，则可以都做回归并按式(1-67)、式(1-68)计算绝对误差平方和，再与剩余偏差 σ 比较，选择 Q 或 σ 值最小的函数类型。

$$Q=\sum_{i=1}^{n}(y_i-\hat{y}_i)^2 \tag{1-67}$$

$$\sigma=\sqrt{\frac{1}{n-2}\sum_{i=1}^{n}(y_i-\hat{y}_i)^2} \tag{1-68}$$

(3) 多元线性回归　多元线性回归研究的是变量多于两个，相互间呈线性关系的回归问题。

在前面研究了两个变量间相关关系的回归问题，但是客观事物的变化往往受多种因素的影响，要考察的独立变量不止一个，因此，人们把研究某个变量与多个变量之间的相关关系的统计方法称为多元回归。

在多元回归分析之中，多元线性回归是比较简单并且应用较为广泛的一种方法。在工程实践中，为了简便起见，往往是改变两个因素，让其他因素处于稳定状态，也就是只研究变化着的两个因素与指标之间的相关关系，即二元回归问题。

① 求二元线性回归方程。

二元线性回归方程的数学表达式为

$$y=a+b_1x_1+b_2x_2 \tag{1-69}$$

式中：y—— 因变量；

x_1、x_2—— 两个独立的自变量；

b_1、b_2—— 回归系数；

a—— 常数项。

二元线性回归方程的计算步骤如下。

a. 将变量 x_1、x_2 与 y 的实验数据一一对应填于表 1-20 中，并按照要求计算。

表 1-20　二元线性回归计算表

序　号	x_{1i}	x_{2i}	y_i	x_{1i}^2	x_{2i}^2	y_i^2	$x_{1i}x_{2i}$	$x_{1i}y_i$	$x_{2i}y_i$
1									
2									
⋮	⋮	⋮	⋮	⋮	⋮	⋮	⋮	⋮	⋮
n									
和									
平均值									

b. 利用上表的结果并根据公式计算出 L_{00}、L_{11}、L_{22}、L_{12}、L_{10}、L_{20}。

$$L_{00}=\sum_{i=1}^{n}y_i^2-\frac{1}{n}\left(\sum_{i=1}^{n}y_i\right)^2 \tag{1-70}$$

$$L_{11}=\sum_{i=1}^{n}x_{1i}^2-\frac{1}{n}\left(\sum_{i=1}^{n}x_{1i}\right)^2 \tag{1-71}$$

$$L_{22}=\sum_{i=1}^{n}x_{2i}^{2}-\frac{1}{n}\left(\sum_{i=1}^{n}x_{2i}\right)^{2} \tag{1-72}$$

$$L_{12}=\sum_{i=1}^{n}x_{1i}x_{2i}-\frac{1}{n}\left(\sum_{i=1}^{n}x_{1i}\right)\left(\sum_{i=1}^{n}x_{2i}\right) \tag{1-73}$$

$$L_{10}=\sum_{i=1}^{n}x_{1i}y_{i}-\frac{1}{n}\left(\sum_{i=1}^{n}x_{1i}\right)\left(\sum_{i=1}^{n}y_{i}\right) \tag{1-74}$$

$$L_{20}=\sum_{i=1}^{n}x_{2i}y_{i}-\frac{1}{n}\left(\sum_{i=1}^{n}x_{2i}\right)\left(\sum_{i=1}^{n}y_{i}\right) \tag{1-75}$$

c. 建立方程组并求解回归常数 b_1、b_2，计算公式如下：

$$L_{11}b_1+L_{12}b_2=L_{10} \tag{1-76}$$

$$L_{21}b_1+L_{22}b_2=L_{20} \tag{1-77}$$

d. 求解常数项 a，其计算公式为

$$a=\overline{y}-b_1\overline{x}_1-b_2\overline{x}_2 \tag{1-78}$$

其中，$\overline{y}=\frac{1}{n}\sum_{i=1}^{n}y_i$，$\overline{x}_1=\frac{1}{n}\sum_{i=1}^{n}x_{1i}$，$\overline{x}_2=\frac{1}{n}\sum_{i=1}^{n}x_{2i}$。

由 a、b_1、b_2 建立的方程式为

$$y=a+b_1x_1+b_2x_2 \tag{1-79}$$

② 计算二元线性回归的全相关系数 R。

以上建立的二元线性回归方程，是否反映客观规律，除了靠实验检验外，与一元线性回归一样，也可以从数学角度来衡量，即引入全相关系数 R，其计算表达式为

$$R=\sqrt{\frac{S_0}{L_{00}}} \tag{1-80}$$

式中：S_0—— 回归平方和，表示由于自变量 x_1 和 x_2 的变化而引起的因变量 y 的变化，$S_0=b_1L_{10}+b_2L_{20}$。

其中，$0\leqslant R\leqslant 1$，R 越接近 1，方程越理想。

③ 二元线性回归方程的精度。

与一元线性回归方程一样，精度也是由剩余偏差 σ 来衡量，其计算表达式为

$$\sigma=\sqrt{\frac{L_{00}-S_0}{n-m-1}} \tag{1-81}$$

式中：n—— 实验次数；

m—— 自变量的个数。

④ 实验因素对实验结果影响的判断。

二元线性回归是研究两个因素的变化对实验结果的影响，但在两个影响因素（变量）间，总会有主次之分，如何判断哪个是主要因素，哪个是次要因素，哪个因素对实验结果的影响可以忽略不计？除了利用双因素方差分析方法之外，还可以用以下方法进行比较分析。

a. 标准回归系数绝对值的比较。

标准回归系数的计算公式为

$$b'_1=b_1\sqrt{\frac{L_{11}}{L_{00}}} \tag{1-82}$$

$$b'_2=b_2\sqrt{\frac{L_{22}}{L_{00}}} \tag{1-83}$$

比较$|b'_1|$和$|b'_2|$的大小,哪个值大,哪个即为主要影响因素。

b. 偏回归平方和的比较。

变量y对于某个特定的自变量$x_i(i=1,2)$的偏回归平方和$P_i(i=1,2)$,是指在回归方程中除去这个自变量而使回归平方和减小的数值,计算式为

$$P_1=b_1^2\left(L_{11}-\frac{L_{12}^2}{L_{22}^2}\right) \tag{1-84}$$

$$P_2=b_2^2\left(L_{22}-\frac{L_{12}^2}{L_{11}^2}\right) \tag{1-85}$$

比较P_1、P_2值的大小,大者为主要因素,小者为次要因素。次要因素对y值的影响有时候可以忽略。如果可以忽略,则在回归计算中可以不再计入此变量,从而使问题变得简单,便于进行回归。

c. T值判断法。

下式中的T_i称为自变量x_i的T值:

$$T_i=\sqrt{\frac{P_i}{\sigma}} \tag{1-86}$$

其中,$P_i(i=1,2)$由式(1-84)、式(1-85)求得;二元回归剩余偏差由式(1-81)求得。

T值一般由经验公式求得。T值越大,该因素越重要。当$T<1$时,该因素对结果的影响不大;当$2\geqslant T\geqslant 1$时,该因素对结果有一定的影响;当$T>2$时,该因素为重要因素。

(4) 线性回归计算举例。

① 一元线性回归计算举例。

在完全混合式活性污泥法曝气池中,每天产生的剩余污泥量ΔX与污泥负荷N_s之间存在的关系为

$$\frac{\Delta X}{VX}=aN_s-b$$

式中:ΔX—— 每天产生的剩余污泥量,kg/d;

V—— 曝气池容积,m^3;

X—— 曝气池内混合液污泥浓度,kg/m^3;

N_s—— 污泥的有机负荷,kg/(kg·d);

a—— 产率系数,即降解每千克BOD_5转换成的污泥的质量,kg/kg;

b—— 污泥自身的氧化率,kg/(kg·d)。

a、b均为待定数值。

通过实验,曝气池的容积$V=10\ m^3$,池内污泥浓度$X=3$ g/L,实验数据如表1-21所示,试进行回归分析。

表1-21　实验结果

N_s/[kg/(kg·d)]	0.20	0.21	0.25	0.30	0.35	0.40	0.50
ΔX/(kg/d)	0.45	0.61	1.50	2.40	3.15	3.90	6.00
$\frac{\Delta X}{VX}/d^{-1}$	0.015	0.0203	0.05	0.08	0.105	0.13	0.2

a. 根据给出的实验数据，求出 $\Delta X/(VX)$，并以此为纵坐标，以 N_s 为横坐标作散点图（图 1-18）。

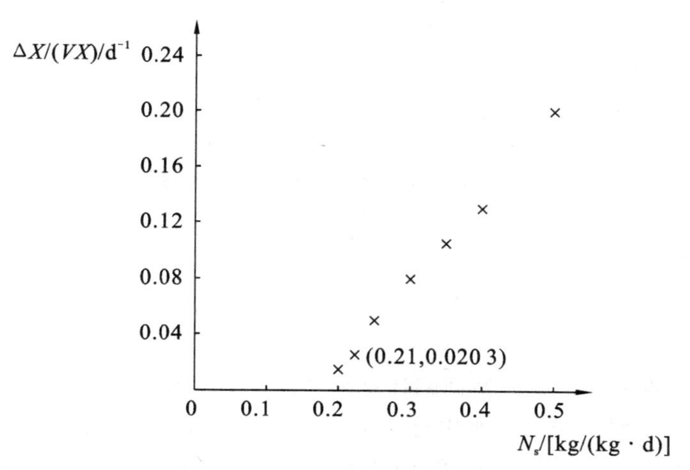

图 1-18　$\Delta X/(VX)$-N_s 散点图

由图可知，$\Delta X/(VX)$ 与 N_s 基本上呈线性关系。

b. 列表计算各值(表 1-22)。

表 1-22　一元线性回归计算表

序　号	N_s/[kg/(kg · d)]	$\Delta X/(VX)$/d^{-1}	N_s^2	$[\Delta X/(VX)]^2$	$N_s \cdot \Delta X/(VX)$
1	0.20	0.015	0.040	0.000 2	0.003 0
2	0.21	0.020	0.044	0.000 4	0.004 2
3	0.25	0.050	0.063	0.002 5	0.012 5
4	0.30	0.080	0.090	0.006 4	0.024 0
5	0.35	0.105	0.123	0.011 0	0.036 8
6	0.40	0.130	0.160	0.016 9	0.052 0
7	0.50	0.200	0.250	0.040 0	0.100 0
和	2.21	0.600	0.770	0.077 4	0.232 5
平均值	0.316	0.086	0.110	0.011 1	0.033 2

c. 计算统计量 L_{xy}、L_{xx}、L_{yy}。本例中，x 为 N_s，y 为 $\Delta X/(VX)$。

$$L_{xy} = \sum_{i=1}^{n} x_i y_i - \frac{1}{n}\left(\sum_{i=1}^{n} x_i\right)\left(\sum_{i=1}^{n} y_i\right) = 0.232\ 5 - \frac{1}{7} \times 2.21 \times 0.600 = 0.043\ 1$$

$$L_{xx} = \sum_{i=1}^{n} x_i^2 - \frac{1}{n}\left(\sum_{i=1}^{n} x_i\right)^2 = 0.770 - \frac{1}{7} \times 2.21^2 = 0.072$$

$$L_{yy} = \sum_{i=1}^{n} y_i^2 - \frac{1}{n}\left(\sum_{i=1}^{n} y_i\right)^2 = 0.077\ 4 - \frac{1}{7} \times 0.600^2 = 0.026$$

d. 求系数 a、b 的值，其公式为

$$a = \frac{L_{xy}}{L_{xx}} = \frac{0.043\ 1}{0.072} = 0.6$$

$$b = \overline{y} - a\overline{x} = 0.086 - 0.6 \times 0.316 = -0.104$$

则回归方程为

$$\frac{\Delta X}{VX}=0.6N_s-0.104$$

e. 相关系数及检验。

$$r=\frac{L_{xy}}{\sqrt{L_{xx}L_{yy}}}=\frac{0.043\ 1}{\sqrt{0.072\times 0.026}}=0.996$$

根据 $n-2=7-2=5$ 和 $\alpha=0.01$,查附录D可得 $r_{0.01}=0.874$。因为 $0.996>0.874$,故上述线性关系成立。

f. 计算公式精度。

$$\sigma=\sqrt{\frac{(1-r^2)L_{xy}}{n-2}}=\sqrt{\frac{(1-0.996^2)\times 0.043\ 1}{5}}=0.008\ 3$$

② 化为一元线性回归的非线性回归计算举例。

经实验研究,影响曝气设备污水中充氧系数 α 值的主要因素为污水中有机物含量以及曝气设备的类型。现用穿孔管曝气设备测得城市生活污水中不同的有机物COD(x)与 α 值(y)的一组相应数值,如表1-23所示,试求出 α-COD回归方程。

表1-23 用穿孔管曝气设备测得的城市污水 α-COD实验数据

COD/(mg/L)	α	COD/(mg/L)	α	COD/(mg/L)	α
208.0	0.698	90.4	1.003	293.5	0.593
58.4	1.178	288.0	0.565	66.0	0.791
288.3	0.667	68.0	0.752	136.5	0.865
249.5	0.593	136.0	0.847		

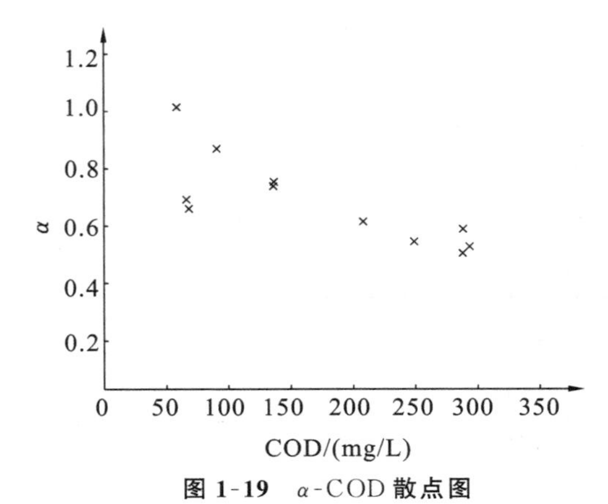

图1-19 α-COD散点图

a. 作散点图。在直角坐标纸上,以有机物COD为横坐标,α 值为纵坐标,将相应的(COD,α)值点绘于坐标纸中,得出 α-COD分布散点图(图1-19)。

b. 选择函数类型。根据得到的散点图,首先可以肯定COD-α 间肯定不是线性关系。由图可见,α 值随COD的增加急剧减小,而后逐渐减小,曲线类型与双曲线、幂函数、指数函数类似。为了得出较好的关系式,可以用这三种函数回归,比较它们的精度,最后确定回归方程。

方案一 假定COD-α 间的关系符合幂函数 $y=dx^b$,x 表示COD,y 表示 α 值。令 $y'=\lg y$,$x'=\lg x$,$a=\lg d$,则有 $y'=a+bx'$。

列表计算,见表1-24,并计算 $L_{x'y'}$、$L_{x'x'}$、$L_{y'y'}$。

表1-24 幂函数计算表

序　号	$x'=\lg x$	$y'=\lg y$	x'^2	y'^2	$x'y'$
1	2.318	−0.156	5.373	0.024	−0.362

续表

序　号	$x'=\lg x$	$y'=\lg y$	x'^2	y'^2	$x'y'$
2	1.766	0.071	3.119	0.005	0.125
3	2.460	−0.176	6.052	0.031	−0.433
4	2.397	−0.227	5.746	0.052	−0.544
5	1.956	0.001	3.286	0.000	0.002
6	2.459	−0.248	6.047	0.062	−0.610
7	1.833	−0.124	3.360	0.015	−0.227
8	2.134	−0.072	4.554	0.005	−0.154
9	2.468	−0.227	6.091	0.052	−0.560
10	1.820	−0.102	3.312	0.010	−0.186
11	2.135	−0.063	4.558	0.004	−0.135
和	23.746	−1.323	52.037	0.260	−3.084
平均值	2.159	−0.120	4.731	0.024	−0.280

$$L_{x'y'}=\sum_{i=1}^{n}x'_iy'_i-\frac{1}{n}\left(\sum_{i=1}^{n}x'_i\right)\left(\sum_{i=1}^{n}y'_i\right)=-3.084-\frac{1}{11}\times 23.746\times(-1.323)=-0.228$$

$$L_{x'x'}=\sum_{i=1}^{n}x'^2_i-\frac{1}{n}\left(\sum_{i=1}^{n}x'_i\right)^2=52.037-\frac{1}{11}\times 23.746^2=0.776$$

$$L_{y'y'}=\sum_{i=1}^{n}y'^2_i-\frac{1}{n}\left(\sum_{i=1}^{n}y'_i\right)^2=0.260-\frac{1}{11}\times(-1.323)^2=0.101$$

计算 a、b 值并建立方程：

$$b=\frac{L_{x'y'}}{L_{x'x'}}=\frac{-0.228}{0.776}=-0.294$$

$$a=\overline{y}'-b\overline{x}'=-0.12-(-0.294\times 2.159)=0.515$$

$$y'=0.515-0.294x'$$

即

$$y=3.27x^{-0.294}$$

计算剩余偏差 σ，见表 1-25。

表 1-25　剩余偏差计算表一

x	y	$\hat{y}$	$\hat{y}-y$	x	y	$\hat{y}$	$\hat{y}-y$
208.0	0.698	0.681	−0.017	68.0	0.752	0.946	0.194
58.4	1.178	0.989	−0.189	136.0	0.847	0.771	−0.076
288.3	0.667	0.619	−0.048	293.5	0.593	0.615	0.022
249.5	0.593	0.645	0.052	66.0	0.791	0.954	0.163
90.4	1.003	0.870	−0.133	136.5	0.865	0.771	−0.094
288.0	0.565	0.619	0.054				

因

$$\sum_{i=1}^{n}(\hat{y}_i - y_i)^2 = 0.141$$

故

$$\sigma = \sqrt{\frac{\sum_{i=1}^{n}(\hat{y}_i - y_i)^2}{n-2}} = \sqrt{\frac{0.141}{9}} = 0.125$$

方案二 假定 COD-α 关系符合指数函数 $y = d\mathrm{e}^{b/x}$，x 表示 COD，y 表示 α 值。

令 $y' = \ln y$，$a = \ln d$，$x' = 1/x$，有 $\ln y = \ln d + b/x$，即有 $y' = a + bx'$。

列表计算，见表 1-26，并计算 $L_{x'y'}$、$L_{x'x'}$、$L_{y'y'}$。

表 1-26 指数函数计算表

序号	$x' = 1/x$	$y' = \ln y$	x'^2	y'^2	$x'y'$
1	0.004 8	−0.360	0.000 023	0.129 6	−0.001 73
2	0.017 1	0.164	0.000 292	0.026 9	0.002 80
3	0.003 5	−0.405	0.000 012	0.164 0	−0.001 42
4	0.004 0	−0.523	0.000 016	0.273 5	−0.002 09
5	0.011 1	0.003	0.000 123	0.000 0	0.000 03
6	0.003 5	−0.571	0.000 012	0.326 0	−0.001 99
7	0.014 7	−0.285	0.000 216	0.081 2	−0.004 19
8	0.007 4	−0.166	0.000 055	0.027 6	−0.001 23
9	0.003 4	−0.523	0.000 012	0.273 5	−0.001 78
10	0.015 2	−0.234	0.000 231	0.054 8	−0.003 56
11	0.007 3	−0.145	0.000 053	0.021 0	−0.001 06
和	0.092 0	−3.045	0.001 045	1.378 1	−0.016 23
平均值	0.008 4	−0.277	0.000 095	0.125 3	−0.001 48

$$L_{x'y'} = \sum_{i=1}^{n} x'_i y'_i - \frac{1}{n}\left(\sum_{i=1}^{n} x'_i\right)\left(\sum_{i=1}^{n} y'_i\right) = -0.016\ 23 - \frac{1}{11} \times 0.092\ 0 \times (-3.045) = 0.009\ 2$$

$$L_{x'x'} = \sum_{i=1}^{n} x'^2_i - \frac{1}{n}\left(\sum_{i=1}^{n} x'_i\right)^2 = 0.001\ 045 - \frac{1}{11} \times 0.092\ 0^2 = 0.000\ 276$$

$$L_{y'y'} = \sum_{i=1}^{n} y'^2_i - \frac{1}{n}\left(\sum_{i=1}^{n} y'_i\right)^2 = 1.378\ 1 - \frac{1}{11} \times (-3.045)^2 = 0.535$$

计算 a、b 值并建立方程：

$$b = \frac{L_{x'y'}}{L_{x'x'}} = \frac{0.009\ 2}{0.000\ 276} = 33.3$$

$$a = \overline{y}' - b\overline{x}' = -0.277 - 33.3 \times 0.008\ 4 = -0.557$$

$$y' = -0.557 + 33.3x'$$

即

$$y = 0.557\mathrm{e}^{33.3/x}$$

计算剩余偏差 σ，见表 1-27。

表 1-27　剩余偏差计算表二

x	y	$\hat{y}$	$\hat{y}-y$	x	y	$\hat{y}$	$\hat{y}-y$
208.0	0.698	0.654	−0.044	68.0	0.752	0.909	0.157
58.4	1.178	0.985	−0.193	136.0	0.847	0.712	−0.135
288.3	0.667	0.625	−0.042	293.5	0.593	0.624	0.031
249.5	0.593	0.637	0.044	66.0	0.791	0.923	0.132
90.4	1.003	0.805	−0.198	136.5	0.865	0.711	−0.154
288.0	0.565	0.625	0.060				

因

$$\sum_{i=1}^{n}(\hat{y}_i-y_i)^2=0.171$$

故

$$\sigma=\sqrt{\frac{\sum_{i=1}^{n}(\hat{y}_i-y_i)^2}{n-2}}=\sqrt{\frac{0.171}{9}}=0.138$$

方案三　假定COD-α关系符合双曲线函数$1/y=a+b/x$，x表示COD，y表示α值。令$y'=1/y$，$x'=1/x$，则有$y'=a+bx'$。

列表计算，见表1-28，并计算$L_{x'y'}$、$L_{x'x'}$、$L_{y'y'}$。

表 1-28　双曲线函数计算表

序号	$x'=1/x$	$y'=1/y$	x'^2	y'^2	$x'y'$
1	0.004 8	1.433	0.000 023	2.053	0.006 9
2	0.017 1	0.849	0.000 292	0.721	0.014 5
3	0.003 5	1.499	0.000 012	2.248	0.005 2
4	0.004 0	1.686	0.000 016	2.844	0.006 7
5	0.011 1	0.997	0.000 123	0.994	0.011 1
6	0.003 5	1.770	0.000 012	3.133	0.006 2
7	0.014 7	1.330	0.000 216	1.768	0.019 6
8	0.007 4	1.181	0.000 055	1.394	0.008 7
9	0.003 4	1.686	0.000 012	2.844	0.005 7
10	0.015 2	1.264	0.000 231	1.598	0.019 2
11	0.007 3	1.156	0.000 053	1.336	0.008 4
和	0.092 0	14.851	0.001 045	20.93	0.112 2
平均值	0.008 4	1.350	0.000 095	1.903	0.010 2

$$L_{x'y'}=\sum_{i=1}^{n}x'_iy'_i-\frac{1}{n}\left(\sum_{i=1}^{n}x'_i\right)\left(\sum_{i=1}^{n}y'_i\right)=0.112\ 2-\frac{1}{11}\times 0.092\ 0\times 14.851=-0.012$$

$$L_{x'x'}=\sum_{i=1}^{n}x_i'^2-\frac{1}{n}\left(\sum_{i=1}^{n}x'_i\right)^2=0.001\ 045-\frac{1}{11}\times 0.092\ 0^2=0.000\ 28$$

$$L_{y'y'}=\sum_{i=1}^{n}y_i'^2-\frac{1}{n}\left(\sum_{i=1}^{n}y'_i\right)^2=20.93-\frac{1}{11}\times 14.851^2=0.879\ 8$$

计算 a、b 值并建立方程：

$$b=\frac{L_{x'y'}}{L_{x'x'}}=\frac{-0.012}{0.000\ 28}=-42.86$$

$$a=\overline{y}'-b\overline{x}'=1.35-(-42.86\times 0.008\ 4)=1.71$$

$$y'=1.71-42.86x'$$

则

$$y=1/(1.71-42.86/x)$$

计算剩余偏差 σ，见表 1-29。

表 1-29 剩余偏差计算表三

x	y	$\hat{y}$	$\hat{y}-y$	x	y	$\hat{y}$	$\hat{y}-y$
208.0	0.698	0.665	-0.033	68.0	0.752	0.927	0.175
58.4	1.178	1.025	-0.153	136.0	0.847	0.717	-0.130
288.3	0.667	0.641	-0.026	293.5	0.593	0.639	0.046
249.5	0.593	0.650	0.057	66.0	0.791	0.943	0.152
90.4	1.003	0.809	-0.194	136.5	0.865	0.716	-0.149
288.0	0.565	0.641	0.076				

$$\sum_{i=1}^{n}(\hat{y}_i-y_i)^2=0.167$$

则

$$\sigma=\sqrt{\frac{\sum_{i=1}^{n}(\hat{y}_i-y_i)^2}{n-2}}=\sqrt{\frac{0.167}{9}}=0.136$$

c. 剩余偏差结果的比较(表 1-30)。

表 1-30 剩余偏差比较表

函数类型	幂函数	指数函数	双曲线函数
σ	0.125	0.138	0.136
2σ	0.250	0.276	0.272

由表 1-30 可见，幂函数的 $\sigma=0.125$ 最小，故选用幂函数关系式。城市污水 α-COD 关系式为 $y=3.27x^{-0.294}$，此式 95% 以上的误差落在 ± 0.250 范围之内。

第六节 水处理实验教学目的与要求

一、水处理实验教学目的

实验教学的宗旨是使学生理论联系实际，实验教学是培养学生观察问题、分析问题和解决问题的能力的一项重要内容。水处理实验的教学目的有以下几个方面。

(1) 使学生明确实验原理和目的，并通过认真阅读实验指导书和相关教材，加深对水处理技术中的基本概念、基础理论的理解。

（2）使学生掌握实验设备、分析仪器的使用方法、校准方法和注意事项，熟练使用分析仪器测定常规水质指标。

（3）使学生了解实验方案设计，并初步掌握水处理实验技术的研究方法和基本测试技能。

（4）使学生熟悉实验的操作步骤，对于每一步操作的内容、解决的问题、使用的设备仪器、取样检验的项目、观察和记录的内容以及人员分工要求做到心中有数。

（5）使学生通过实验数据的分析、整理，加强分析思考问题的能力，能够得出切实准确并符合客观实际的结论。

二、水处理实验教学要求

水处理实验教学要求有以下几个方面。

1. 课前预习

为了顺利完成实验，学生在课前必须认真阅读实验教材，清楚了解实验目的要求、实验原理和实验内容。实验指导教师要检查同学对实验内容了解的程度，以及准备工作的状况。

2. 实验设计

实验设计是实验研究的一项重要环节，是获得满足要求的实验结果的基本保障。在实验教学中，宜将此环节的训练放在部分实验项目完成后进行，以达到使学生掌握实验设计方法的目的。

3. 实验操作

学生实验前应仔细检查实验设备、仪器仪表是否完好。实验过程中应严格按照规程进行操作。在开始运行之前一定要检查阀门的启闭状态，以免损害实验装置。在实验过程中，按照事先的人员分工，完成实验操作，仔细观察实验现象，测定实验数据，并详细填写实验记录表。

4. 实验结束

注意室内整洁卫生，废纸及脏物不能随地乱丢。实验完毕后，将玻璃仪器洗净、归位，整理好仪器、药品，擦净实验台，打扫实验室卫生后方可离开。

5. 数据处理

实验开始前准备好实验数据记录表，记录表要多准备几份。实验过程中要清晰记录各阶段实验数据。实验结束后要及时整理实验数据并进行数据处理，绘制清晰的实验图表。

三、水处理实验基本程序

为了更好地实现水处理实验教学目的，使学生学好本门课程，下面简单介绍实验工作的一般程序。

1. 确定实验目标

根据已经掌握的基础理论知识和需要研究的内容，确定实验目标。

2. 设计实验方案

确定实验目标后，要根据人力、设备、药品和技术能力等方面的具体情况，广泛查阅相关资料及文献，进行实验方案的设计。实验方案应包括实验目的、实验装置、实验步骤、测试项目、测试方法和数据记录等内容。

3. 进行实验研究

（1）根据设计好的实验方案进行实验。

（2）按要求进行测试工作。

（3）定期收集和整理实验数据。

(4) 对实验结果进行分析讨论。

(5) 如有可能,依据实验结果对实验方案进行调整后再运行。

实验数据的可靠性和定期整理分析是实验工作的重要环节,实验者必须经常通过对已掌握的基本概念的理解,发现实验设备、操作运行、测试方法和技术路线等方面的问题,并及时解决,使实验工作能较顺利地进行。

4. 实验小结

通过系统地分析实验数据,对实验结果进行评价。实验小结的内容包括以下几个方面。

(1) 通过实验掌握了哪些新的知识?

(2) 是否解决了提出研究的问题?

(3) 实验过程中是否有新的发现和创新点?

(4) 实验结果是否可用于改进已有的工艺设备和操作运行条件或设计新的处理设备?

(5) 当实验数据不合理时,应分析原因,提出新的实验方案。

四、数据整理与报告编写

1. 实验数据的整理

实验数据的整理是实验技术的重要组成部分。通过整理实验所得数据,既可检验实验效果的好坏,又可及时发现实验中所存在的问题。实验数据的整理目的在于分析实验数据的一些基本特点,通过计算得到实验数据的基本统计特征,利用计算得到的一些参数分析实验数据中可能存在的异常点,为实验数据的取舍提供一定的统计学依据。

2. 实验报告的编写

实验报告是对整个实验的全面总结,要求全篇报告文字通顺、字迹端正、图表整齐、结果正确、讨论认真。具体要求如下:

(1) 报告内容包括实验名称、实验目的、实验原理、操作步骤、实验数据及分析处理、结论及问题讨论。

(2) 实验报告必须在规定时间内独立完成,按时以班为单位统一交给指导教师。

(3) 实验报告经指导教师批阅后,如有不合格者,应按指定时间补做,以达到实验的真实效果。

3. 实验报告的评判

实验报告要求对每个实验进行全面的总结,每位学生单独完成,成绩按照优、良、中、及格、不及格五分制评判。具体要求如下。

(1) 优:全篇报告文字通顺、字迹端正、图表整齐、结果正确,制作图表清晰,分析讨论认真深入。

(2) 良:全篇报告文字通顺、字迹端正、图表整齐、结果正确,制作图表完整,分析讨论不足。

(3) 中:全篇报告文字通顺、字迹不端正、图表基本整齐、结果正确,制作图表不全,无分析讨论。

(4) 及格:全篇报告文字通顺、字迹潦草、图表基本完整、结果正确,只简单记录,无数据处理,无分析讨论。

(5) 不及格:全篇报告文字简略,实验内容记录不完整。

第二章　水处理基础实验技术

实验一　离心泵性能实验

一、实验目的

新设计制造离心泵(下称水泵)的性能特性需要通过实验得到。通过对水泵的性能实验与计算,可以得到水泵的扬程 H、轴功率 N、效率 η、流量 Q 之间的关系曲线。熟悉水泵的串并联,通过阀门的开关实现多种供水方式;由实物观察,掌握各种水泵的结构,了解水泵铭牌的含义。

二、实验设备

实验设备如图 2-1 所示。

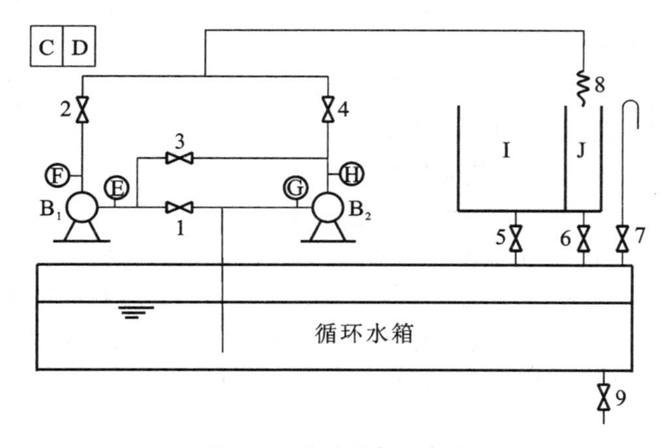

图 2-1　实验设备示意图

1,2,3,4,5,6,7,9—阀门;8—软管;B_1—泵 1;B_2—泵 2;

C,D—泵 1、泵 2 的控制箱;E,F,G,H—泵 1、泵 2 的真空表和压力表;I—计量水池;J—水池

三、实验原理

1. 水泵的基本性能

水泵的基本性能,通常用 6 个参数表示。

(1) 流量　流量指水泵在单位时间内所输送液体的数量,即单位时间内从泵出口排出并进入管路的液体体积或质量,包括实际流量、额定流量,用字母 Q 表示,单位通常为 m^3/h 或 L/s。

(2) 扬程　扬程是水泵对单位液体所做的功,即单位液体通过水泵后能量的增量,指单位质量的液体从泵进口到泵出口所增加的高度,用字母 H 表示。

(3) 功率　有效功率(输出功率)指泵传递给输出液体的功率;轴功率为原动机传递给泵

轴的功率,以 N 表示,也称为输入功率。

(4) 效率 水泵的效率为水泵有效功率与轴功率之比,以 η 表示。单位时间内流过水泵的液体从水泵那里得到的能量称为有效功率,以字母 N_u表示,水泵的有效功率为

$$N_u = \gamma QH \tag{2-1}$$

式中:γ——液体的容重,N/m^3。

水泵的效率为

$$\eta = N_u / N \tag{2-2}$$

(5) 转速 水泵的转速是水泵叶轮的旋转速度,通常指每分钟转动的次数,以字母 n 来表示,常用的单位为 r/min。

(6) 允许吸上真空高度(H_S)和气蚀余量(H_{SV})。

① 允许吸上真空高度(H_S):水泵在标准状况下(水温 20 ℃,表面为一个标准大气压)运转时,水泵所允许的最大吸上真空高度,单位为 mH_2O(最新的泵已不用此单位)。

② 气蚀余量(H_{SV}):水泵进口处,单位质量液体所具有的超过饱和蒸气压的富余能量。

以上的两个指标是从两个不同的角度来反映水泵吸水性能的好坏。

为说明离心泵铭牌的意义,下面以型号为 12S-28A 的水泵为例,其各符号及数字的意义如下:"12"表示水泵吸水口的直径(in);"S"表示双吸离心泵;"28"表示水泵比转数被 10 除的整数,即水泵的比转数为 280;"A"表示水泵的叶轮直径已经切削小了一挡。

2. 泵的实际性能曲线

通常将泵的转速 n 作为常量,依照扬程 H、轴功率 N、效率 η 和允许吸上真空高度 H_S 随着流量 Q 改变而变化的关系绘制成 Q-H、Q-N、Q-η 或 Q-H_S 曲线。

泵的实际性能曲线,只能通过实验求得。

(1) 扬程曲线 扬程随着流量的增加而逐渐减小。

(2) 功率曲线 功率随流量的增加而增加,离心泵应关阀启动。

(3) 效率曲线 三种泵效率曲线的变化趋势都是从最高效率点向两侧下降。但离心泵的效率曲线变化比较平缓,高效率区范围较宽,使用范围较大。轴流泵的效率曲线变化较陡,高效率区范围较窄,使用范围较小。混流泵的效率曲线介于离心泵和轴流泵之间。

四、实验步骤

(一) 单台水泵运行实验

1. 泵 1 的运行参数测定实验

(1) 各组检查是否有秒表。

(2) 打开阀门 1、6、7,其他阀门全关闭。

(3) 打开泵 1 的电源,启动电机,使泵 1 运行。

(4) 稳定抽水 1~2 min 后(实现了闭闸启动),稍稍打开阀 2,继续稳定抽水 2 min,记录轴功率 N、真空表和压力表的读数。

(5) 迅速将 8 转入 I 中,同时按秒表,约 1 min 后将 8 转入 J 中,按停秒表,记录所用的时间;待 I 中液面稳定,由刻度读数得 V,则流量 $Q=V/T$。

(6) 将阀 5 打开,放空 I 后,关闭阀 5,将阀 2 开到最大,重复第(4)、(5)步骤。

(7) 将阀 2 开到介于最大和最小的中间的三点,重复上述的步骤。在相应表格中记录数据。

2. 泵 2 的运行参数测定实验

(1) 各组检查是否有秒表。

(2) 打开阀门 6、7，其他阀门全关闭。

(3) 打开泵 2 的电源，启动电机，使泵 2 运行。

(4) 稳定抽水 1～2 min 后(实现了闭闸启动)，稍稍打开阀 4，继续稳定抽水 2 min，记录轴功率 N 及真空表和压力表的读数。

(5) 迅速将 8 转入 I 中，同时按秒表，约 1 min 后将 8 转入 J 中，按停秒表，记录所用的时间；待 I 中液面稳定，由刻度读数得 V，则流量 $Q=V/T$。

(6) 将阀 5 打开，放空 I 后，关闭阀 5，将阀 4 开到最大，重复第(4)、(5)步骤。

(7) 将阀 4 开到介于最大和最小的中间的三点，重复上述的步骤。在相应表格中记录数据。

(二) 两台水泵并联运行实验(选做)

1. 方案一

(1) 各组检查是否有秒表。

(2) 打开阀门 1、6、7，其他阀门全关闭。

(3) 打开泵 1 的电源，启动电机，使泵 1 运行。

(4) 稳定抽水 1～2 min 后(实现了闭闸启动)，打开阀 2，继续稳定抽水 2 min，记录泵 1 的真空表和压力表的读数 H_{V1}、H_{D1} 并求和。

(5) 迅速将 8 转入 I 中，同时按秒表，约 1 min 后将 8 转入 J 中，按停秒表，记录所用的时间；待 I 中液面稳定，由刻度读数得 V，则流量 $Q_1=V/T$。

(6) 将阀 5 打开，放空 I 后，关闭阀 5，关闭阀 2，打开泵 2，打开阀 4 并通过调节阀门使泵 2 的扬程与之前泵 1 运行时的扬程相等(即真空表与压力表的读数之和相等)。记录真空表和压力表的读数 H_{V2}、H_{D2}。

(7) 迅速将 8 转入 I 中，同时按秒表，约 1 min 后将 8 转入 J 中，按停秒表，记录所用的时间；待 I 中液面稳定，由刻度读数得 V，则流量 $Q_2=V/T$。

(8) 将阀 5 打开，放空 I 后，关闭阀 5，同时打开泵 1 和泵 2，打开阀 2 与阀 4，并通过调节阀门使泵 1 的扬程、泵 2 的扬程均等于之前水泵单独运行时的扬程。记录真空表和压力表的读数 H'_{V1}、H'_{D1}、H'_{V2}、H'_{D2}。

(9) 迅速将 8 转入 I 中，同时按秒表，约 1 min 后将 8 转入 J 中，按停秒表，记录所用的时间；待 I 中液面稳定，由刻度读数得 V，则流量 $Q_3=V/T$。

(10) 通过改变阀门的开度，再在 4 个不同扬程下重复做上述实验，测得 4 组数据。在相应表格中记录数据。

2. 方案二

(1) 各组检查是否有秒表。

(2) 打开阀门 1、6、7，其他阀门全关闭。

(3) 打开泵 1、泵 2 的电源，启动电机，使泵 1、泵 2 运行。

(4) 稳定抽水 1～2 min 后(实现了闭闸启动)，稍稍打开阀 2 和阀 4，继续稳定抽水 2 min，调节阀 4 开度使两台泵的扬程相等(即两台泵的真空表与压力表读数之和相等)，记录两台泵真空表、压力表的读数 H_{V1}、H_{D1}、H_{V2}、H_{D2}。

(5) 迅速将 8 转入 I 中，同时按秒表，约 1 min 后将 8 转入 J 中，按停秒表，记录所用的时间;待 I 中液面稳定,由刻度读数得 V,则流量 $Q=V/T$。

(6) 将阀 5 打开,放空 I 后,关闭阀 5,将阀 2、阀 4 都开到最大,并稍稍调节阀 4 的开度使两台泵扬程相等,重复第(4)、(5)步骤。

(7) 将阀 2 和阀 4 都开到介于最大和最小的中间的三点,并稍稍调节阀 4 的开度使两台泵扬程相等,重复上述的步骤,在相应表格中记录数据。

(三) 两台水泵串联运行实验(选做)

(1) 各组检查是否有秒表。

(2) 打开阀门 3、6、7,其他阀门全关闭。

(3) 打开泵 1 和泵 2 的电源,启动电机,使泵 1、泵 2 均运行。

(4) 稳定抽水 1~2 min 后(实现了闭闸启动),稍稍打开阀 2 继续稳定抽水 2 min,记录两台泵真空表和压力表的读数 H_{V1}、H_{D1}、H_{V2}、H_{D2}。

(5) 迅速将 8 转入 I 中,同时按秒表,约 1 min 后将 8 转入 J 中,按停秒表,记录所用的时间;待 I 中液面稳定,由刻度读数得 V,则流量 $Q=V/T$。

(6) 将阀 5 打开,放空 I 后,关闭阀 5,将阀 2 开到最大,重复第(4)、(5)步骤。

(7) 将阀 2 开到介于最大和最小的中间的三点,重复上述的步骤。在相应表格中记录数据。

五、实验数据整理

实验数据整理见表 2-1 至表 2-5。

表 2-1 泵 1 运行参数测定实验数据整理记录表

(扬程 $H=H_V+H_D$)

测次	1	2	3	4	5
流量 $Q=V/T$					
H_V					
H_D					
扬程 H					
有效功率 N_u					
轴功率 N					
η					

表 2-2 泵 2 运行参数测定实验数据整理记录表

(扬程 $H=H_V+H_D$)

测次	1	2	3	4	5
流量 $Q=V/T$					
H_V					
H_D					
扬程 H					
有效功率 N_u					
轴功率 N					
η					

表 2-3　水泵并联实验方案一数据整理记录表

（扬程 $H=H_{V1}+H_{D1}=H_{V2}+H_{D2}=H'_{V1}+H'_{D1}=H'_{V2}+H'_{D2}$）

测次	1	2	3	4	5
流量 $Q_1=V/T$					
H_{V1}					
H_{D1}					
流量 $Q_2=V/T$					
H_{V2}					
H_{D2}					
流量 $Q_3=V/T$					
H'_{V1}					
H'_{D1}					
H'_{V2}					
H'_{D2}					
扬程 H					

表 2-4　水泵并联实验方案二数据整理记录表

（扬程 $H=H_{V1}+H_{D1}=H_{V2}+H_{D2}$）

测次	1	2	3	4	5
流量 $Q=V/T$					
H_{V1}					
H_{D1}					
H_{V2}					
H_{D2}					
扬程 H					

表 2-5　水泵串联实验数据整理记录表

（总扬程 $H=H_{V1}+H_{D1}+H_{V2}+H_{D2}$）

测次	1	2	3	4	5
流量 $Q=V/T$					
H_{V1}					
H_{D1}					
H_{V2}					
H_{D2}					
总扬程 H					

六、思考题

(1) 根据表 2-1 和表 2-2 画出泵 1 的 Q -H、Q -N、Q -η 曲线以及泵 2 的 Q -H、Q -N、Q -η 曲线。

(2) 对照设备图，找出各阀门的位置。思考：各阀门的意义何在？如何实现各泵的串、并联？

(3) 在本实验中，为何扬程等于真空表和压力表的读数之和？

(4) 抄下泵的铭牌，比较与教材上所介绍的泵的不同之处，进一步熟悉铭牌上参数的含义。

(5) 在水泵并联实验方案一(此方案可验证水泵并联的原理，即等扬程下流量的叠加)中，根据表 2-3 判断在 5 个不同的扬程下，每一组的 Q_3 是否基本等于 Q_1 与 Q_2 之和。

(6) 根据泵 1 的 Q-H 曲线和泵 2 的 Q-H 曲线，画出理论上的两台泵并联时的 Q-H 曲线以及串联时的 Q-H 曲线。

(7) 根据表 2-4 的实验数据画出实验时两台泵并联时的 Q-H 曲线，比较它是否与理论上的两台泵并联时的 Q-H 曲线基本吻合。

(8) 根据表 2-5 的实验数据画出实验时两台泵串联时的 Q-H 曲线，比较它是否与理论上的两台泵串联时的 Q-H 曲线基本吻合。

实验二　混凝实验

一、实验目的

(1) 掌握混凝实验操作方法，观察矾花形成过程及混凝沉淀效果。

(2) 通过实验确定混凝剂的最佳投加量。

二、实验设备

(1) 六联搅拌机 1 台。

(2) 浊度仪 1 台。

(3) 1 000 mL 烧杯 6 个。

(4) 250 mL 烧杯 6 个。

(5) 温度计、2 mL 移液管、5 mL 移液管等各 1 支。

三、实验原理

混凝是通过向水中投加药剂使胶体物质脱稳并聚集成较大的颗粒，以使其在后续的沉淀过程中易被分离或在过滤过程中能被截除。混凝是给水处理中的一个重要工艺过程。天然水中由于含有各种悬浮物、胶体和溶解物等杂质，呈现出浊度、色度、臭和味等水质特征。其中胶体物质是形成水的浊度的主要因素。由于胶体物质本身的布朗运动特性以及所具有的电荷特性(ζ 电位)，胶体物质在水中可以长期保持分散悬浮状态，即具有稳定性，很难靠重力自然沉降而去除。通过向水中投加混凝剂可使胶体的稳定状态被破坏，脱稳之后的胶体颗粒则可借助一定的水力条件通过碰撞而彼此聚集絮凝，形成足以靠重力沉淀的较大的絮体，从而易于从水中分离，所以混凝是降低水的浊度的主要方法。

在给水处理工艺中，向原水投加混凝剂，以破坏水中胶体颗粒的稳定状态，使颗粒易于相互接触而吸附的过程称为混合，其对应的工艺过程（设备）在工程上称为混合（设备）；在一定水力条件下，通过胶粒间以及和其他微粒间的相互碰撞和聚集，形成易于从水中分离的物质的过程称为絮凝，其对应的工艺过程（设备）在工程上称为絮凝（设备）。这两个阶段共同构成水的混凝过程。混凝技术不仅在给水处理方面得以应用，而且在处理城市污水、工业废水和污泥浓缩、脱水等方面得到了广泛应用。

（一）混凝机理

水的混凝现象及过程比较复杂，混凝的机理根据所采用的混凝剂品种、水质条件、投加量、胶体颗粒的性质以及介质环境等因素的不同，一般可分为以下几种。

1. 电性中和

电性中和又分为压缩双电层和吸附电中和两种。通过投加电解质压缩扩散层以导致胶粒间相互凝聚的作用机理称为压缩双电层作用机理。这种机理主要以静电原理（现象）为基础解释游离态离子（简单离子）对胶体产生的脱稳作用。吸附电中和是指当采用铝盐或铁盐作为混凝剂时，高价金属离子在水中以水解聚合离子状态存在，随溶液 pH 值的不同可以产生各种不同的水解产物。这些产物由于氢键、共价键或范德华力的作用而对胶体颗粒产生一种特异的吸附能力。利用这种吸附能力，这些离子可直接进入滑动面内与胶核上的电位离子发生吸附中和作用，这种吸附不受电性中和的约束，只要有吸附空位就会发生。这种由于异号离子、异号胶粒或高分子带异号电荷部位与胶核表面的直接吸附作用而产生电性中和，降低了静电斥力（ζ 电位），使胶体脱稳的机理，称为吸附电中和作用机理。

2. 吸附架桥作用机理

吸附架桥作用机理主要用来解释高分子混凝剂的作用过程。高分子混凝剂多为一种松散的网状长链式结构，相对分子质量高，分子大，具有能与胶粒表面某些部位作用的化学基团，对水中胶粒产生强烈的吸附作用和黏结桥连作用。当向溶液投加高分子物质时，胶体微粒与高分子物质之间产生强烈的吸附作用，这种吸附主要由于各种物化过程（如氢键、共价键、范德华力等）以及静电作用（异号基团、异号部位）共同产生，与高分子物质本身结构和胶体表面的化学性质有关。某一高分子基团与胶粒表面某一部位产生特殊的反应而互相吸附后，该高分子的其余部位则伸展到溶液中，与另一表面有空位的胶粒吸附，形成了一个“胶粒-高分子-胶粒”的絮体，高分子起到对胶粒进行架桥连接的作用。通过高分子链状结构吸附胶体，微粒可以构成一定形式的聚集物，从而破坏胶体系统的稳定性。

3. 沉淀物的卷扫（网捕）作用

当用金属盐作混凝剂时，如果投加量非常大，足以达到沉析金属氢氧化物或金属碳酸盐的浓度，水中的胶体颗粒可在这些沉析物形成时被其卷扫（网捕），从而随之一起沉淀。此时胶体颗粒的结构并没有大的改变，基本上是一种机械作用，只是成为金属氢氧化物沉淀形成的核心。

上述这三种混凝机理在水处理过程中不是各自孤立的，而往往是同时存在的，只不过随不同的药剂种类、投加量和水质条件而发挥不同程度的作用，以某一种作用机理为主。对于水处理中常用的高分子混凝剂来说，主要以吸附架桥机理为主；而无机的金属盐混凝剂则电性中和和黏结桥连作用同时存在；当投加量很大时，还会有卷扫（网捕）作用。

（二）影响混凝效果的因素

由于胶体的混凝过程比较复杂，原水水质又各异，因此混凝效果的好坏受许多因素的影响，主要有水温、水的 pH 值和碱度、原水水质、水力条件及混凝剂的种类和投加量等。分述如下。

1. 水温的影响

水温对混凝效果有明显影响。水温低时，即使增加混凝剂的投加量往往也难以取得良好的混凝效果，生产实践中表现为絮体细小、松散，沉淀效果差。温度对混凝效果产生影响的主要原因为水温影响药剂的溶解速度。无机盐混凝剂水解是吸热反应，低温时混凝剂水解困难；水温影响水的黏滞性，低温水的黏度大，使水中杂质颗粒布朗运动强度减弱，碰撞机会减少，不利于胶粒脱稳凝聚；同时，水的黏度大，水流剪力(又称剪切力)也增大，影响絮体的生长。水温还对胶体颗粒的水化膜形成有影响：水温低时，胶体颗粒水化作用增强，水化膜增厚，妨碍胶体凝聚，而且水化膜内的水由于黏度和容重增大，影响了颗粒之间的黏附强度。

2. pH 值的影响

对于不同的混凝剂，水的 pH 值的影响程度也不相同。对于聚合形态的混凝剂，如聚合氯化铝(PAC)和有机高分子混凝剂，其混凝效果受水体 pH 值的影响程度较小。铝盐和铁盐混凝剂投入水中后的水解反应过程，其水解产物直接受到水体 pH 值的影响，会不断产生 H^+，从而导致水的 pH 值降低。水的 pH 值直接影响水解聚合反应，亦即影响水解产物的存在形态。因此，要使 pH 值保持在合适的范围内，水中应有足够的碱性物质与 H^+ 中和。天然水中都有一定的碱度，对 pH 值有一定缓冲作用。当水的碱度不足或混凝剂投加量大，pH 值下降较多时，将超出混凝剂的最佳作用范围，甚至影响混凝剂的继续水解。因此，水中碱度高低对混凝效果影响程度较大，有时甚至超过原水 pH 值的影响程度。因此，为了保证正常混凝所需的碱度，有时就需考虑投加碱剂(石灰)以中和混凝剂水解过程中所产生的 H^+。每一种混凝剂对不同的水质条件都有其最佳的 pH 值作用范围，超出这个范围则混凝的效果减弱。

3. 原水水质的影响

对于处理以浊度为主的地表水，主要的水质影响因素是水中悬浮物含量和碱度，水中电解质和有机物的含量对混凝也有一定的影响。水中悬浮物含量很低时，颗粒碰撞概率大大减小，混凝效果差，通常采用投加高分子助凝剂或矾花核心类助凝剂等方法来提高混凝效果。如果原水悬浮物含量很高，如我国西北、西南等地区的高浊度水源，为了使悬浮物能吸附电荷中和脱稳，铝盐或铁盐混凝剂的投加量需大大增加。通常为减少混凝剂投加量，一般在水中先投加高分子助凝剂，如聚丙烯酰胺等。

4. 水力条件的影响

混合、絮凝阶段的不同的 G 和 GT 值，是混凝工艺过程中的重要控制参数。甘布(T.R. Camp)和斯泰因(P.C.Stein)通过一个瞬间受剪力而扭转的单位体积水流所消耗的功率来计算 G 值。根据碰撞能量的来源的不同，可采用式(2-3)和式(2-4)来计算 G 值。

机械搅拌：

$$G=\sqrt{\frac{p}{\mu}} \tag{2-3}$$

式中：G——速度梯度，s^{-1}；

p——单位体积流体所耗功率，W/m^3；

μ——水的动力黏度，可查表。

水力搅拌：

$$G=\sqrt{\frac{\rho g h}{T\mu}}=\sqrt{\frac{gh}{\nu t}} \tag{2-4}$$

式中：G——速度梯度，s^{-1}；

ν——水的运动黏度，m^2/s；

h——经混凝设备的水头损失，m；

t——水流在混凝设备中的停留时间，s；

g——重力加速度，m^2/s。

式(2-3)和式(2-4)这两个 G 值计算公式就是著名的甘布公式。

从药剂与水混合到絮体形成是整个混凝工艺的全过程。根据所发生的作用不同，混凝分为混合和絮凝两个阶段，分别在不同的构筑物或设备中完成。

在混合阶段，以胶体的异向凝聚为主，要使药剂迅速均匀地分散到水中以利于水解、聚合及脱稳。这个阶段进行得很快，特别是铝盐和铁盐混凝剂，所以必须对水流进行剧烈搅拌。要求的控制指标：混合时间不超过 2 min，一般为 10～30 s；搅拌强度以 G 值表示，控制在 700～1 000 s^{-1}。

在絮凝阶段，主要以同向絮凝(以水力或机械搅拌促使颗粒碰撞絮凝)为主。同向絮凝效果与速度梯度 G 和絮凝时间 T 有关。由于此时絮体已经长大，易破碎，因此 G 值比前一阶段减小，即搅拌强度或水流速度应逐步降低。主要控制指标：G 平均值为 20～70 s^{-1}，GT 平均值为 1.0×10^4～1.0×10^5。

5. 混凝剂投加量

投加量过小，混凝效果难以保证，而过多又会造成浪费，对某些混凝剂来说投加量过大还会影响混凝效果。混凝剂的最佳投加量是指能达到水质目标的最小投加量。最佳投加量具有技术经济意义，最好通过烧杯实验确定。根据原水水质、水量变化和既定的出水水质目标，确定最佳混凝剂投加量，是水厂生产管理中的重要内容。根据实验室混凝烧杯搅拌实验确定最佳投加量，简单易行，是经常采用的方法之一。

由于原水的水质复杂，影响因素多，在混凝过程中，对于混凝剂品种的选用和最佳投加量的选择，通常通过原水混凝实验来确定。混凝实验的目的即在于利用少量原水、少量药剂并模拟生产中的混凝处理过程，解决上述问题，提供设计及生产上的依据。实验设备是 1 台具有 6 个转杆的同步变速搅拌机，由调压变压器实现无级变速。实验时用 6 个烧杯盛等量水样，分别加入不同用量的药剂，经快速、中速、慢速搅拌及沉淀，比较不同烧杯中水样的处理效果。由于 6 个水样是在完全相同的条件下进行混凝的，因此根据它们之间效果的差异，经过分析比较就可以确定最佳投加量。改变搅拌机的转速及控制搅拌时间，可以达到模拟水厂的混凝过程的效果，所得的投加量接近水厂生产运转中的最佳投加量。

四、实验步骤

(1) 熟悉混凝搅拌机和浊度仪的操作方法，确定原水的浊度、温度、pH 值。

(2) 用 1 000 mL 烧杯取水样 6 杯，放入搅拌机中，将混凝剂用移液管加入药管，实验中混凝剂投加量分别为 0.5 mg/L、1.5 mg/L、2.5 mg/L、3.5 mg/L、4.5 mg/L、5.5 mg/L。

(3) 对混凝搅拌机进行编程，设定四个运行步骤：① 搅拌机快速搅拌(转速为 300 r/min)，投药 1 次，搅拌 0.5 min；② 中速搅拌(转速为 150 r/min)，搅拌 5 min；③ 慢速搅拌(转速为 80 r/min)，搅拌 10 min；④ 沉淀 10 min。

(4) 对混凝搅拌机运行以上程序，并观察和记录矾花形成过程。

(5) 关闭搅拌机，对 6 个水样分别取 150 mL 上清液于 250 mL 烧杯中，测出 6 个上清液的浊度，并将所测数据记在混凝实验记录表中。

五、实验数据整理

(1) 填写实验记录表(表 2-6)。

表 2-6 实验数据整理记录表

原水水温:______ 原水浊度:______ 原水 pH 值:______ 混凝剂种类:______

水样编号	1	2	3	4	5	6
混凝剂投加量/(mg/L)						
沉淀后上清液浊度/(mg/L)						

(2) 记录矾花形成过程。

(3) 由表中数据绘制投加量与沉淀后上清液浊度的关系曲线,并求出混凝剂的最佳投加量。

六、思考题

(1) 当混凝剂的投加量最大时,为什么混凝效果不一定好?

(2) 简述影响混凝效果的因素。

(3) 计算混凝过程中快、中、慢速搅拌时的 G 值、G 值平均值及 GT 值(实验中叶轮直径以实测为准)。

搅拌机的功率 P(kg · m/s)按下式计算:

$$P=14.35a^{4.38}n^{2.69}\rho^{0.69}\mu^{0.31}$$

式中:a——叶轮直径,m;

n——叶轮转速,r/s;

ρ——水的密度,kg/m^3;

μ——水的动力黏度,Pa · s。

单位体积流体所耗功率:

$$p=1\ 000\times0.75\ P[kg\cdot m/(s\cdot m^3)]=750P[kg/(s\cdot m^2)]$$

式中:0.75——校正系数。

实验三 自由沉降实验

一、实验目的

(1) 加强对自由沉降基本概念、特点及沉降规律的理解。

(2) 掌握自由沉降实验方法,对实验数据进行整理,绘制颗粒自由沉降曲线。

二、实验设备

(1) 沉降管 1 组(6 根)。

(2) 浊度仪 1 台。

(3) 1 000 mL 烧杯 6 个。

(4) 250 mL 烧杯 6 个。

(5) 100 mL 量筒 1 个。

(6) 温度计 1 支。

三、实验原理

颗粒的自由沉降是指颗粒在沉降的过程中，颗粒之间不互相干扰、碰撞，呈单颗粒状态，各自独立完成的沉降过程。自由沉降有两个含义：① 颗粒沉降过程中，不受器壁干扰影响；② 颗粒沉降时，不受其他颗粒的影响。当颗粒与器壁的距离大于 $50d$（d 为颗粒的直径）时，就不受器壁的干扰。当污泥浓度小于 5 000 mg/L 时，就可假设颗粒之间不会产生干扰。

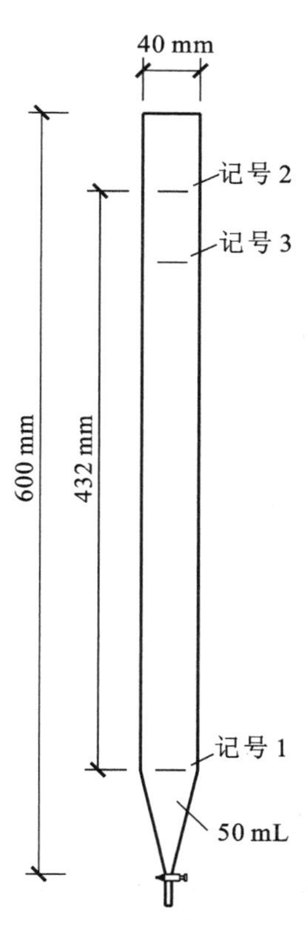

图 2-2　自由沉降装置示意图

在实际沉降池中，影响悬浮物颗粒沉降的因素较多，至今还不能用理论公式来精确计算悬浮物去除率，一般通过原水沉降实验求得。确定沉降过程中的悬浮物去除率，通常采用下列方法：把含有分散性悬浮物的实验水样，依次注入几个沉降管中，静置，进行测定。沉降管为一直径为 40 mm，下具活塞，高度为 600 mm 的圆柱形器皿（图 2-2）。实验前首先在器皿上标记刻度，即先用 50 mL 清水注入器皿中，在器壁与水面相齐处用笔做上记号 1，由这个记号沿管壁往上量 432 mm，再做上记号 2，并将水注入器皿中，直到记号 2 为止，然后放出 50 mL 水，并在器壁与水面相齐之处做上记号 3，至此完成器皿的刻度标记，最后将器皿中盛至记号 2 的水的体积确定出来（刻度标记在实验前已完成）。

进行测定时，将水样分别注入 6 个沉降管至记号 2 为止，然后按动秒表，分别经沉降 5 min、10 min、20 min、30 min、40 min、50 min 后，将各器皿中圆锥部分带有沉淀物的水从放水孔放出 50 mL（水面降至记号 3 为止），再分别测定留在沉降管中剩余水的浊度 $C_1, C_2, \cdots, C_n$，从而可以算出各悬浮杂质去除率

$$\eta=\frac{C_0-C_i}{C_0}\times 100\% \tag{2-5}$$

式中：C_0——原水浊度，NTU；

C_i——剩余水浊度，NTU。

由此可以绘制悬浮杂质去除率和沉降时间的关系曲线，即 η-t 曲线。

设 h 为实验时器皿中水深，t 为沉降时间，则 $u_i=\dfrac{h_i}{t_i}$ 表示某大小一定的颗粒恰好能在 t_i 时间内自水面沉至器皿底部的沉降速度，u_i 称为沉淀池的截留速度。

四、实验步骤

(1) 测定原水样的浊度和温度。

(2) 往 6 个沉降管中注入原水至记号 2，记下时间，6 个沉降管的沉降时间分别为 5 min、10 min、20 min、30 min、40 min、50 min。

(3) 当沉降时间到达后，先将管底沉泥排除使沉降管内水面降至记号 3，然后将剩余沉降水全部倒入 1 000 mL 烧杯内充分混合后测其浊度，并将所测数据记在实验记录表中。

五、实验数据整理

(1) 填写实验记录表(表 2-7)。

表 2-7 实验数据整理记录表

沉降管尺寸：＿＿＿＿＿ 原水浊度：＿＿＿＿＿ 原水温度：＿＿＿＿＿

沉降管号	1	2	3	4	5	6
沉降时间 t/min						
截留沉速 u/(mm/s)						
剩余沉降水浊度/(mg/L)						
悬浮物去除率 η/(%)						

(2) 由表中数据，分别以 t、u 为横坐标，η 为纵坐标，绘制 t-η 曲线和 u-η 曲线。

六、思考题

本实验测定的总去除率与公式计算的结果是否有误差？为什么？

实验四　滤料筛分级配实验

一、实验目的

(1) 掌握滤料筛分实验的方法。

(2) 绘制滤料筛分级配曲线。

(3) 根据实验所得筛分级配曲线进行滤料级配的选用。

二、实验设备

(1) ϕ200 mm 分样筛 1 套，筛孔孔径分别为 2.0 mm、1.6 mm、1.25 mm、1.0 mm、0.9 mm、0.8 mm、0.71 mm、0.63 mm、0.56 mm、0.5 mm、0.4 mm、0.355 mm，共 12 只。

(2) 托盘天平 1 台。

(3) 石英砂 200 g。

(4) 钢丝刷、250 mL 烧杯 2 个等。

三、实验原理

滤料级配是指滤料粒径范围及在此范围内不同粒径的滤料所占的百分比。滤料的级配在滤池运行中直接影响出水水质、过滤速度和工作周期、滤料含污能力的发挥以及滤池的冲洗强度。因此，正确选用滤料级配对提高滤池工作效率很重要。

对滤料粒径级配的描述一般可采用以下两种表示方式。

(1) 以有效粒径 d_{10} 和不均匀系数 K_{80} 表示。不均匀系数 K_{80} 定义为

$$K_{80}=d_{80}/d_{10} \tag{2-6}$$

式中：d_{80}——能通过 80%滤料的筛孔孔径，反映滤料中粗颗粒部分的尺寸；

d_{10}——能通过 10%滤料的筛孔孔径，反映滤料中细颗粒部分的尺寸。

可见，K_{80} 主要反映所选滤料中粗、细滤料尺寸相差的程度。所选滤料 K_{80}（大于 1）越大，说明滤料粒径越不均匀。K_{80} 增大时，相应的孔隙率变小，滤层的含污能力降低；水流阻力增大，增加过滤时的水头损失，冲洗时膨胀度控制比较困难，易造成细砂流失。但从天然砂中筛选滤料时，由于筛除的比例小，使用成本比较低。K_{80} 越接近 1，说明滤料越均匀。K_{80} 减小时，相应孔隙率变大，滤层的含污能力提高；减少过滤时的水头损失，冲洗时膨胀度比较容易控制。但滤料的利用率低，筛选成本高。

(2) 最大、最小粒径和不均匀系数 K_{80} 用于表示滤料组成中大、小粒径的分布状况。目前的室外给水设计规范中对滤料的组成及选择规定见表 2-8。

表 2-8　不同滤池的滤料组成

序　号	类　别	滤料组成		
		粒径/mm	不均匀系数 K_{80}	厚度/mm
1	石英砂滤料过滤	$d_{min}=0.5$ $d_{max}=1.2$	<2.0	700
2	双层滤料过滤	无烟煤 $d_{min}=0.8$ $d_{max}=1.8$	<2.0	300～400
		石英砂 $d_{min}=0.5$ $d_{max}=1.2$	<2.0	400
3	三层滤料过滤	无烟煤 $d_{min}=0.8$ $d_{max}=1.6$	<1.7	450
		石英砂 $d_{min}=0.5$ $d_{max}=0.8$	<1.5	230
		重质矿石 $d_{min}=0.25$ $d_{max}=0.5$	<1.7	70

通过滤料的筛分实验，可以比较准确地测定所选滤料的 d_{10}、d_{80}、K_{80}。利用筛分实验所作出的滤料筛分级配曲线可计算出符合设计规定的滤料所需要的原砂数量或原砂中粗、细滤料的筛除比例，为成本计算提供数据。

为了精确地度量滤料的粒径，筛孔孔径应进行校准，校准后的筛孔大小称为校准孔径。

四、实验步骤

(1) 称取石英砂 100 g，将筛子按孔径从大到小排列，并用刷子清除筛子上残留的砂粒。

(2) 将称重的 100 g 砂样倒入筛子内，摇动 5 min。

(3) 称取各筛子上的石英砂的质量并记录，所有筛子上石英砂的质量与底盘中石英砂质量之和同筛分前石英砂质量之比高于 99%。

五、实验数据整理

(1) 填写实验记录表(表 2-9)。

表 2-9 实验数据整理记录表

序号	筛子孔径/mm	留在筛子上的石英砂		通过该号筛子的石英砂	
		质量/g	比例/(%)	质量/g	比例/(%)
1	2.0				
2	1.6				
3	1.25				
4	1.0				
5	0.9				
6	0.8				
7	0.71				
8	0.63				
9	0.56				
10	0.5				
11	0.4				
12	0.355				
13	底盘				
合计					

(2) 由表中数据，以筛子孔径为横坐标，通过筛孔砂的质量分数为纵坐标，绘制滤料筛分级配曲线。

(3) 在滤料筛分级配曲线中找出有效粒径 d_{10}、d_{80}，并求出不均匀系数 K_{80}，然后设 $d_{10}=0.55$，$K_{80}=1.8$，在图中求出相应的 d_{80} 以及最大粒径和最小粒径。

实验五 过滤与反冲洗实验

一、实验目的

(1) 熟悉过滤设备，掌握反冲洗方法并观察全过程。

(2) 分析滤层膨胀率(e)与冲洗强度(q)的关系，作出 e-q 曲线，从而确定最佳冲洗强度。

二、实验设备

过滤柱、水桶、秒表等。

三、实验原理

1. 水过滤原理

水的过滤是根据地下水通过地层过滤形成清洁井水的原理而得到的处理混浊水的方法。过滤的主要目的在于去除经过混凝或混凝沉淀处理后的水中细小的悬浮杂质。在水处理过程中，过滤一般是指以石英砂等颗粒状滤层截留水中悬浮杂质，从而使水达到澄清的工艺过程。

过滤是水中悬浮颗粒与滤料颗粒间黏附作用的结果。黏附作用主要取决于滤料和水中颗粒的表面物理化学性质，当水中颗粒迁移到滤料表面上时，在范德华力和静电引力以及某些化学键和特殊的化学吸附力作用下，它们被黏附到滤料颗粒的表面上。此外，某些絮凝颗粒的架桥作用也同时存在。经研究表明，过滤主要还是悬浮颗粒与滤料颗粒经过迁移和黏附两个过程来完成去除水中杂质的过程。

2. 影响过滤的因素

在过滤过程中，随着过滤时间的增加，滤层中悬浮颗粒的量也会不断增加，这会导致过滤过程水力条件的改变。当滤料粒径、形状、滤层级配和厚度及水位确定时，如果孔隙率减小，则在水头损失不变的情况下，将引起滤速减小。反之，在滤速保持不变时，将引起水头损失的增加。就整个滤料层而言，上层滤料截污量多，越往下层截污量越少，因而水头损失增值也由上而下逐渐减小。此外，影响过滤的因素还有很多，诸如水质、水温、滤速、滤料尺寸、滤料形状、滤料级配，以及悬浮物的表面性质、尺寸和强度等。

3. 滤层的反冲洗

过滤时，随着滤层中杂质截留量的增加，当水头损失增至一定程度时，导致滤池产生水量锐减，或出滤池的水质不符合要求，滤池必须停止过滤，并进行反冲洗。反冲洗的目的是消除滤层中的污物，使滤池恢复过滤能力。滤池通常采用自下而上的水流进行反冲洗。反冲洗时，滤层膨胀起来，截留于滤层中的污物在滤层孔隙中的水流剪力以及在滤料颗粒碰撞摩擦的作用下，从滤料表面脱落下来，然后被冲洗水流带出滤池。反冲洗效果主要取决于滤层孔隙中的水流剪力。该剪力既与冲洗流速有关，又与滤层膨胀有关。冲洗流速小，水流剪力小；冲洗流速大，使滤层膨胀度大，滤层孔隙中水流剪力又会减小。因此，冲洗流速应控制适当。反冲洗效果通常由滤床膨胀率 e 来控制，即

$$e=\frac{L_i-L_0}{L_0}\times 100\% \tag{2-7}$$

式中：L_i——滤层膨胀后的厚度，cm；

L_0——滤层膨胀前的厚度，cm。

通过长期实验研究，对于水而言，当滤床膨胀率为25%时，反冲洗效果最佳。

四、实验步骤

(1) 先在过滤柱中过滤，使砂面保持稳定。

(2) 打开反冲洗阀门，水量调节至滤料刚刚膨胀，稳定 1～2 min 后，观察和记录反冲洗流量。

(3) 加大反冲洗水量(Q)，使滤料截面分别膨胀至刻度 1,2,…，依次记录反冲洗流量及膨胀后滤料高度。

五、实验数据整理

(1) 填写实验记录表(表 2-10)。

表 2-10 实验数据整理记录表

过滤柱直径 $d=15$ cm 滤料层膨胀前厚度:________

序号	$Q/(L/s)$	$q/[L/(s\cdot m^2)]$	L_0/cm	L_i/cm	$e/(\%)$
1					
2					
3					
4					
5					
6					

(2) 根据表中数据计算冲洗强度及滤料膨胀率。

(3) 绘制 e-q 曲线,分析 e、q 之间的关系。

实验六 离子交换软化实验

一、实验目的

(1) 巩固和加深对离子交换基本理论的理解。

(2) 学会测定离子交换树脂工作交换容量。

二、实验设备

(1) 原水箱($V=160$ L)和提升泵。

(2) 离子交换柱(内装 RNa 树脂,层厚 25～30 cm)。

(3) 转子流量计。

(4) 盐水箱等。

(5) 测定水的硬度的试剂:pH 缓冲溶液、铬黑 T 溶液、EDTA 滴定液等。

(6) 200 mL 烧杯 5 个、1 000 mL 烧杯 1 个、150 mL 锥形瓶 1 个等。

三、实验原理

1. 离子交换软化

离子交换树脂是由空间网状结构骨架(母体)与附着在骨架上的众多活性基团所构成的不溶性高分子化合物,属于有机离子交换剂的一种。离子交换工艺就是利用不溶性的电解质(树脂)所携带的可交换基团与溶液中的另一种电解质进行化学反应。由于不同类型的树脂与不同的阴、阳离子的亲和力的不同,因此利用离子交换工艺可以选择性地去除水中的离子。对软化来说,就是利用一些特制的离子交换剂所具有的可交换基团(钠离子、氢离子等)与水中的钙、镁离子进行交换反应,达到去除硬度的目的。

离子交换反应与其他反应一样遵从质量作用定律和当量定律。离子交换反应的实用价值就在于其为可逆反应，即树脂离子交换达到饱和后可以利用逆反应进行再生，将树脂所吸的离子用再生药剂置换下来，代之以需要的可交换基团。所以，离子交换反应存在一个平衡状态，平衡向哪一个方向移动取决于所给条件，也决定了交换是否能顺利进行。下面以钠型树脂的离子交换软化为例。

前提：常温，稀溶液，忽略离子活度。

$$2RNa + Ca^{2+} \underset{再生}{\overset{交换}{\rightleftharpoons}} R_2Ca + 2Na^+$$

该反应的离子交换选择系数 K 可表示为

$$K_{Na^+}^{Ca^{2+}} = \frac{[R_2Ca][Na^+]^2}{[RNa]^2[Ca^{2+}]} = \frac{[R_2Ca]/[RNa]^2}{[Ca^{2+}]/[Na^+]^2}$$

式中：$[R_2Ca]$、$[RNa]$——树脂相中的离子浓度，mmol/L；

$[Na^+]$、$[Ca^{2+}]$——溶液中的离子浓度，mmol/L；

$K_{Na^+}^{Ca^{2+}}$——离子交换选择系数（Ca^{2+} 交换 Na^+）。

若 $K_{Na^+}^{Ca^{2+}} > 1$，说明溶液中的 Ca^{2+} 可以顺利地与树脂中的 Na^+ 进行交换，也就是说树脂对 Ca^{2+} 的选择性或亲和力（电性力引起的自由离子向惰性部分靠近的现象）大于对 Na^+ 的选择性或亲和力，即树脂将优先吸附 Ca^{2+}，则此反应将向右进行，交换反应可以顺利进行。因此，离子交换选择系数 $K_{Na^+}^{Ca^{2+}}$ 可以定量地反映出一种树脂对某两种给定离子的交换选择性（亲和力）的大小。

常用的强酸型阳离子树脂对各种阳离子的选择顺序如下：

$$Fe^{3+} > Al^{3+} > Ca^{2+} > Mg^{2+} > K^+ > NH_4^+ > Na^+ > H^+ > Li^+$$

位于顺序前列的离子可以从树脂上取代位于后边的离子。由此可知，钙、镁离子与阳离子树脂的亲和力大于钠离子，与强酸型阳离子树脂的亲和力还大于氢离子，所以显然可以用钠型阳离子树脂或氢型强酸型阳离子树脂来与水中的钙、镁离子进行交换，从而达到软化水的目的。目前常用的离子交换软化法有钠离子交换软化法、氢离子交换软化法和氢-钠离子交换脱碱软化法。

应用离子交换进行软化时，通常将离子交换树脂装填在一个反应柱内，原水按一定方向流经柱内树脂层，进行交换反应。当原水中只有一种主要待交换离子时，原水由上向下流过树脂层，水中离子先与上部树脂层中的离子进行交换，直到形成一定厚度的交换工作带（交换带）。随着反应的连续进行（连续过水），此交换带逐渐向下移动，当交换带的下沿到达交换柱的底部时，待交换离子开始泄漏。此时交换柱上层为树脂已基本饱和的饱和层，最底部为与交换带厚度基本相同的保护层，保护层中的树脂只部分被利用。

交换运行达到饱和的树脂需要进行再生处理以保证连续运行。离子交换反应的实用价值就在于其为可逆反应，饱和后的树脂可以通过再生恢复交换能力，反复使用。树脂的再生是利用交换的逆反应，通过提供高浓度再生液，改变液相离子总浓度，进而改变交换反应方向，洗脱树脂上所交换的离子，从而达到恢复交换能力（再生）的目的。对钠离子树脂的再生一般采用食盐溶液。

2. 离子交换树脂的交换容量

离子交换树脂的最重要的性能之一是其所具有的交换容量。树脂的交换容量可以定量地表示树脂交换能力的大小。交换容量又分为全交换容量和工作交换容量。

(1) 全交换容量　全交换容量指单位质量的离子交换树脂中全部离子交换基团的数量,此值取决于离子交换树脂内部组成,是一个固定常数。它可以通过滴定法测定,也可以通过理论计算得到。

(2) 工作交换容量　工作交换容量指在一定的工作条件以及水质条件下,一个固定周期中单位体积树脂实现的离子交换容量。这是实际工程运转中所利用的交换容量,与运行条件如再生方式、原水水质、原水流量以及树脂层厚度有关。

四、实验步骤

1. 配制原水

(1) 用天平称量 $CaCl_2$(化学纯,纯度 96%)83 g,在 500 mL 烧杯中溶解。

(2) 原水箱中充满自来水,将上述 $CaCl_2$ 溶液倒入,启动提升泵,使箱内水循环搅拌 5 min。

(3) 取原水样 300 mL,测定原水硬度 H_0。

(4) 硬度滴定。

① 吸取 50 mL 水样,置于 150 mL 锥形瓶中。

② 加入 2 mL 缓冲溶液与 5 滴铬黑 T 指示剂,立即用 EDTA 滴定液滴定,至溶液呈蓝色时,即为终点。

2. 交换软化

将原水加压送进交换柱内,开启排气阀排气,并调节流量计出水阀,使滤速控制在 $v=30$ m/h(对 ϕ30 mm 交换柱,$Q=21$ L/h;对 ϕ40 mm 交换柱,$Q=37.5$ L/h),开始计时,按表 2-11 取出水样 300 mL,并测定硬度。

表 2-11　滴定时所用的 EDTA 计量表　(单位:mL)

出水水样	软化时间					
	10 min	15 min	20 min	25 min	30 min	35 min
水样 1						
水样 2						
平均值						

3. 进再生液(再生液 NaCl 浓度为 5%,即 51.775 g/L)

(1) 关闭柱上原水阀,开启排气阀,将柱内原水排至树脂层上约 5 cm 处。

(2) 关闭流量计出水阀,开启再生液阀,使再生液进入柱内,高度为树脂层高的 1.5～1.6 倍,关闭再生液阀。

(3) 控制再生液流速 $v=6$ m/h(对 ϕ30 mm 交换柱,$Q=4.2$ L/h;对 ϕ40 mm 交换柱,$Q=7.5$ L/h),约需 10 min 再生时间,并将全部再生排出液收集在 1 000 mL 烧杯中。

4. 进置换水

(1) 向柱内注入软化水,约为 2 倍树脂体积。

(2) 控制置换水流速 $v=6$ m/h,让其通过树脂层,并将排出液收集在上述 1 000 mL 烧杯中,记下其体积 V_1。

(3) 测出烧杯中排出液硬度 H_C(稀释 40 倍滴定)。

五、实验数据整理

(1) 画出离子交换柱硬度泄漏曲线(出水硬度变化曲线),并找出泄漏点 a 和对应时间 t_a(min)。

(2) 计算树脂工作交换容量。

① 根据上述泄漏曲线计算。

$$E_1=\frac{(H_0-H_t)Qt_a/60}{V_{树脂}}$$

式中:H_0——原水的硬度,meq/L;

H_t——交换过程中泄漏点之前出水中的残余硬度,meq/L;

Q——交换软化时的流速,L/h;

t_a——泄漏时间,min;

$V_{树脂}$——离子交换树脂的体积,L。

② 根据再生时收集的排放液硬度计算。

$$E_2=\frac{H_C V_{排}}{V_{树脂}}$$

式中:H_C——再生和置换时的排出液的硬度,meq/L;

$V_{排}$——再生和置换时的排出液的体积,L;

$V_{树脂}$——离子交换树脂的体积,L。

③ 验算,要求 $\eta=\left|\frac{E_1-E_2}{E_1+E_2}\right|\leqslant 3\%$。

(3) 计算再生剂消耗量(树脂层再生一次时 NaCl 的用量)。

$$L=V_{再生液}\times 51.775$$

式中:$V_{再生液}$——再生液体积,L;

51.775——换算系数,g/L。

(4) 计算再生剂比耗 n。

$$n=\frac{L\times 1\ 000/58.5}{(E_1+E_2)/2}$$

(5) 计算硬度。

$$总硬度(CaO,meq/L)=\frac{V\times c\times 2\times 1\ 000}{V_{水样}}$$

式中:V——EDTA 滴定液体积,mL;

c——EDTA 滴定液浓度,mol/L;

$V_{水样}$——水样体积,mL。

实验七　虹吸滤池实验

一、实验目的

通过实验加深对虹吸滤池工作原理的理解,掌握虹吸滤池的使用方法。

二、实验设备

(1) 浊度仪。

(2) pH 计。

(3) 烧杯。

(4) 虹吸滤池(图 2-3)。

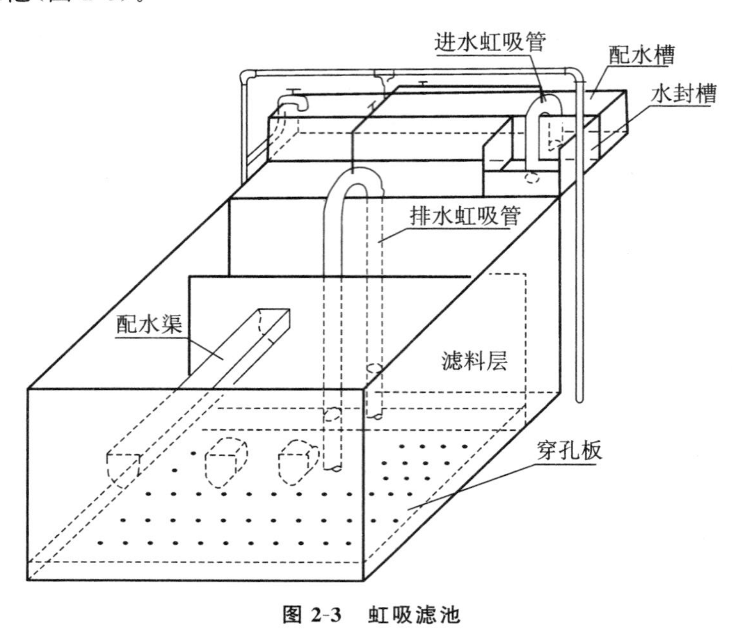

图 2-3　虹吸滤池

三、实验原理

虹吸滤池是一种采用真空系统来控制进水虹吸管、排水虹吸管,并采用小阻力配水系统的新型滤池(图 2-3)。它完全采用虹吸真空原理,省去了各种阀门,只在真空系统中设置小阀门即可完成滤池的全部操作过程。虹吸滤池是由若干个单格滤池组成一组,滤池底部的清水区和配水系统彼此相通,可以利用其他滤格的滤后水来冲洗其中一格;又因这种滤池是小阻力配水系统,可利用出水堰口高于排水槽一定距离的滤后水位能作为反冲洗的动力(即反冲洗水头),故此种滤池不需专设反冲洗水泵。

四、实验步骤

1. 过滤

(1) 启动水泵,待处理原水由进水管被压送入配水槽。

(2) 启动水射器使进水虹吸管工作,将配水槽中的水抽入水封槽,超过堰口溢流进入滤池过滤。

(3) 池中水位随进水量增加而逐渐上升,进入配水渠溢流后流向滤料层,从小阻力配水系统流进清水池。

(4) 保持进水量不变,过滤水头损失逐渐增加,池中水位上升,至最高水位时,过滤终止。

2. 反冲洗

(1) 破坏进水虹吸,停止进水。

(2) 滤池中水位逐渐下降，当下降速度显著减慢时，启动水射器抽吸排水虹吸管内的空气形成虹吸，使排水虹吸管工作，将池内剩余的水排掉。

(3) 进行反冲洗，反冲洗水从滤池底部通过连通渠道穿过穿孔管、垫层、滤料层到排水槽，经排水虹吸管排出。

(4) 反冲洗持续到出水已清澈时，破坏排水虹吸停止反冲洗，启动进水虹吸管重新开始过滤。

五、实验数据整理

(1) 测出一格滤池的反冲洗膨胀率与冲洗强度的变化值。

(2) 测出进水虹吸管与排水虹吸管虹吸形成时间(min)。

六、思考题

(1) 观察反冲洗时水位变化规律。

(2) 通过实验总结说明此种滤池的主要优缺点及模型存在的问题，以及有哪些改进措施。

实验八　气浮实验

一、实验目的

(1) 掌握溶气气浮法实验设备的构成。

(2) 通过水处理动态实验，了解气浮净水工艺全过程，掌握运行操作方法和基本的运行参数。

二、实验设备

(1) 平流式气浮池：捕捉区、分离区、出水区、排渣槽等。

(2) 溶气水制备系统：包括回流水泵、空压机、溶气罐、流量计(水、气)、压力表、释放器等。

(3) 水源系统：包括加压水泵、原水箱、流量计等。

(4) 定量投药和混凝设备。

(5) 水质检测设备(浊度仪、溶解氧测定仪)。

气浮实验设备的示意图如图 2-4 所示。

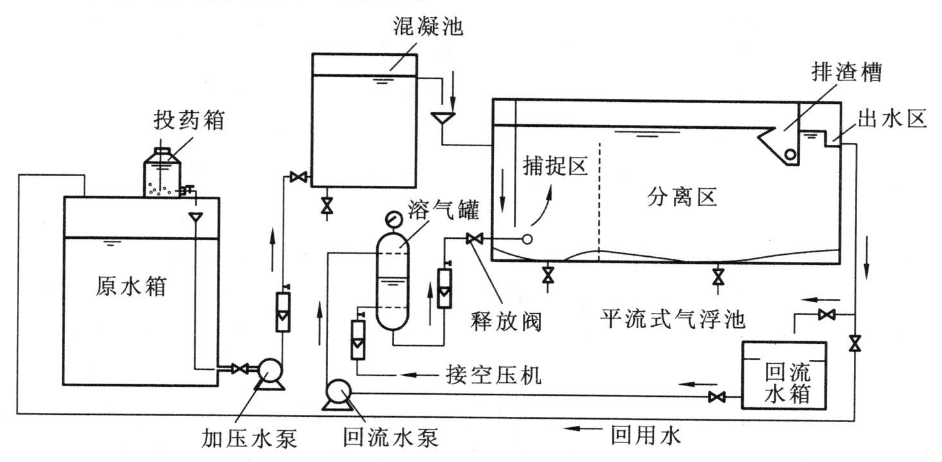

图 2-4　气浮实验设备示意图

三、实验原理

气浮法主要用于处理水中相对密度接近 1 的悬浮杂质,如乳化油、羊毛脂、纤维以及其他各种有机或无机的悬浮絮体等。因此,气浮法在自来水厂、城市污水处理厂以及炼油厂、食品加工厂、造纸厂、毛纺厂、印染厂、化工厂等的水处理中都有所应用。

气浮法具有处理效果好、周期短、占地面积小以及处理后的浮渣中固体物质含量较高等优点,但也存在设备多、操作复杂、动力消耗大的缺点。

气浮法是在混凝后的水中通入微气泡,大量微气泡在上升过程中捕获水中絮体,形成密度小于水的"夹气絮体"浮升到水面,形成浮渣层后从水面分离刮除,使原水得到澄清处理。

产生密度小于水的"夹气絮体"的主要条件如下。

(1) 水中污染物质具有足够的憎水性。

(2) 加入水中的空气所形成气泡的平均直径不大于 70 μm。

(3) 气泡与水中污染物质有足够的接触时间。

气浮法按水中气泡产生的方法可分为散气气浮、加压溶气气浮和电解气浮几种。由于散气气浮一般气泡直径较大,气浮效果较差,而电解气浮虽气泡直径不大但耗电较多,因此目前应用气浮法的工程中,以加压溶气气浮法最多。

加压溶气气浮法就是使空气在加压作用下溶解于水,并达到饱和状态,然后使加压水表面压力突然减到常压,溶解于水中的空气以微小气泡的形式从水中释放出来,从而产生供给气浮过程的合格的微小气泡。

加压溶气气浮法根据进入溶气罐的水的来源,又分为无回流系统加压溶气气浮法和有回流系统加压溶气气浮法,在目前的生产中广泛采用后者。

影响加压溶气气浮的因素很多,如空气在水中的溶解量、气泡直径的大小、气浮时间、水质、药剂种类与加药量、表面活性物质种类和数量等。因此,采用气浮法进行水质处理时,通常需通过实验测定一些有关的设计运行参数。

四、实验步骤

(1) 在原水箱中用自来水配成所需水样(浊度为 30～50 NTU),将平流式气浮池和混凝池内充满原水,测定原水浊度。

(2) 在投药箱中配好混凝剂(1‰的 PAC 溶液),根据原水浊度确定投药量。

(3) 开启加压水泵和空压机,在溶气罐内制备溶气水。调节回流水流量使溶气罐的压力表读数达到 0.25～0.45 MPa,打开释放阀排放溶气水,调节流量及气压使溶气罐工作稳定,释放的溶气泡细密,水面呈现奶白色,不能出现大气泡,记录回流水流量、进气流量及压力表的数值。

(4) 调节原水流量,从而调节气浮池出水量来控制池内水位或溢流排渣。

(5) 保持以上参数不变,稳定运行后取样测定进水浊度,经过 10 min 后分别测定出水和排渣水浊度,连续稳定运行 50 min,每隔 10 min 检测一组数据(每组数据均为测定进水浊度后运行 10 min 再测定出水和排渣水浊度)。

(6) 保持原水流量和加药量不变,调节回流水流量或者进气流量,降低压力表的压力,减少溶气泡的数量,观察在不同压力条件下的气浮效果,稳定运行 50 min,每隔 10 min 检测一组数据,取样检测方式同上。

五、实验数据整理

(1) 填写实验记录表(表 2-12)。

表 2-12 实验数据整理记录表

原水水温:________ 原水流量:________

混凝剂种类:________ 混凝剂浓度:________

实验号		1号	2号
混凝剂投加量/(mg/L)			
回流水流量/(L/h)			
进气流量/(L/min)			
气水比/(%)			
溶气罐压力/MPa			
第一组 取样浊度/NTU	进水		
	出水		
	排渣水		
第二组 取样浊度/NTU	进水		
	出水		
	排渣水		
第三组 取样浊度/NTU	进水		
	出水		
	排渣水		
第四组 取样浊度/NTU	进水		
	出水		
	排渣水		
DO/(mg/L)	原水箱		
	气浮池		
	出水区		
备注			

(2) 观察溶气泡的形成效果,通过拍照、对比,分析不同压力条件下气浮池内的溶气效果。

(3) 根据实验数据绘制不同压力条件下出水浊度(或去除率)与运行时间的关系曲线,绘制排渣浊度与运行时间的关系曲线,通过对比分析存在差异的原因。

六、注意事项

(1) 由于流量计不稳定,必须密切关注流量计的计量状况,重点注意加药流量计,保证加药量稳定。

(2) 密切关注加药箱和原水箱的水位情况,只要低于半箱,就及时加满。

七、思考题

(1) 进行工艺计算。根据原水流量计算气浮设备各部分的尺寸、容积、停留时间、上浮速度及表面负荷等。

(2) 通过比较,说明本实验装置的设计参数与设计规范的差异,分析实验装置存在的问题,提出改进建议。

实验九 SCD 和 FCD 在线监控实验

一、实验目的

(1) 了解给水处理工艺中常用的在线监测仪表与控制设备。

(2) 了解 SCD 反馈控制投药系统和 FCD 反馈控制投药系统。

二、实验设备

小型给水处理工艺的在线监测与控制系统:管道混合器、网格絮凝池、斜板(斜管)沉淀池、V 型滤池、电磁流量计、浊度仪、SC5200 型流动电流检测仪、FCD 检测仪、PLC 控制柜、电脑主机等。

三、实验原理

给水处理实验的在线监测与控制系统是一套小型的给水工艺设备,采用一台电磁流量计,在线监测该工艺过程的总进水(原水)流量。将总进水(原水)流量作为本系统的比例控制参数,定义为 F_1。将 F_1(4~20 mA 信号)输入控制柜的 PLC 内,作为计量泵加药量的比例控制参数,经过 PLC 的 CPU 运算,再输出 4~20 mA 的控制信号给变频器,通过控制柜内的变频器控制计量泵变频电机,来控制加矾量。

该原水加絮凝剂后,在混合设备内充分混合,加药混合后的水进入絮凝反应设备处实现絮凝反应。加入了絮凝剂的原水进入絮凝反应设备,形成絮凝物后,可以通过两种方式监测絮凝情况。该控制为反馈控制,微调控制加矾量。

方法一:SCD 反馈控制。通过对混合后的水中絮凝物的流动电流值的检测,控制计量泵的冲程实现计量泵加药量的微调控制。流动电流值作为本系统的反馈控制量,定义为 S_1,该参数同样以 4~20 mA 控制信号的形式送到 PLC 中,再通过 PLC 转换成冲程控制器可接收的 4~20 mA 信号输出,控制冲程电机,来微调加矾量。

方法二:FCD 反馈控制。FCD 技术依据矾花绒体等效直径与混凝药剂加注率、反应池停留时间成正比,与沉淀出水浊度目标设定值、进水量成反比的特点,通过水下摄像,摄取絮体活动图像,经放大后传送给计算机,屏幕直接显示絮凝后水体中絮体颗粒的状态,由计算机进行实时图像的数字化处理,计算出与沉淀出水浊度相关的参数,根据工艺要求设定絮体等效直径和目标值,并采集进水流量反馈信号和沉淀出水反馈信号,计算出絮凝剂加注量,将加注量通过监控主机转换为数字信号,在监控主机与 PLC 通信的过程中,经过 PLC 换算成标准电流信号,输出 4~20 mA 的信号控制计量泵的冲程,来控制投药加注泵,实现投药的计算机全自动控制。这个变量定义为 F_2,它与 S_1 一样都是控制计量泵冲程的变量,功能相同，不能同时使用，因此在 PLC 控制柜上安装一个转换开关，实现 SCD 与 FCD 两种控制方式的切换。

在整个水处理过程中，为了使 SCD 仪、FCD 仪的处理结果更直观，在沉淀设备出水处设一台浊度仪，在线检测沉淀水浊度，监测工艺处理结果。同时为控制系统提供一个变量 N_1，提高系统可靠性。

自动投加系统由计量泵、变频电机、变频控制器、伺服电机、冲程控制器、自动清洗系统等组成。自动投加系统由计算机控制，将计量泵的冲程设为某一定值，按照最优投加比例和投加量闭环反馈原理，组成如图 2-5 所示的双闭环串级调节系统，并利用软件完成主调节器 PID1 和副调节器 PID2 控制。混凝剂的加注量由原水流量、原水浊度反馈、SCD(或 FCD)反馈复合环自动控制，其加注率的设定值可由上位机人工设定，加注量也能进行手动控制和校正，由计量的数学模型运算，然后直接由 PLC 将 4～20 mA 信号输入变频器，通过改变计量泵的转速，实现计算机控制的自动投加过程。

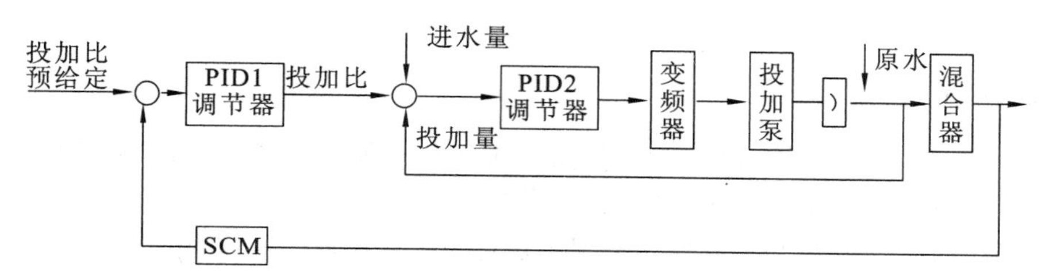

图 2-5　自动投加过程双闭环串级调节系统

该系统可以根据需要灵活选择工作方式，在正常情况下投药量按上述原理进行双闭环自动投加。可将主调节器 PID1 脱开，根据原水水质和混凝情况人工控制(键控)投加比，此时投药量按照单闭环自动投加。而当进水流量信号不准确时，可将主调节器 PID1 和副调节器 PID2 全部脱开，直接根据需要键控输入调速给定值。另外，操作人员还可通过自动监控显示画面随时了解在线投加比，以及计量泵的调速比、运行电流、投加量等参数。

自动加矾系统投入运行后，可实现无人操作，运行情况良好。尤其是自动投加部分，在浊度、流量信号或 SCD 值不准确的条件下，系统只需调整其工作方式，仍能继续完成自动投加过程，克服了原有系统需现场操作的缺点，进一步提高了投药系统的自动化水平。

四、实验步骤

(1) 打开原水箱出水阀，测定原水浊度。在电脑主机上开启电磁阀和计量泵，原水进入网格絮凝池。

(2) 当水流流过 SC5200 型流动电流检测仪的探头后，打开流动电流检测控制器的电源开关，设定为自动模式，控制计量泵的投药量。

(3) 当水流流出沉淀池时，打开沉淀池出水在线监测浊度仪的电源开关，读取沉淀池出水浊度，完成实验数据记录表格，并求沉淀效率。

(4) 在 PLC 控制柜上将 SCD 反馈控制方式切换为 FCD 反馈控制方式，设定为自动模式，控制计量泵的投药量，并在电脑屏幕上直接观察絮凝后水中絮体颗粒的形态。

(5) 在电脑主机上关闭电磁阀和计量泵，关闭原水箱出水阀，实验结束。

五、实验数据整理

(1) 填写实验记录表(表 2-13)。

表 2-13 实验数据整理记录表

进水浊度:________

运行时间/min	10	20	30	40	50
流动电流值/SCU					
沉淀池出水浊度/NTU					
沉淀效率/(%)					

(2) 以流动电流值为横坐标,沉淀池出水浊度为纵坐标,绘制流动电流和沉淀池出水浊度的关系曲线。

六、思考题

(1) SCD 反馈控制方式和 FCD 反馈控制方式有何区别?两种控制方式的系统延时(指混凝剂投加点与检测点的时间间隔)是否相同?若不相同,为什么?

(2) 做完本实验有何感想?实验中有何不足之处?有何进一步设想?

实验十 清水机械曝气充氧实验

一、实验目的

(1) 掌握清水充氧的实验方法。

(2) 计算曝气设备的氧总转移系数 K_{La}。

(3) 计算叶轮的充氧能力 Q_S。

二、实验设备

曝气筒、搅拌机、调速仪、天平、温度计等。

三、实验原理

所谓曝气,就是人为通过一些设备,加速向水中传递氧的一种过程。现行通用曝气方法主要有三种,即鼓风曝气、机械曝气、鼓风机械曝气。对于氧转移的机理,在水处理界比较公认的就是路易斯(Lewis)与惠特曼(Whitman)创建的双膜理论。它的内容如下:在气、液两相接触界面两侧存在着气膜和液膜,它们处于层流状态,气体分子从气相主体以分子扩散的方式经过气膜和液膜进入液相主体,氧转移的动力为气膜中的氧分压梯度和液膜中的氧浓度梯度,传递的阻力存在于气膜和液膜中,而且主要是存在于液膜中。

影响氧转移的因素主要有温度、污水性质、氧分压、水的紊流程度、气液之间接触时间和面积等。

根据双膜理论,氧转移的基本方程式为

$$\frac{dC}{dt}=\frac{D_L}{X_f}\frac{A}{V}(C_S-C)=K_L\frac{A}{V}(C_S-C)=K_{La}(C_S-C) \tag{2-8}$$

其中

$$K_{La}=\frac{D_L}{X_f}\frac{A}{V}=K_L\frac{A}{V} \tag{2-9}$$

式中：$\frac{dC}{dt}$——液相主体中氧转移速率，mg/(L·min)；

C_S——液膜处饱和溶解氧浓度，mg/L；

C——液相主体中溶解氧浓度，mg/L；

K_{La}——氧总转移系数，min^{-1}；

D_L——氧分子在液膜中的扩散系数，m^2/min；

A——气、液两相接触界面面积，m^2；

X_f——液膜厚度，m；

V——曝气池液体体积，L；

K_L——液膜中氧分子传质系数，$K_L=D_L/X_f$，m/min。

由于液膜厚度 X_f 及两相接触界面面积 A 很难确定，因而将其用氧总转移系数 K_{La} 值代替。K_{La} 值与温度、水紊动性、气液接触面面积等有关。它指的是在单位传质动力下，单位时间内向单位曝气液体中充入的氧量，它是反映氧转移速率的重要指标。

将式(2-8)积分整理，得到曝气设备氧总转移系数 K_{La} 值计算式，即

$$K_{La}=\frac{2.303}{t}\lg\frac{C_S-C_0}{C_S-C_t} \tag{2-10}$$

式中：C_S——曝气池内液体饱和溶解氧浓度，mg/L；

C_0——曝气初始时，曝气池内溶解氧浓度(一般 $t=0$ 时，$C_0=0$)，mg/L；

C_t——t 时刻曝气筒内溶液溶解氧浓度，mg/L；

t——曝气时间，min；

K_{La}——氧总转移系数，min^{-1}。

由式(2-10)可求出实验中 K_{La}。

由下式求充氧能力 Q_S：

$$Q_S=K_{La}(C_S-C_0)=\frac{60}{1\ 000}K_{La}\times 9.17=0.55K_{La}$$

四、实验步骤

(1) 测水温并查该温度下的 C_S。

(2) 计算并称量脱氧剂及催化剂。

① 将 0.02 m^3 水样加入曝气筒中；

② 由 C_S、V 计算脱氧剂无水 Na_2SO_3 及催化剂 $CoCl_2\cdot 6H_2O$ 的量。

由 $2Na_2SO_3+O_2=2Na_2SO_4$ 得脱氧剂理论用量为水中溶解氧的 8 倍，考虑水中杂质会消耗一部分 Na_2SO_3，故 Na_2SO_3 量为理论值的 1.5 倍，即 $1.5\times 8C_SV=12C_SV$ ($C_S=?$，$V=0.02\ m^3$)。实验表明，水中有效$[Co^{2+}]=0.4$ mg/L 较好，故在实验中钴盐投加量为

$$4.0\times 0.4\times V=1.6\ V\ (g)$$

(3) 用温水溶解所称药品并投入曝气池。

(4) 开启叶轮,低速搅拌(不曝气)2 min 后取样测定溶解氧浓度是否为零。

(5) 当溶解氧浓度值为零时,加大转速曝气并在 1 min、2 min、3 min、5 min、7 min、9 min 取 6 个水样。

(6) 用碘量法测每个水样的溶解氧浓度(C_t),记录入表。

碘量法:在水中依次加 1 mL $MnSO_4$ 溶液、1 mL 碱性 KI 溶液,待沉淀一半后摇晃,再沉淀一半后加 2 mL H_2SO_4 溶解并取 100 mL 溶液,用 0.025 mol/L $Na_2S_2O_3$ 溶液滴定至淡黄色,加 1 滴淀粉变蓝,继续滴定至无色溶液,记录 $V_{Na_2S_2O_3}$,并计算 C_t($C_t = c_{Na_2S_2O_3}V_{Na_2S_2O_3} \times 8 \times 1\,000/100$)。

滴定至终点的溶液静置一会后又会变蓝,这是因为空气中氧气进入,但不影响测定结果。

五、实验数据整理

(1) 填写实验记录表(表 2-14)。

表 2-14　实验数据整理记录表

温度 T=＿＿＿＿＿＿　　C_S=＿＿＿＿＿＿

时间 t/min	1	2	3	5	7	9
C_t/(mg/L)						
(C_S-C_t)/(mg/L)						
$V_{Na_2S_2O_3}$/mL						

(2) 以 C_t 为纵坐标,t 为横坐标,作 C_t-t 曲线。

(3) 利用半对数坐标纸以 $\lg[(C_S-C_0)/(C_S-C_t)]$为纵坐标,t 为横坐标绘图。

(4) 计算 K_{La}及 Q_S。

六、思考题

(1) 本实验方法能否用于推流式曝气池?为什么?

(2) K_{La}和 Q_S 的物理意义是什么?影响曝气池充氧效果的因素有哪些?

实验十一　清水鼓风曝气充氧实验

一、实验目的

(1) 测定曝气设备(扩散器)氧总转移系数 K_{La}值。

(2) 加深理解曝气充氧机理及影响因素。

(3) 掌握曝气设备清水充氧性能的测定方法,评价氧转移效率 E_A 和动力效率 E_P。

二、实验设备

(1) 直径为 150 mm 的有机玻璃柱 1 套。

(2) 扩散器。

(3) 转子流量计。

(4) 秒表、压力表、真空表。

(5) 曝气充氧装置(图 2-6)。

(6) 空压机、储气罐。

(7) 溶解氧测定仪。

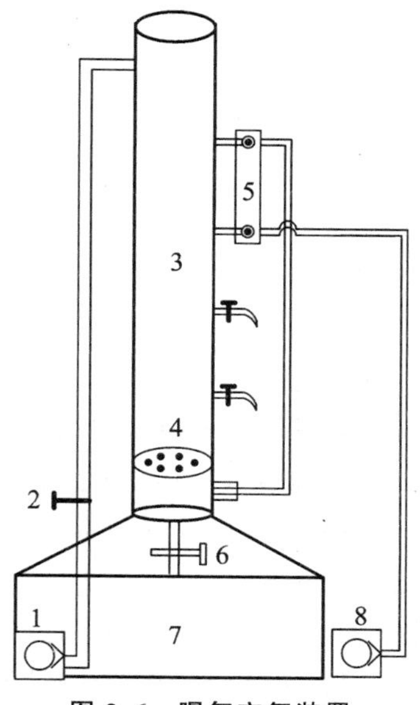

图 2-6　曝气充氧装置

1—进水泵；2—进水阀；3—曝气柱；4—曝气盘；5—气体流量计；6—排水阀；7—配水箱；8—空压机

三、实验原理

活性污泥法是采取一定的人工措施创造适宜的条件，强化活性污泥微生物的新陈代谢作用，加速污水中有机物降解的生物处理技术。这里所指的人工措施主要为了实现两个目的：① 向活性污泥反应器(曝气池)中提供足够的溶解氧，以保证活性污泥微生物生化作用所需氧；② 使反应器中的活性污泥与污水充分混合，保持池内微生物、有机物、溶解氧，即泥、水、气三者充分混合。在实际工程中，这两个目的就是通过曝气这一手段实现的。

曝气是人为通过一些设备加速向水中传递氧的过程，常用的曝气设备分为机械曝气与鼓风曝气两大类。无论哪种曝气设备，其充氧过程均属传质过程，氧传递机理为双膜理论。实验采用非稳态测试方法，即注满所需水后，将待曝气之水以亚硫酸钠为脱氧剂、氯化钴为催化剂，脱氧至零后开始曝气，液体中溶解氧浓度逐渐提高，液体中溶解氧的浓度 C 是时间 t 的函数，曝气后每隔一定时间 t 取曝气水样，测水中的溶解氧浓度，从而利用式(2-11)计算 K_{La}。

根据氧转移基本方程式 $\frac{dC}{dt}=K_{La}(C_S-C)$，积分整理后得到氧总转移系数

$$K_{La}=\frac{2.303[\lg(C_S-C_0)-\lg(C_S-C_t)]}{t} \tag{2-11}$$

或以 $\lg\frac{C_S-C_0}{C_S-C_t}$ 为纵坐标，以时间 t 为横坐标，如式(2-12)所示：

$$\lg\frac{C_S-C_0}{C_S-C_t}=\frac{K_{La}}{2.303}t \tag{2-12}$$

在半对数坐标纸上绘图，所得直线斜率为 $\frac{K_{La}}{2.303}$。

式中：K_{La}——氧总转移系数，min^{-1}；

t——曝气时间，min；

C_S——饱和溶解氧浓度，mg/L；

C_0——曝气池内初始溶解氧浓度，mg/L，本实验中 $t=0$ 时，$C_0=0$；

C_t——曝气某时刻 t 池内液体溶解氧浓度，mg/L。

四、实验步骤

(1) 关闭所有开关，向曝气柱(内径为 d)内注入清水(自来水)至水深(H)为 1.9 m，测定水中的溶解氧饱和值 C_S，计算池内氧总量，计算公式为

$$G=C_SV,\quad V=\frac{1}{4}\pi d^2\cdot H$$

(2) 计算投药量。

① 脱氧剂采用结晶亚硫酸钠。

$$2Na_2SO_3\cdot 7H_2O+O_2\xrightarrow{CoCl_2}2Na_2SO_4$$

$$\frac{M(O_2)}{M(2Na_2SO_3\cdot 7H_2O)}=\frac{32}{504}=\frac{1}{15.8}$$

投药量 $g=(1.1\sim1.5)\times16G$(mg),1.1～1.5 为安全系数。

② 催化剂采用氯化钴,投加浓度为 0.1 mg/L,总量为 $0.1V$(mg)。将所称药剂用温水溶解,由筒顶倒入,进行小量曝气 20 s,使其混合反应 10 min 后取水样测溶解氧(DO)值。

(3) 当水样脱氧至零后,开始正常曝气,计时,每隔 n min 取样一次,也可在 3 min、5 min、7 min、9 min、11 min、13 min、15 min 取样在现场测定 DO 值(溶解氧测定仪、碘量法均可)。直至 DO 值为 95%的饱和值为止。

(4) 同时计量空气流量,测定温度、压力、水温等。

五、实验数据整理

填写实验记录表(表 2-15、表 2-16)。

表 2-15　曝气量记录表

曝气柱内径 d/m	水深 H/m	水温/℃	气量/(m^3/h)	气温/℃	气压/kPa

表 2-16　氧总转移系数 K_{La} 计算表

t /min	C_t /min	(C_S-C_t) /(mg/L)	$(C_S-C_0)/(C_S-C_t)$	$\lg[(C_S-C_0)/(C_S-C_t)]$	K_{La} /min^{-1}

(1) 根据表 2-16 求 K_{La}。

(2) 以 C_t 为纵坐标,t 为横坐标,作 C_t-t 曲线。

(3) 利用半对数坐标纸以 $\lg[(C_S-C_0)/(C_S-C_t)]$为纵坐标,t 为横坐标,绘图求 K_{La}。

六、注意事项

(1) 加药时,将脱氧剂与催化剂用温水化开后从柱顶均匀加入。

(2) 实测饱和溶解氧值，一定要在溶解氧值稳定后进行。

七、思考题

(1) 曝气在生物处理中的作用是什么？

(2) 氧总转移系数 K_{La} 的意义是什么？

实验十二　污水充氧修正系数 α、β 测定实验

一、实验目的

(1) 掌握 α、β 值的测定方法。

(2) 理解 α、β 值在曝气设备选型中的意义。

二、实验设备

同实验十。

三、实验原理

氧向水中转移受水中无机物、有机物等影响，转移速率在清水和污水中不同，而评价设备性能的指标均以清水为研究对象，故要引入修正系数。

污水中含有各种杂质，特别是某些表面活性物质，如短链脂肪酸和乙醇等，这类物质的分子属两亲分子(极性端亲水，非极性端疏水)。它们将聚集在气液界面上，形成一层分子膜，阻碍氧分子的扩散转移，导致氧总转移系数 K_{La} 值下降，为此引入一个小于 1 的修正系数 α。

$$\alpha=\frac{\text{污水中的 }K'_{La}}{\text{清水中的 }K_{La}} \tag{2-13}$$

$$K'_{La}=\alpha K_{La}$$

由于污水含有盐类，氧在水中的饱和度也受水质的影响，因此，引入另一数值小于 1 的系数 β 予以修正。

$$\beta=\frac{\text{污水中的 }C'_S}{\text{清水中的 }C_S} \tag{2-14}$$

$$C'_S=\beta C_S$$

修正系数 α、β 值，均可通过对污水、清水的曝气充氧实验予以测定。

四、实验步骤

用污水代替清水重复实验十的第(1)～(6)步，求出 K'_{La}，代入式(2-15)、式(2-16)，求 α、β 值。

$$\alpha=K'_{La}/K_{La} \tag{2-15}$$

$$\beta=C'_S/C_S \tag{2-16}$$

五、实验数据整理

(1) 填写实验记录表(表 2-17)。

表 2-17 实验数据整理记录表

温度 $T=$________ $C'_S=$________

时间 t/min	1	2	3	5	7	9
C_t/(mg/L)						
(C'_S-C_t)/(mg/L)						
$V_{Na_2S_2O_3}$/mL						

(2) 以 C_t 为纵坐标,t 为横坐标,作 C_t-t 曲线。

(3) 利用半对数坐标纸以 $\lg[(C_S-C_0)/(C_S-C_t)]$为纵坐标,t 为横坐标绘图。

(4) 计算 K'_{La}。

(5) 计算 α、β。

实验十三 成层沉淀实验

一、实验目的

(1) 加深对成层沉淀实验的理解。

(2) 掌握活性污泥沉淀曲线的绘制方法。

(3) 了解固体通量分析的过程。

二、实验设备

沉降柱、搅拌器、秒表、量筒等。

三、实验原理

浓度大于某值的高浓度水,如黄河高浊水、活性污泥法曝气池混合液、化学污泥等,不论其颗粒性质如何,颗粒的下沉均表现为混浊液面的整体下沉。这与自由沉淀、絮凝沉淀完全不同,后两者研究的都是一个颗粒沉淀时的运动变化特点(考虑的是悬浮物个体),而对成层沉淀的研究却是针对悬浮物整体,即整个混浊液面的沉淀变化过程。成层沉淀时颗粒间相互位置保持不变,颗粒下沉速度即为混浊液面等速下沉速度。该速度与原水浓度、悬浮物性质等有关。

活性污泥在二沉池中沉淀主要分为污泥自重引起的沉降和污泥回流与排泥产生底泥引起的沉降。上述过程用固体通量(G)公式可表示为 $G=G_u+G_i$,其中,第一项 G_u 为向下流固体通量,与污泥性质、浓缩要求、运行方式有关;第二项 G_i 为自重压密固体通量,与污泥沉降性能有关,通过实验可求得。上述公式可用图 2-7 表示。

图中曲线 3 上的最低点 b 对应的固体通量为极限固体通量 G_L,极限固体通量可以通过沉淀实验求得。

向下流固体通量:

$$G_u=uC_i \tag{2-17}$$

式中:G_u——向下流固体通量,kg/(m² · h);

u——向下流流速,m/h,u 一般为 0.25~0.51 m/h;

C_i——断面 i—i 处的污泥固体浓度,kg/m³。

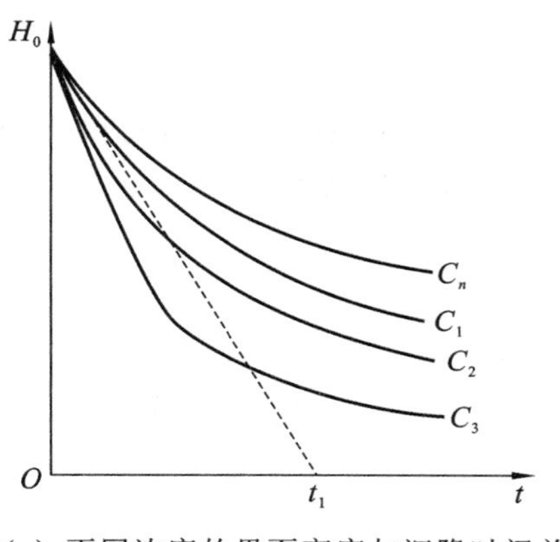

(a) 不同浓度的界面高度与沉降时间关系

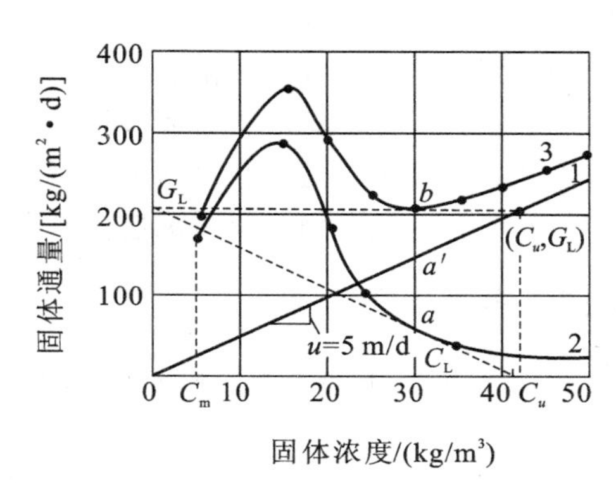

(b) 固体通量与固体浓度关系

图 2-7　静态浓缩实验

自重压密固体通量：

$$G_i = v_i C_i \tag{2-18}$$

式中：G_i——自重压密固体通量，kg/(m²・h)；

v_i——污泥固体浓度为 C_i 时的界面沉速，m/h。

由式(2-17)可见，当 u 为一定值时 G_u 与 C_i 呈线性关系，见图 2-7(b)中的直线 1。

由式(2-18)可作 G_i-C_i 关系曲线，见图 2-7(b)中的曲线 2。固体浓度低于 500 mg/L 时，因不会出现泥水界面，故图中 C_m 即等于形成泥水界面的最低浓度。

总固体通量：

$$G = G_u + G_i = uC_i + v_i C_i \tag{2-19}$$

由式(2-19)可见，浓缩池任一断面的总固体通量等于 G_u 与 G_i 之和，即图 2-7 中曲线 3。

经典线 3 的最低点 b，作切线交纵坐标于$(0,G_L)$点，最低点 b 的横坐标 C_L 称为极限固体浓度，其物理意义是：固体浓度如果大于 C_L，就通不过这个截面。G_L 就是极限固体通量，其物理意义是：在浓缩池的深度方向，必存在着一个控制断面，这个控制断面的固体通量最小(即 G_L)，其他断面的固体通量都大于 G_L。

成层实验是在静置状态下，研究混浊液面高度随沉淀时间的变化规律。以混浊液面高度为纵轴，沉淀时间为横轴，所绘得的 H-t 曲线，称为成层沉淀过程线，它是求二沉池断面面积的基本资料。

成层沉淀过程线分为四段，如图 2-8 所示。

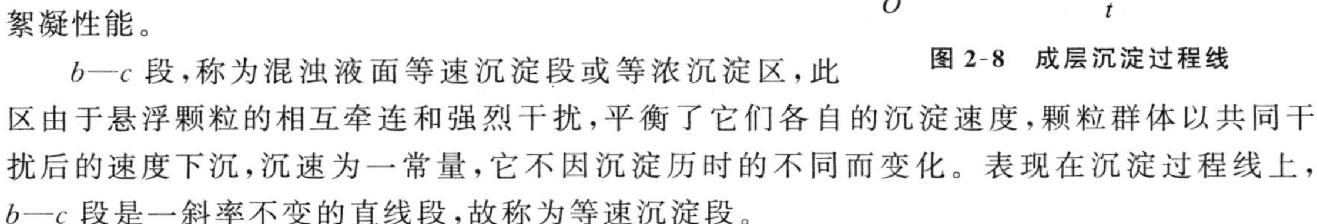

图 2-8　成层沉淀过程线

a—b 段，称为加速段或污泥絮凝段。此段所用时间很短，曲线略向下弯曲，这是混浊液面形成的过程，反映了颗粒絮凝性能。

b—c 段，称为混浊液面等速沉淀段或等浓沉淀区，此区由于悬浮颗粒的相互牵连和强烈干扰，平衡了它们各自的沉淀速度，颗粒群体以共同干扰后的速度下沉，沉速为一常量，它不因沉淀历时的不同而变化。表现在沉淀过程线上，b—c 段是一斜率不变的直线段，故称为等速沉淀段。

c—d 段，称为过渡段或变浓区，此段为污泥等浓沉淀区向压缩区的过渡段，其中既有悬浮物干扰沉淀，也有悬浮物的挤压脱水作用，沉淀过程线上，c—d 段所表现出的弯曲便是沉淀和压缩双重作用的结果，此时等浓沉淀区消失，故 c 点又称为成层沉淀临界点。

d—e 段，称为压缩段(压缩区)，此区内颗粒间互相直接接触，机械支撑，形成松散的网状结构，在压力作用下颗粒重新排列组合，它所夹带的水分也逐渐从网中脱出，这就是压缩过程，此过程也是等速沉淀过程，只是沉速相当小，沉淀极缓慢。

四、实验步骤

(1) 配制六组不同浓度的混合液，分别为 3 g/L、4 g/L、5 g/L、6 g/L、7 g/L、8 g/L。配制原则：

$$C_1V_1=C_2V_2$$

式中：C_1——原混合液浓度；

V_1——待取原混合液体积；

C_2——配制的混合液浓度；

V_2——沉降柱有效容积(8 L)。

(2) 将配好的混合液倒入高位水箱，并轻轻搅拌，开启阀门，将混合液注入沉降柱，同时开启电源，进行搅拌。

(3) 当出现泥水界面时开始读数，每 1 min 读一次，五次后改为每 2 min 读一次，再读五次，记录数据，填表。

五、实验数据整理

(1) 填写实验记录表(表 2-18)。

表 2-18　实验数据整理记录表

时间 t/min	1	2	3	4	5	7	9	11	13	15
H_1/cm										
H_2/cm										
H_3/cm										
H_4/cm										
H_5/cm										
H_6/cm										

(2) 以 t 为横坐标，H 为纵坐标，作曲线。

(3) 以 H-t 曲线的直线部分求界面流速 v_i、G_i，并填写表 2-19。

表 2-19　实验数据整理计算表

C_i/(mg/L)				
$v_i=\Delta H/\Delta t$				
$G_i=v_iC_i$				

(4) 以 C_i 为横坐标，G_i 为纵坐标，作重力固体通量曲线。

六、思考题

实验中活性污泥浓度能否低于 500 mg/L?

实验十四　酸性废水过滤中和实验

一、实验目的

(1) 了解滤速与酸性废水浓度、出水 pH 值的关系。
(2) 掌握酸性废水中和的原理及工艺。

二、实验设备

废水池、耐酸泵、中和柱等。

三、实验原理

许多工业废水呈酸性，在排放水体或进行生物处理或化学处理之前，必须进行中和使废水 pH 值为 6.5～8.5。但对于工业废水中酸碱物质浓度高达 3%～5%的废水，应首先考虑其回收，回收采用的主要方法有真空浓缩结晶法、薄膜蒸发法、加铁屑生产硫酸亚铁法（对含硫酸工业废水）等。一般低浓度的酸碱废水无回收价值，直接进行中和处理。对酸性废水来说，中和处理方法一般有酸碱废水相互中和、投药中和与过滤中和等三种。

过滤中和法常用石灰石、白云石或大理石为滤料，适用于处理硫酸浓度不大于3 g/L的酸性废水，但当废水中含有大量悬浮物、油脂、重金属盐和其他毒物时，则不宜采用过滤中和法。

在工程实际中，中和滤池主要有四种类型：普通中和滤池、恒流速升流式膨胀滤池、变流速升流式膨胀滤池、滚筒式中和滤池。过滤中和法操作简单，沉渣少，仅为废水量的 0.1%，出水 pH 值稳定，不影响环境卫生。但它只能处理低浓度的硫酸废水，需定期倒床，其劳动强度较大。

酸性废水按酸性强弱分为三类。

(1) 含强酸（HCl、HNO_3），其钙盐易溶于水。

(2) 含强酸（H_2SO_4），其钙盐难溶于水。

(3) 含弱酸（H_2CO_3、CH_3COOH）。

对不同酸性废水可选用不同的滤料，目前常用的滤料有石灰石、白云石、大理石等。

第一类酸性废水用三种滤料均可，以石灰石为例：

$$2HCl + CaCO_3 \longrightarrow CaCl_2 + H_2O + CO_2 \uparrow$$

第二类酸性废水，因其钙盐难溶于水，会减慢反应速度，故一般用白云石做滤料。

$$2H_2SO_4 + CaCO_3 \cdot MgCO_3 \longrightarrow CaSO_4 \downarrow + MgSO_4 + 2H_2O + 2CO_2 \uparrow$$

第三类酸性废水，因反应较慢，故应调小滤速。

四、实验步骤

(1) 将粒径一定的滤料装入中和柱，高约 0.8 m。

(2) 每组用工业盐酸配制一个浓度范围(0.1%~0.6%)的废水,因水池容积为 0.125 m^3,故各组分别取 125 mL、250 mL、375 mL、500 mL、625 mL、750 mL 即可。

(3) 将取好的盐酸倒入废水池搅匀,用 pH 计测 pH 值并计算酸度。

(4) 开启水泵,将酸性废水提升至中和柱反应,并观察现象。

(5) 分别调节流量至 400 L/h、300 L/h、250 L/h、200 L/h、150 L/h、100 L/h,且每个流量下让水泵运行至出水水面到达取样口,测出水的 pH 值并计算酸度。

注意:每种滤速实验完成后都要放空中和柱内的水,再进行下一滤速实验。

五、实验数据整理

(1) 基本参数:中和柱内径 d=18 cm,滤料 h=0.8 m,酸性废水浓度 c_0 及 pH 值。

(2) 记录实验数据(表 2-20)。

(3) 以滤速为横坐标,出水 pH 值、酸度值为纵坐标作图。

表 2-20 实验数据整理记录表

时间 t/min	3	3	3	3	3	3
流量 Q/(L/h)	400	300	250	200	150	100
滤速 v/(m/h)						
出水 pH 值						
出水 c_i/(mmol/L)						
中和效率 $(c_0-c_i)/c_0$						

六、思考题

根据实验结果,说明影响过滤中和法处理效果的因素有哪些。

实验十五 活性污泥性能测定实验

一、实验目的

(1) 测定曝气池活性污泥的工作参数:MLSS、MLVSS、SV、SVI。

(2) 了解 MLSS、MLVSS、SV、SVI 的物理意义及其在污水处理中的指导意义。

二、实验设备

(1) 100 mL 量筒 6 个。

(2) 500 mL 烧杯 6 个。

(3) 秒表 1 块。

(4) 玻璃棒 6 根。

(5) 真空过滤装置 2 套。

(6) 烘箱1台。

(7) 定量滤纸数张。

(8) 马弗炉1台。

(9) 坩埚1个。

(10) 分析天平1台。

(11) 布氏漏斗1个。

三、实验原理

活性污泥性能指标是对活性污泥的评价指标,同时在工程上也是活性污泥法处理系统的设计与运行参数。

1. 混合液中活性污泥微生物量的指标

活性污泥微生物是活性污泥法处理系统的核心。在混合液内保持一定数量的活性污泥微生物是活性污泥法处理系统正常运行的必要条件。活性污泥微生物高度集中在活性污泥上,活性污泥是以活性污泥微生物为主体形成的。因此,以活性污泥在混合液中的浓度表示活性污泥微生物量是适宜的。

在混合液中保持一定浓度的活性污泥,是通过活性污泥在曝气池内的增长以及从二沉池适量的回流和排放而实现的。因此,使用下列两项指标来表示混合液中的活性污泥浓度(量)。

(1) 混合液悬浮固体浓度(MLSS)。

混合液悬浮固体浓度又称混合液污泥浓度,它指在曝气池单位体积混合液内所含有的活性污泥固体物的总质量,即

$$\mathrm{MLSS}=M_a+M_e+M_i+M_{ii} \tag{2-20}$$

式中:MLSS——混合液悬浮固体浓度;

M_a——具有代谢功能活性的微生物;

M_e——微生物自身氧化的残留物;

M_i——由污水带入的并被微生物所吸附的有机物质(含难被细菌降解的惰性有机物);

M_{ii}——由污水带入的无机物。

由于测定方法比较简便易行,此项指标应用较为普遍,但其中既包含 M_e、M_i 这两项非活性物质,也包括 M_{ii}这一项无机物质。因此,这项指标不能精确地表示具有活性的活性污泥量,而表示的是活性污泥的相对值,但它仍是活性污泥法处理系统重要的设计和运行参数。

(2) 混合液挥发性悬浮固体浓度(MLVSS)。

本项指标所表示的是混合液中活性污泥有机固体物质部分的浓度,即

$$\mathrm{MLVSS}=M_a+M_e+M_i \tag{2-21}$$

在表示活性污泥活性部分的数量上,本项指标在精确度方面前进了一步,但只是相对于MLSS而言,在本项指标中还包括 M_e、M_i 等惰性有机物质。因此,MLVSS也不能精确地表示活性污泥微生物量,仍然是活性污泥量的指标值。

MLSS和MLVSS两项指标,虽然在表示混合液生物量方面仍不够精确,但由于测定方法简单易行,且能够在一定程度上表示相对的生物量,因此,广泛地用于活性污泥法处理系统的设计与运行。

2. 活性污泥的沉降性能及其评价指标

活性污泥的沉降要经历絮凝沉降、成层沉降和压缩等过程，最后能够形成浓度很高的浓缩污泥层。

正常的活性污泥在 30 min 内即可完成絮凝沉降和成层沉降过程，并进入压缩阶段。压缩(浓缩)的进程比较缓慢，需时较长。

根据活性污泥在沉降-浓缩方面所具有的上述特性，建立了以活性污泥静置沉降 30 min 为基础的两项指标以表示其沉降-浓缩性能。

(1) 污泥沉降比(SV)。

污泥沉降比又称 30 min 沉降率，它是混合液在量筒内静置 30 min 后所形成沉淀污泥的体积占原混合液体积的比例。

污泥沉降比在一定条件下能够反映曝气池运行过程的活性污泥量，可用以控制、调节剩余污泥的排放量，还能通过它及时地发现污泥膨胀等异常现象的发生。污泥沉降比的测定方法简单易行，是评定活性污泥数量和质量的重要指标，也是活性污泥法处理系统重要的运行参数。

(2) 污泥容积指数(SVI)。

污泥容积指数简称污泥指数，本项指标的物理意义是从曝气池出口处取出的混合液，经过 30 min 静沉后，每克干污泥形成的沉淀污泥所占有的容积，以 mL 计。其计算式为

$$\text{SVI}=\frac{\text{混合液(1 L)30 min 静沉形成的活性污泥所占有的容积(mL)}}{\text{混合液(1 L)中悬浮固体干重(g)}}=\frac{\text{SV (mL/L)}}{\text{MLSS (g/L)}} \tag{2-22}$$

式中：SVI——污泥指数，单位为 mL/g，但习惯上只记数字，而把单位略去。

SVI 值能够反映活性污泥的凝聚、沉降性能，对生活污水及城市污水，此值以 70～100 为宜。SVI 值过低，说明泥粒细小，无机质含量高，缺乏活性；SVI 值过高，说明污泥的沉降性能不好，并且已有产生污泥膨胀的可能性。

在本实验中，各项活性污泥性能参数可通过以下公式求得：

$$\text{MLSS}=\frac{m_2-m_1}{V} \tag{2-23}$$

式中：m_1——滤纸的净重，mg；

m_2——滤纸及截留悬浮物固体的质量之和，mg；

V——水样体积，L。

$$\text{MLVSS}=\frac{(m_2-m_1)-(m_4-m_3)}{V} \tag{2-24}$$

式中：m_3——坩埚质量，mg；

m_4——坩埚与无机物总质量，mg；

其余同上式。

四、实验步骤

1. SV 的测定

自曝气池中取来混合液，于 2 个 100 mL 量筒各倒入 100 mL，静置沉淀 30 min，记录沉淀污泥体积。

2. MLSS 的测定

(1) 取定量滤纸一张，放入烘箱烘至恒重，称重(m_1)并记录于表 2-19 中。

(2) 将称重后的滤纸小心地铺于布氏漏斗内，并将滤纸同周围用蒸馏水润湿，以防漏气。

(3) 将测定 SV 的 100 mL 量筒内的液体徐徐倒入漏斗内，启动真空泵，抽滤。为了使活性污泥全部转移到漏斗内，量筒至少用蒸馏水冲洗 2 次(注意：蒸馏水不宜过多)。

(4) 抽滤后，将载有混合液悬浮物的滤纸小心地拿出，放入烘箱烘至恒重(m_2)，并记录于表 2-19 中。

3. MLVSS 的测定

(1) 将上述载有混合液悬浮物且烘干了的滤纸，放入已知质量(m_3)的坩埚内，并一同置入马弗炉内焙烧。

(2) 待有机物全部燃烧挥发后，将坩埚取出冷却后称量(m_4)。

五、实验数据整理

记录实验数据并进行数据计算(表 2-21)。

表 2-21　活性污泥性能测定表

实验号	m_1 /mg	m_2 /mg	(m_2-m_1) /mg	m_3 /mg	m_4 /mg	(m_4-m_3) /mg	SV /(%)	MLSS /(mg/L)	MLVSS /(mg/L)	SVI /(mL/g)
1										
2										
平均值										

实验十六　生物转盘实验

一、实验目的

(1) 通过生物转盘模拟实验，了解盘片、氧化槽、转动轴和驱动装置等各部分的构造及整套设备的工作情况。

(2) 进一步了解生物转盘运行的影响因素，加深对其构造和工作原理的认识。

(3) 熟悉生物转盘的运行操作方法。

(4) 通过配制模拟有机废水，对 3 组不同材质的生物转盘进行串联、并联运行，对比分析挂膜、脱膜情况；对进、出水进行检测，对比分析去除效果。

二、实验材料与仪器

(1) 葡萄糖。

(2) 模拟有机废水。

(3) 接种活性污泥。

(4) 生化培养箱。

(5) COD 快速测定仪。

(6) 可见光分光光度计。

(7) 水泵机组。

(8) 烧杯、量筒、移液管、洗耳球。

三、实验装置

生物转盘工艺流程如图 2-9 所示。

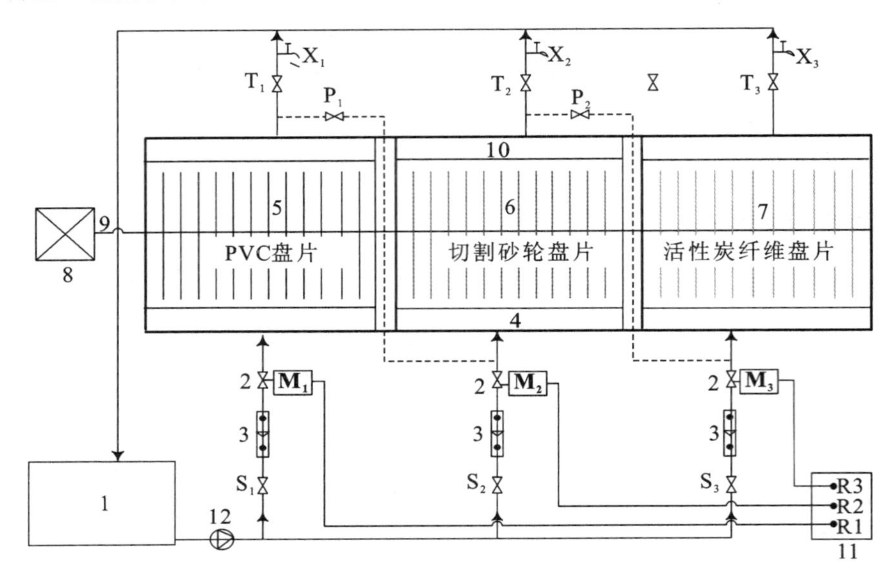

图 2-9　生物转盘装置

1—储水池;2—电磁阀;3—转子流量计;4—进水槽;5—PVC 盘片;6—切割砂轮盘片;7—活性炭纤维盘片;8—电机;9—转轴;10—出水槽;11—PLC 控制柜;12—提升泵

根据转盘和盘片的布置形式,生物转盘可分为单轴单级式、单轴多级式和多轴多级式,级数多少主要取决于污水水量与水质、处理水应达到的处理程度和现场条件等。

本实验装置为单轴三级生物转盘。生物转盘主体由盘片、转轴和氧化槽三部分组成。盘片串联成组,形成盘体,中心贯以转轴,两端固定在氧化槽边的支座上,盘片面积有 40%～50%浸没在氧化槽内的污水中,由电机经过变速箱驱动缓慢旋转(0.8～3 r/min),使盘片交替地吸附污水中的有机物和吸收空气中的氧,从而净化污水。

氧化槽为半圆形断面,与盘片形状吻合,盘片与槽面至少相距 15 mm,槽底设排泥、放空阀门,槽两侧设齿形溢流堰。级间设导流槽。

装置组成的说明如下。

1. 盘片

盘片的形状为圆形,盘片材料采用 3 种材料。一级转盘盘片材料为 PVC 材质,盘片厚度为 2.5 mm,直径为 350 mm,盘片个数为 12。二级转盘盘片材料为切割砂轮,盘片厚度为 3.0 mm,直径为 350 mm,盘片个数为 12。三级转盘盘片材料为活性炭纤维,盘片厚度为 4.0 mm,直径为 350 mm,盘片个数为 11。盘片之间的安装间隙为 20 mm。

2. 转轴与驱动装置

转轴直径为 30 mm，材质为塑料。转盘的转速为 0～3 r/min，线速度为 15～18 m/min。驱动装置采用 A02-5614 型单相异步电机，为调速电机，调速范围为 0～15 r/min。

3. 氧化槽

氧化槽的横断面呈半圆形，槽内水位达到转盘直径的 45%，转盘外缘与槽壁的间距为 20 mm，材质为 PVC。设置 3 个半圆形氧化槽，氧化槽直径为 390 mm。

4. 配水箱

配水箱形状为长方体，规格为 700 mm×480 mm×330 mm。

四、实验原理

生物转盘盘片浸没于污水中时，污水中的有机物被盘片上的生物膜吸附，当盘片离开污水时，盘片表面形成薄薄一层水膜。水膜从空气中吸收氧气，同时生物膜分解被吸附的有机物。这样，盘片每转动一圈，即进行一次吸附—吸氧—氧化分解过程。盘片不断转动，污水得到净化，同时盘片上的生物膜不断生长、增厚。老化的生物膜靠盘片旋转时产生的剪力脱落下来，生物膜得到更新。

五、实验步骤

（一）PVC＋切割砂轮＋活性炭纤维三级串联生物转盘实验

1. 一级 PVC 生物转盘

打开 S_1、P_1、P_2 阀门，关闭 S_2、S_3 和 T_1、T_2、T_3 阀门。启动电机(8)，带动生物转盘盘片随中心轴转动，启动提升泵(12)，同时启动 PLC 控制柜中的按钮 R_1，打开电磁阀门 M_1，调节转子流量计(3)，污水进入 PVC 盘片氧化槽，在通过一级 PVC 生物转盘反应器过程中，盘片开始挂膜，生物膜与大气和污水轮替接触，浸没时吸附污水中的有机物，敞露时吸收大气中的氧气。转盘的转动，带进空气，并引起水槽内污水紊动，使槽内污水的溶解氧均匀分布，同时污水中的有机物被生物膜上附着的微生物有效分解。

2. 二级切割砂轮生物转盘

一级 PVC 生物转盘出水通过出水槽汇集后，通过 P_1 阀门和二级生物转盘进水槽进入切割砂轮盘片二级生物氧化槽，通过切割砂轮盘片上附着的微生物的新陈代谢作用进一步降解污水中的有机污染物质。

3. 三级活性炭纤维生物转盘

二级切割砂轮生物转盘出水通过出水槽汇集后，通过 P_2 阀门和三级生物转盘进水槽进入活性炭纤维生物转盘氧化槽，通过活性炭纤维盘片上附着的微生物的新陈代谢作用进一步降解污水中的有机污染物质。

实验过程中可不断地改变进水浓度(ρ_{s0})、进水水量(q_0)。测定进水 BOD_5、COD_{Cr}。从取样口 X_3 取样，测定出水 BOD_5、COD_{Cr}、TN、TP(ρ_{se})，计算各水质指标的去除率。将实验数据填写在表 2-22 中。

待实验结束后，打开氧化槽底部排水阀即可排泥、排水或放空。

（二）PVC＋切割砂轮＋活性炭纤维转盘并联实验

打开阀门 S_1、S_2、S_3，关闭阀门 P_1、P_2，启动电机(8)，带动生物转盘盘片随中心轴转动，启动提升泵(12),同时启动 PLC 控制柜中的按钮 R_1、R_2、R_3,打开电磁阀门 M_1、M_2、M_3,调节转子流量计(3),污水分别独立进入 PVC、切割砂轮、活性炭纤维生物盘片污水处理槽中,通过生物转盘生物膜上附着的微生物降解污水中的有机污染物质,污水得到净化,出水通过三角溢流堰排至出水槽,经出水管排至储水箱。

实验过程中,分别同时从 PVC、切割砂轮、活性炭纤维生物转盘反应器取样口 X_1、X_2、X_3 取样,测定出水中 BOD_5、COD_{Cr}、TN、TP,比较三种材质盘片污水处理净化效果的优劣。将实验数据填写在表 2-23 中。

待实验结束后,打开氧化槽底部排水阀即可排泥、排水或放空。

(三) PVC+切割砂轮与二级串联生物转盘实验

关闭阀门 S_2、S_3、P_2、T_1,启动电机(8),带动生物转盘盘片随中心轴转动,启动提升泵(12),同时启动 PLC 控制柜中的按钮 R_1,打开电磁阀门 M_1,调节转子流量计(3),污水进入一级 PVC 生物转盘氧化槽中,通过生物转盘生物膜上附着的微生物降解污水中的有机污染物质,出水经阀门 P_1 和进水槽进入二级切割砂轮转盘氧化槽,通过切割砂轮盘片上附着的微生物的新陈代谢作用进一步降解污水中的有机污染物质。污水得到净化,经出水管排至储水箱。

实验过程中,从二级切割砂轮生物转盘反应器取样口 X_2 取样,测定出水中 BOD_5、COD_{Cr}、TN、TP,比较 PVC+切割砂轮二级串联运行污水处理净化效果的优劣。将实验数据填写在表 2-24 中。

待实验结束后,打开氧化槽底部排水阀即可排泥、排水或放空。

(四) 切割砂轮+活性炭纤维二级串联生物转盘实验

关闭阀门 S_1、S_3、T_2、P_1,打开阀门 S_2,启动电机(8),带动生物转盘盘片随中心轴转动,启动提升泵(12),同时启动 PLC 控制柜中的按钮 R_2,打开电磁阀门 M_2,调节转子流量计(3),污水进入切割砂轮生物转盘氧化槽中,通过生物转盘生物膜上附着的微生物降解污水中的有机污染物质,出水经阀门 P_2 和进水槽进入活性炭纤维转盘氧化槽,通过活性炭纤维盘片上附着的微生物的新陈代谢作用进一步降解污水中的有机污染物质。污水得到净化,经出水管排至储水箱。

实验过程中,从活性炭纤维生物转盘反应器取样口 X_3 取样,测定出水 BOD_5、COD_{Cr}、TN、TP,测定切割砂轮+活性炭纤维串联运行污水处理效果的优劣。将实验数据填写在表 2-25 中。

待实验结束后,打开氧化槽底部排水阀即可排泥、排水或放空。

六、实验数据整理

(1) 填写数据,根据表 2-22 实验结果,以时间为横坐标,BOD_5、COD_{Cr}、TN、TP 的去除率为纵坐标,绘制有机物去除率随时间的变化曲线,定性描述 PVC+切割砂轮+活性炭纤维三级串联生物转盘工艺的挂膜情况,定量评价去除有机物的效果。

表 2-22 PVC+切割砂轮+活性炭纤维三级串联生物转盘实验数据

项　　目	ρ_{s0}	ρ_{se}	$\eta_{去除率}$
BOD_5			
COD_{Cr}			
TN			
TP			

(2) 填写数据，根据表 2-23 实验结果，以时间为横坐标，BOD_5、COD_{Cr}、TN、TP 的去除率为纵坐标，绘制 PVC＋切割砂轮＋活性炭纤维转盘并联工艺有机物去除率随时间的变化曲线，对比三种盘片材料去除有机物的效果。

表 2-23　PVC＋切割砂轮＋活性炭纤维转盘并联实验数据

项　　目	PVC 转盘			切割砂轮转盘			活性炭纤维转盘		
	ρ_{s0}	ρ_{se}	$\eta_{去除率}$	ρ_{s0}	ρ_{se}	$\eta_{去除率}$	ρ_{s0}	ρ_{se}	$\eta_{去除率}$
BOD_5									
COD_{Cr}									
TN									
TP									

(3) 填写数据，根据表 2-24 实验结果，以时间为横坐标，BOD_5、COD_{Cr}、TN、TP 的去除率为纵坐标，绘制有机物去除率随时间的变化曲线，评价 PVC＋切割砂轮二级串联生物转盘工艺去除有机物的性能。

表 2-24　PVC＋切割砂轮二级串联生物转盘实验数据

项　　目	ρ_{s0}	ρ_{se}	$\eta_{去除率}$
BOD_5			
COD_{Cr}			
TN			
TP			

(4) 填写数据，根据表 2-25 实验结果，以时间为横坐标，BOD_5、COD_{Cr}、TN、TP 的去除率为纵坐标，绘制有机物去除率随时间的变化曲线，评价切割砂轮＋活性炭纤维二级串联生物转盘工艺去除有机物的性能。

表 2-25　切割砂轮＋活性炭纤维二级串联生物转盘实验数据

项　　目	ρ_{s0}	ρ_{se}	$\eta_{去除率}$
BOD_5			
COD_{Cr}			
TN			
TP			

(5) 通过配制模拟有机废水，对 3 组不同材质的生物转盘进行串联、并联运行，对比分析挂膜、脱膜情况。

七、思考题

(1) 影响生物转盘处理效率的因素有哪些？它们是如何影响处理效果的？

(2) 生物转盘的结构由哪些部分组成？

实验十七　纳滤和反渗透及水质在线监测实验

一、实验目的

(1) 了解膜处理系统的构造。

(2) 通过实验观察，加深对膜滤处理系统的特点和运行规律的认识。

(3) 了解水质在线监测装置。

二、实验设备

膜过滤系统一般由料液泵、料液槽和膜组件构成，可以单级和多级运行。

三、实验原理

膜过滤以选择性透过膜为分离介质，在其两侧施加某种推动力，使原料侧组分选择性地透过膜，从而达到分离或提纯的目的。这种推动力可以是压力差、温度差、浓度差或电位差。其中以压力差为推动力的工艺主要有微滤、超滤、纳滤、反渗透等。这些过滤技术主要去除水中的大分子、小分子和离子，去除能力随压力差的升高而增大。

微滤和超滤都是在压力差作用下进行的筛孔分离过程。微滤属于精密过滤，可滤除粒径为 0.01～10 μm 的微粒。而超滤的分离效果是分子级的，它可截留溶液中溶解的大分子溶质。微滤和超滤都是在静压差作用下进行的液相分离过程。从原理上说并没有本质上的差别，同为筛孔分离过程。微滤和超滤的工作原理：在一定的压力差作用下，原料液中水和小的溶质粒子从高压侧透过膜到低压侧，产生透过液，而原料液中大粒子组分被膜截留，使剩余滤液中的浓度增大成为浓缩液。通常，能截留相对分子质量为 500～500 000 的分子的膜分离过程称为超滤，只能截留更大分子的膜分离过程称为微滤。

反渗透和纳滤用于将低相对分子质量的溶质(如无机盐、葡萄糖、蔗糖等)从溶剂中分离出来。反渗透的原理是用一定的高于渗透压的压力使溶液中的溶剂通过反渗透膜(半透膜)分离出来。由于其和自然渗透的方向相反，故称反渗透。根据各种物料的不同渗透压，就可以使用反渗透法达到分离、提取、纯化和浓缩的目的。纳滤和反渗透的分离原理是相同的，其差别在于分离溶质的大小不同，反渗透需要使用流体阻力大的较致密性膜，因而需要较高的压力；纳滤所需的压力则介于反渗透与超滤之间，其膜孔径在纳米级范围内，有时也称纳滤膜为低压反渗透膜。

在本实验中，在线监测膜处理过程中水的电导率、溶解氧以及氧化还原电位(ORP)，观察水质变化。

四、实验步骤

(1) 首先打开供水阀，启动原水泵。

(2) 泵后节流阀开启 1/3,浓水阀完全打开。

(3) 待原水压力升至 2×10^5 Pa 时,将电源开关打到“on”位,原水泵开关打到“自动”位,冲洗开关打到“自动”位,RO 开关打到“运行”位。

(4) 开启高压泵开关。

(5) 调节反渗透进水流量,记录不同流量下的出水水质。

(6) 实验完毕,依次关闭高压泵、原水泵,观察各压力表读数是否为零。

五、实验数据整理

记录实验数据(表 2-26)。

表 2-26　实验数据整理记录表

项　目		pH 值	电导率/(S/m)	DO 值/(mg/L)	ORP 值/mV
原水					
出水	出水量：　L/s				
	出水量：　L/s				
	出水量：　L/s				

六、思考题

(1) 膜污染和恶化的预防方法有哪些?

(2) 膜法水处理中膜组件的形式有哪些?

实验十八　污泥比阻测定实验

一、实验目的

(1) 掌握用布氏漏斗测定比阻的实验方法。

(2) 掌握污泥加药调理时选择混凝剂和确定最佳投加量的实验方法。

二、实验装置与设备

1. 实验装置

实验装置由真空泵、吸滤筒、计量筒、抽气接管、布氏漏斗等组成。如图 2-10 所示。

2. 实验设备

(1) 具塞玻璃量筒:100 mL,1 个。

(2) 称量瓶:ϕ60 mm×30 mm,12 个。

(3) 电子分析天平:1 台。

(4) 烘箱:1 台。

(5) 定量中速滤纸:ϕ7 cm,6 张。

(6) 干燥器:1 只。

(7) 布氏漏斗:ϕ80 mm,1 个。

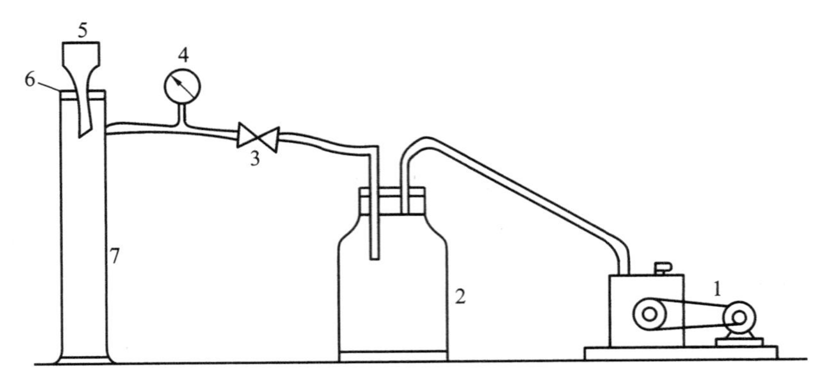

图 2-10　污泥比阻测定实验装置

1—真空泵；2—吸滤筒；3—真空调节阀；4—真空表；5—布氏漏斗；6—吸滤垫；7—计量筒

(8) 真空泵：RS-1A，1 台。

(9) 吸滤筒：用有机玻璃自制，ϕ150 mm×250 mm，1 只。

(10) 计量筒：ϕ150 mm，1 个。

(11) 秒表：1 块。

三、实验原理

污泥脱水是将流态的原生污泥或浓缩、消化后污泥脱除水分，转化为半固态或固态泥块的一种污泥处理方法，也是我国污水处理厂现行的减量化处置中最常用的方法。经过脱水处理，污泥含水率降低至一定水平，再进入后续流程进行处置。

一般来说，污泥脱水以过滤介质两面产生的压力差作为推动力，使水分强制通过过滤介质，将固体颗粒截留在介质上，从而达到脱水的目的。造成压力差的方法有以下四种。

(1) 依靠污泥本身厚度的静压力。

(2) 过滤介质的一面形成负压。

(3) 加压污泥把水分压过过滤介质。

(4) 以离心力作为推动力。

根据推动力在脱水过程中的演变，过滤可分为定压过滤与恒压过滤两种。前者在过滤过程中压力保持不变，后者在过滤过程中滤速保持不变。本实验是用抽真空的方法造成压力差，并用调节阀调节压力，使整个实验过程中压力差恒定。在压力一定的前提下，影响污泥脱水性能的因素有污泥的性质、污泥的浓度、污泥和滤液的黏滞度、混凝剂的种类和投加量等。

污泥比阻是表示污泥脱水性能的综合性指标。污泥比阻是单位过滤面积上，单位干重滤饼所具有的阻力，在数值上等于黏滞度为 1 时，滤液通过单位质量泥饼产生单位滤液流率所需要的压力差。污泥比阻越大，脱水性能越差；反之，脱水性能越好。在污泥中加入混凝剂、助滤剂等化学药剂，可使比阻降低，脱水性能改善。一般认为比阻在 10^{12}～10^{13} cm/g 的污泥属于难过滤的污泥，比阻小于 4.0×10^{11} cm/g 的污泥属于容易过滤污泥，而比阻在$(5.0～9.0)\times10^{11}$ cm/g 的污泥过滤脱水时属于中等难度。

污泥比阻(α)的计算公式：

$$\alpha=\frac{2pF^{2}}{\mu}\cdot\frac{b}{C} \tag{2-25}$$

式中：p——过滤压力，Pa；

F——过滤面积，m^2；

μ——滤液黏度，Pa·s；

C——单位体积的滤液在过滤介质上截留的滤饼干固体质量，g/mL。

式(2-25)中的 C 值(g/mL)可采用下式计算：

$$C=\frac{1}{\dfrac{100-C_i}{C_i}-\dfrac{100-C_f}{C_f}} \tag{2-26}$$

式中：C_i——100 g 污泥中的干污泥量；

C_f——100 g 滤饼中的干污泥量。

例如，污泥含水率为 97.7%，滤饼含水率为 80%时，有

$$C=\frac{1}{\dfrac{100-2.3}{2.3}-\dfrac{100-20}{20}}=\frac{1}{38.48}=0.026\ 0\ (\text{g/mL}) \tag{2-27}$$

式(2-25)中 b 的求法：

$$b=\frac{t/V}{V}=\frac{2\mu C\alpha}{2PF^{2}}$$

式中：t——过滤时间，s；

V——滤液体积，mL。

可在定压下(真空度保持不变)，通过测定一系列的 t/V-V 数据，用图解法求斜率(图 2-11)，计算式为

$$b=\frac{n}{m}=\tan\theta$$

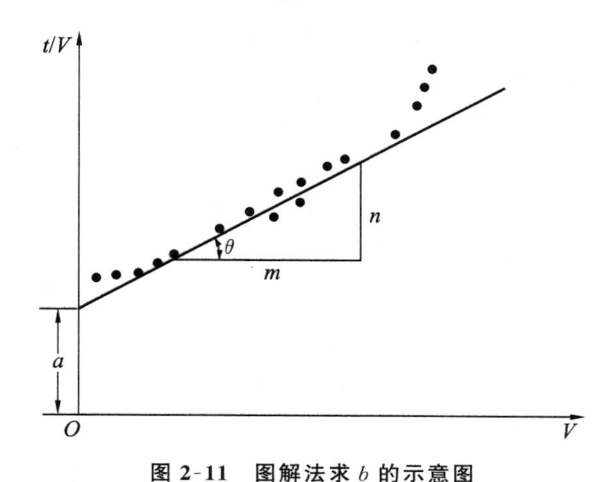

图 2-11　图解法求 b 的示意图

四、实验步骤

(1) 测定污泥含水率，计算污泥固体浓度。

(2) 配制 $FeCl_3$ 混凝剂溶液(10 g/L)。

(3) 在布氏漏斗上放置滤纸,用水润湿,贴紧周边和底部。记录滤纸编号,计算对照质量。

(4) 开动真空泵,调节真空压力,比实验压力约小 1/3(可取 0.02 MPa),抽紧滤纸约 1 min。关掉真空泵。

(5) 加入 100 mL 污泥于布氏漏斗中,开动真空泵,调节真空压力至实验压力(可取 0.04～0.05 MPa);达到此压力后,启动秒表,并记下开动时计量筒内的滤液体积 V_0。

(6) 每隔一定时间(开始过滤时可每隔 10 s 或 15 s,滤速减慢后可隔 30 s 或 60 s)记下计量筒内相应的滤液量。

(7) 一直过滤至真空破坏,如真空长时间不破坏,则过滤 30～40 min 后即可停止。

(8) 关闭阀门,取下滤饼放入称量瓶内称量。

(9) 将称量后的滤饼放入烘箱,在 105 ℃的温度下烘干,称重。

(10) 计算出滤饼的含水率,求出单位体积滤液的固体量 C。

(11) 另取污泥 100 mL,加一定量配制好的 $FeCl_3$ 混凝剂溶液,重复实验步骤(2)至(9)。

五、实验数据整理

(1) 测定并记录实验基本参数。

实验日期:________年____月____日

实验真空度:________ MPa

污泥固体浓度:________ g/L

称量瓶的质量:1 号________ g;2 号________ g;3 号________ g;4 号________ g;5 号________ g;6 号________ g

滤纸规格:ϕ7 cm

加 $FeCl_3$________ mg/L,湿泥饼+称量瓶(　　)号=(　　　　)

烘干后:干泥饼+称量瓶(　　)号=(　　　　)

加 $FeCl_3$________ mg/L,湿泥饼+称量瓶(　　)号=(　　　　)

烘干后:干泥饼+称量瓶(　　)号=(　　　　)

加 $FeCl_3$________ mg/L,湿泥饼+称量瓶(　　)号=(　　　　)

烘干后:干泥饼+称量瓶(　　)号=(　　　　)

加 $FeCl_3$________ mg/L,湿泥饼+称量瓶(　　)号=(　　　　)

烘干后:干泥饼+称量瓶(　　)号=(　　　　)

加 $FeCl_3$________ mg/L,湿泥饼+称量瓶(　　)号=(　　　　)

烘干后:干泥饼+称量瓶(　　)号=(　　　　)

加 $FeCl_3$________ mg/L,湿泥饼+称量瓶(　　)号=(　　　　)

烘干后:干泥饼+称量瓶(　　)号=(　　　　)

(2) 根据实验测定的滤液温度 T(℃)计算滤液黏度 μ(Pa·s):

$$\mu=\frac{0.001\ 78}{1+0.033\ 7T+0.000\ 221T^2} \tag{2-28}$$

(3) 将实验测得数据按表 2-27 进行记录并计算。

表 2-27　实验记录表

$FeCl_3$ 投加量/mL	时间 t/s	计量筒滤液量 V'/mL	滤液量 $V(V=V'-V_0)$/mL	$\frac{t}{V}$/(s/mL)	备　注

续表

$FeCl_3$ 投加量/mL	时间 t/s	计量筒滤液量 V'/mL	滤液量 $V(V=V'-V_0)$/mL	$\frac{t}{V}$/(s/mL)	备　注

(4) 以 t/V 为纵坐标，V 为横坐标作图，求 b。

(5) 确定 $FeCl_3$ 的最佳投加量(表 2-28)。

表 2-28　$FeCl_3$ 投加量对污泥脱水性能的影响

$FeCl_3$ 投加量/mL						
污泥比阻/(cm/g)						
污泥含水率/(%)						

六、注意事项

(1) 打开干燥器盖子时，应用手推或拉，不能用手往上拎。

(2) 污泥过滤时，不可让污泥溢出纸边。

(3) 用电子天平称重时要随时关门，称重时要轻拿轻放。

七、思考题

(1) 污泥调理过程中，影响污泥脱水性能的因素有哪些？

(2) 查询资料，说出：污水处理厂调整污泥比阻时常用的药剂有哪些？各自的特点是什么？

第三章　水处理综合设计实验

第一节　给水处理综合设计实验

一、实验目的

(1) 掌握给水处理的物理、化学等处理方法的基本原理，掌握各种水质指标的检测方法和手段。

(2) 针对不同原水水质特点选择不同的工艺组合形式，设计给水综合实验。

(3) 熟悉各种给水处理工艺流程的运行和操作过程以及水处理的各种设备、材料、仪器、仪表及自动化控制系统。

(4) 了解各种处理工艺的处理效果。

二、实验装置

现以华中科技大学水处理综合创新实验平台的给水处理实验装置为例进行简介。给水处理实验装置分为两个部分，即常规处理工艺装置和深度处理工艺装置。

(1) 常规处理工艺装置。① 原水箱两个，并设置两台小型清水泵。② 混凝工艺装置。采用涡流絮凝池和折板絮凝池，设置了配药箱、隔膜变频计量泵自动投药装置以及管式静态混合器。③ 沉淀装置。采用斜管沉淀池、平流沉淀池和侧向流斜板沉淀池，平流沉淀池设置了机械刮泥装置。④ 过滤工艺装置。采用 V 型滤池和翻板滤池，设置了超声波液位计、电动阀、鼓风机和反冲洗水泵等装置。

(2) 深度处理工艺装置。采用粒状活性炭过滤柱，利用活性炭吸附去除水中有机物及色、臭、味等。

以上所有实验装置采用有机玻璃制造，处理水量为 5 m^3/d，各工艺单元均采用电磁阀和 PLC 控制柜来实现计算机自动控制运行，也可以手动运行。给水处理系统如图 3-1 所示。

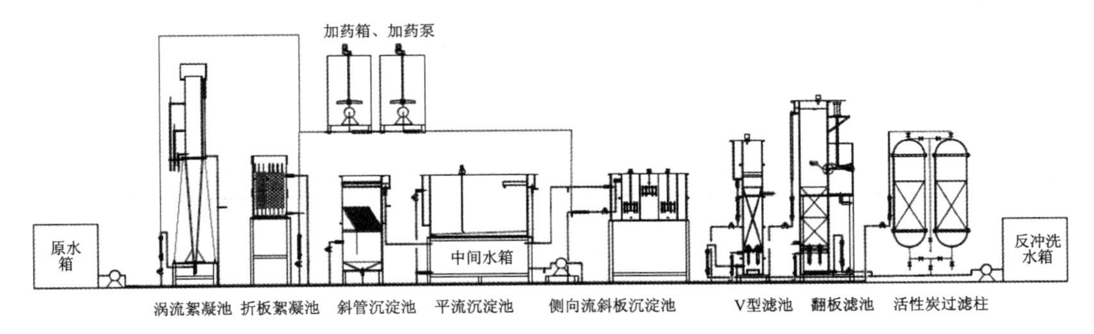

图 3-1　给水处理系统

实验设计时要根据原水水质情况，综合各方面因素来选择合适的处理工艺方案，并选取所需要的处理构筑物实验装置。因此，图 3-1 中的单体处理构筑物实验装置并不是都会被用到。

三、实验原理

针对某种原水水质，通过物理的、化学的或者生物的方法提出处理工艺方案，利用实验室的各种单体处理构筑物，通过管道和阀门连接及水泵提升，将单体处理构筑物串联起来组成处理流程，模拟给水厂进行饮用水处理或回用水处理，并达到不同用水水质标准。

四、实验过程

(1) 针对某种原水水质及用水水质标准，提出处理工艺方案。

(2) 方案确定后进行管道、阀门、水泵、构筑物连接，形成完整的工艺流程。

(3) 进水调试，保证不漏水、阀门开启正常、设备开启熟练。

(4) 通水进行实验。

(5) 实验装置正常运行后，检测进、出水水质，观察实验效果。

五、实验步骤

(1) 检查处理工艺流程正常与否。

(2) 系统正常后，打开给水总进水阀门。

(3) 按照各处理构筑物的操作要求进行阀门开启、加药、排泥、反冲洗等操作。

(4) 定期记录实验各个阶段出现的问题及解决措施。

(5) 检测原水和各处理构筑物出水的常用水质指标(包括浊度、色度、温度、pH 值等)。

(6) 整理实验结果并填表。

六、实验数据整理

填写实验记录表(表 3-1)。

表 3-1　实验数据整理记录表

水质指标	时间 t/h					去除率/(%)
	0.5	1.0	1.5	2.0	2.5	
浊度						
色度						
温度						
pH 值						

七、思考题

(1) 比较各种处理工艺的处理效果。

(2) 总结运行中存在的问题及解决措施。

实验一　涡流、折板絮凝池实验

一、实验目的

（1）掌握涡流絮凝池和折板絮凝池实验操作方法，观测进、出水中絮体的形成及变化情况。

（2）测定涡流絮凝池和折板絮凝池进、出水的水质指标，分析絮凝效果。

二、实验设备

（1）涡流絮凝池、折板絮凝池。

（2）浊度仪。

（3）计量泵。

（4）250 mL 烧杯、1 000 mL 烧杯、温度计等。

涡流絮凝池实验装置如图 3-2 所示，折板絮凝池实验装置如图 3-3 所示。

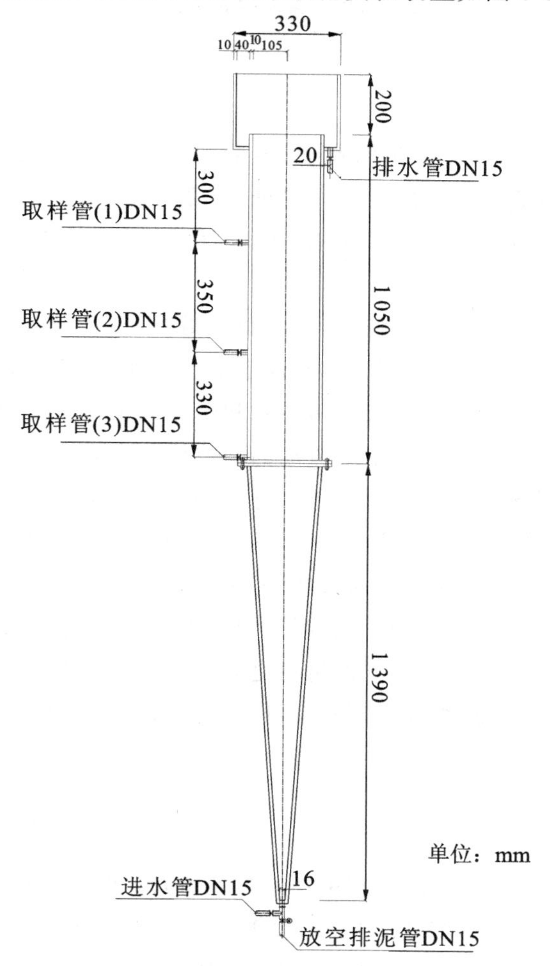

图 3-2　涡流絮凝池实验装置示意图

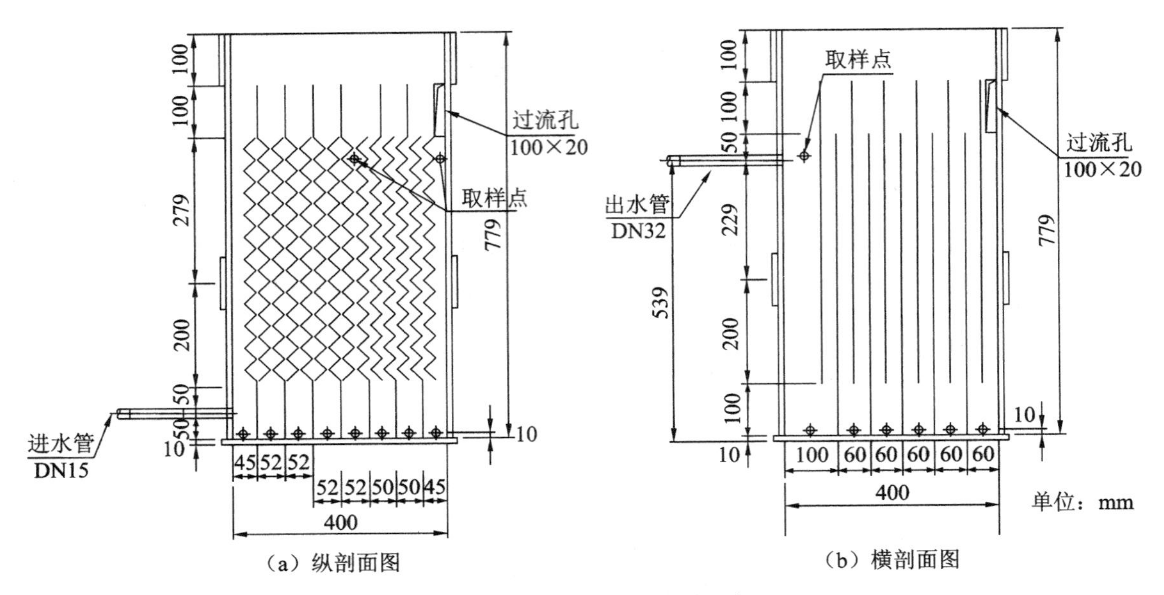

图 3-3 折板絮凝池实验装置示意图

三、实验原理

水从涡流絮凝池下部进入向上扩散流动，随着锥体横截面积逐渐变大，流速逐渐减小，形成涡流，这种水流状态适合絮体的生长。另外，由于池子上部已经聚集了较大的絮体，当水流自下而上流动通过它们时，那些尚未被吸附的细小颗粒易被吸附，从而起到接触絮凝的作用。

涡流絮凝池絮凝时间短，容积小，便于布置，造价低，但池体较深，絮凝效果较差。它适用于处理水量小于 1 000 m^3/h 的处理厂。一般合建于竖流沉淀池中，很少单独使用。

折板絮凝池通常采用竖流式。折板按照波峰和波谷的相对安装和平行安装又可以分成异波折板和同波折板。按水流在折板间上下流动的间隙数可分为单通道式和多通道式。折板絮凝池主要运用折板的缩放或转弯造成的边界层分离而产生的附壁紊流耗能方式，在絮凝池内按沿程保持横向均匀、纵向分散的方式输入微量而足够的能量，有效地提高输入能量利用率和混凝设备容积利用率，增加液流相对运动，以缩短絮凝时间，提高絮体沉降性能。

折板絮凝池是水力搅拌式高效絮凝装置的一种，能较好地适应原水浊度变化和低温低浊的条件。折板絮凝池的优点是水流在同波折板之间曲折流动或在异波折板之间连续不断地缩放流动形成众多的小涡旋，从而提高了原水中颗粒碰撞絮凝的效果。目前，折板絮凝工艺已成为国内给水厂常用的絮凝工艺形式。

四、实验步骤

原水通过提升泵输入池中，在此过程中加入絮凝剂，原水在池中通过水力搅拌进行絮凝，逐渐形成粗大絮体，然后进入沉淀池沉淀。本实验主要研究原水进入絮凝池后的絮凝效果。

(1) 配制所需原水(浊度为 100～200 NTU)，测定原水浊度。启动进水泵，让原水进入絮凝池。

（2）在投药箱中配制好混凝剂，根据原水浊度确定投药量。启动加药泵，向絮凝池进水管中投加混凝剂。

（3）观察实验设备运行状况和絮体形成情况。待实验设备稳定运行后，检测进水浊度。

（4）实验设备稳定运行 20 min 后分别在絮凝池的前段、中段、末段以及出口处的取样管取样。待水样在烧杯静沉 15 min 后，取上清液检测浊度。

（5）调节不同投药量（或者进水流量）重复步骤（3）（4），并记录实验数据。

（6）关闭进水泵、计量泵和进水阀，放空实验装置内的水，整理实验仪器。

五、实验数据整理

（1）填写实验记录表（表 3-2）。

表 3-2　涡流、折板絮凝池运行数据记录表

进水流量：________　原水水温：________　原水浊度：________

混凝剂品种和浓度：________　实验设备体积：________

实验号	1	2	3	4	5	6
混凝剂投加量/(mg/L)						
絮凝池进水浊度/NTU						
前段取样上清液浊度/NTU						
中段取样上清液浊度/NTU						
后段取样上清液浊度/NTU						
絮凝池出水浊度/NTU						

（2）以投药量为横坐标，去除率为纵坐标，绘制曲线，分析投药量对涡流、折板絮凝池的去除效果的影响。

六、自主设计实验方案建议

（1）针对不同水质，采用不同种类絮凝剂及不同絮凝剂投加量做对比实验，研究絮凝池最佳工况。

（2）研究涡流絮凝池实验中增加填料对絮凝反应器的影响。

（3）结合水处理综合创新实验平台上后续水处理实验装置设计不同组合工艺实验，如涡流絮凝-斜管沉淀池综合实验、涡流絮凝-平流沉淀池综合实验、折板絮凝-斜管沉淀池综合实验、折板絮凝-平流沉淀池综合实验等。

七、思考题

（1）利用已知尺寸与水量计算反应器容积 V 和平均速度梯度 G 及 GT 值。

（2）反应器 GT 值对絮体形成有何影响？

（3）如何控制反应器的 GT 值？

（4）低温低浊与高温高浊时絮凝池的运行工况应如何调整？

实验二　机械絮凝-侧向流斜板沉淀池实验

一、实验目的

(1) 掌握机械絮凝-侧向流斜板沉淀池的工作原理和操作方法。

(2) 检测机械絮凝-侧向流斜板沉淀池的进、出水水质指标,分析絮凝沉淀效果。

二、实验设备

(1) 浊度仪 1 台。

(2) 250 mL 烧杯 6 个。

(3) 1 000 mL 烧杯、温度计、移液管、卷尺、秒表、玻璃棒等。

机械絮凝-侧向流斜板沉淀池实验装置示意图如图 3-4 所示。

三、实验原理

机械搅拌絮凝池通过电机经减速装置驱动搅拌器对水进行搅拌,使水中颗粒相互碰撞,发生絮凝。搅拌器大多采用旋转式,常见的搅拌器有桨板式和叶轮式,桨板式较为常用。搅拌器根据搅拌轴的安装位置,分为水平轴式和垂直轴式。前者通常用于大型水厂,后者一般用于中小型水厂。机械絮凝池一般分格串联使用,这样可以提高絮凝效果,沿着水流方向,各格的搅拌强度递减,促进絮体生成的同时避免粗大絮体被打碎。

斜板沉淀池是根据浅池理论发展而来的,是一种在沉淀池内设置许多间距较小的平行的倾斜薄板的沉淀池,由于斜板的放入,沉淀池水力半径大大减小,从而提高弗劳德数,降低雷诺数,提高沉淀池内水流的稳定性,提高沉淀效果,具有沉淀效率高、容积小和占地面积小的特点。按照水流方向和沉泥下滑方向的关系,分为同向流、异向流和侧向流。同向流或异向流沉淀时,水流动力对悬浮颗粒所受重力都有较大影响,而侧向流的水流方向与沉泥下滑方向相互垂直,对下滑影响较小,可获得较为理想的沉淀效果。

四、实验步骤

(1) 配制所需原水(浊度为 100～200 NTU),测定原水浊度。

(2) 三格机械絮凝池分别按照高、中、低三挡设置搅拌机转速。

(3) 启动进水泵,打开进水阀,开始运行实验装置。

(4) 待机械絮凝池充满水后,启动搅拌装置,按设定搅拌强度运行。

(5) 启动加药泵,向絮凝池进水管中投加混凝剂,观察装置运行状况与矾花形成情况,确定投药量。

(6) 待实验装置稳定运行后检测进水浊度,经 20 min 后开始取样,分别检测絮凝池出水静置 15 min 后的上清液浊度和沉淀池出水浊度,每隔 10 min 检测一组水样,连续检测 5 组。

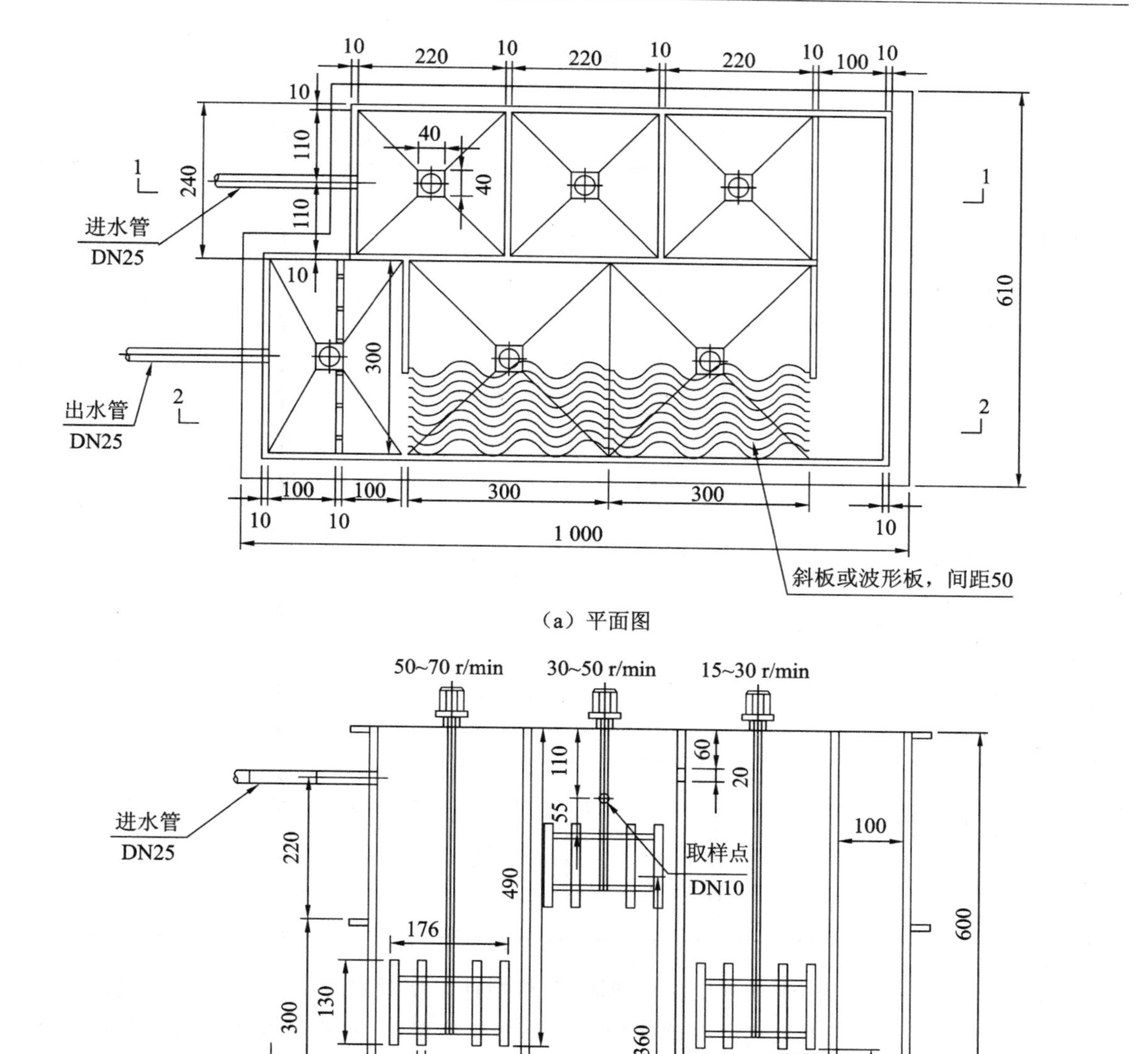

（a）平面图

（b）1—1剖面图

图 3-4　机械絮凝-侧向流斜板沉淀池实验装置示意图

（7）改变搅拌机的搅拌强度，重复实验步骤（3）～（6）。

（8）关闭水泵和进水阀，放空实验装置内的水，整理实验仪器。

五、实验数据整理

（1）填写实验记录表（表 3-3）。

表 3-3　装置运行数据记录表

进水流量：__________　　原水浊度：__________

混凝剂品种：__________　　混凝剂浓度：__________　　混凝剂投加量：__________

实验号		1			2			3		
搅拌强度/(r/min)										
第一组	进水浊度									
	絮凝出水浊度									
	沉淀池出水浊度									
第二组	进水浊度									
	絮凝出水浊度									
	沉淀池出水浊度									
第三组	进水浊度									
	絮凝出水浊度									
	沉淀池出水浊度									
第四组	进水浊度									
	絮凝出水浊度									
	沉淀池出水浊度									
第五组	进水浊度									
	絮凝出水浊度									
	沉淀池出水浊度									

(2) 绘制搅拌强度与出水浊度变化曲线图，分析搅拌强度对絮凝及沉淀效果的影响。

(3) 根据观测到的沿着水流方向絮体颗粒大小变化情况，分析机械搅拌絮凝过程中絮体的形成变化过程。

(4) 计算不同搅拌强度下的 G 和 GT。

六、自主设计实验方案建议

(1) 改变混凝剂品种和投药量，对比分析不同投药量对絮凝沉淀效果的影响。

(2) 结合后续水处理装置(V 型滤池和翻板滤池)设计不同组合工艺实验。

七、思考题

(1) 机械反应斜板(斜管)沉淀池与其他沉淀池相比有什么优点?

(2) 絮凝池的 G 和 GT 对絮体的形成有何影响?

(3) 本次实验中如何确定最佳投药量?

实验三　V型滤池实验

一、实验目的

(1) 掌握V型滤池过滤、冲洗的工作过程及操作方法。

(2) 加深对滤速、冲洗强度、滤层膨胀率、初滤水浊度的变化、冲洗强度与滤层膨胀率关系以及滤速与清洁滤层水头损失的关系的理解。

(3) 熟悉V型滤池的反冲洗步骤。

二、实验仪器

(1) 浊度仪1台。

(2) 250 mL烧杯6个。

(3) 温度计、2 mL移液管、5 mL移液管、卷尺、秒表等。

三、实验装置

V型滤池由进水阀、进水渠、V形进水槽、出水阀、长柄滤头、石英砂滤料、排水渠和池体等组成，实验装置示意图见图3-5。

四、实验原理

V型滤池是由法国德格雷蒙公司设计的一种快滤池，因为其进水槽形状呈V形而得名，主要适用于大、中型水厂，具有以下工艺特点。

(1) V型滤池的滤料采用单层石英砂均质滤料，因此该滤池也称为均质滤料滤池，即沿着整个滤层深度方向的任一横断面上，滤料组成和平均粒径均匀一致。滤料粒径通常为0.95～1.35 mm，不均匀系数为1.2～1.6，滤料层厚度为1.0～1.5 m，国内大多采用1.2 m。

(2) V型滤池为恒水头恒速过滤，采用气水反冲洗，可保证滤料在不膨胀或微膨胀情况下有较好的冲洗效果，且节约冲洗水。气水反冲洗通过设置在底部的长柄滤头来实现配气、配水，长柄滤头安装在穿孔滤板上面。

(3) V形进水槽设置在滤池两侧，中央设置排水槽。在气水反冲洗过程中，通过V形进水槽底部小孔进行表面扫洗，将冲洗废水中污染物冲向中央排水槽，避免冲洗废水中的杂质附在池壁。

(4) 采用深床均质滤料，可提高滤层含污能力，增加过滤周期。

(5) 阀门较多，操作麻烦，一般用于自动化程度较高的大、中型水厂。

V型滤池基于深床滤料的深层截污和气水反冲洗效果优良的特点，大大延长了V型滤池的过滤周期，降低了反冲洗水量，在我国应用非常广泛。

(6) V型滤池的工作过程如下。

① 过滤过程：待滤水由进水总渠经进水阀和进水堰后进入V形进水槽，由V形进水槽底的配水孔和V形槽顶进入滤池，经过均质滤料滤层过滤的滤后水通过长柄滤头收集流入底部

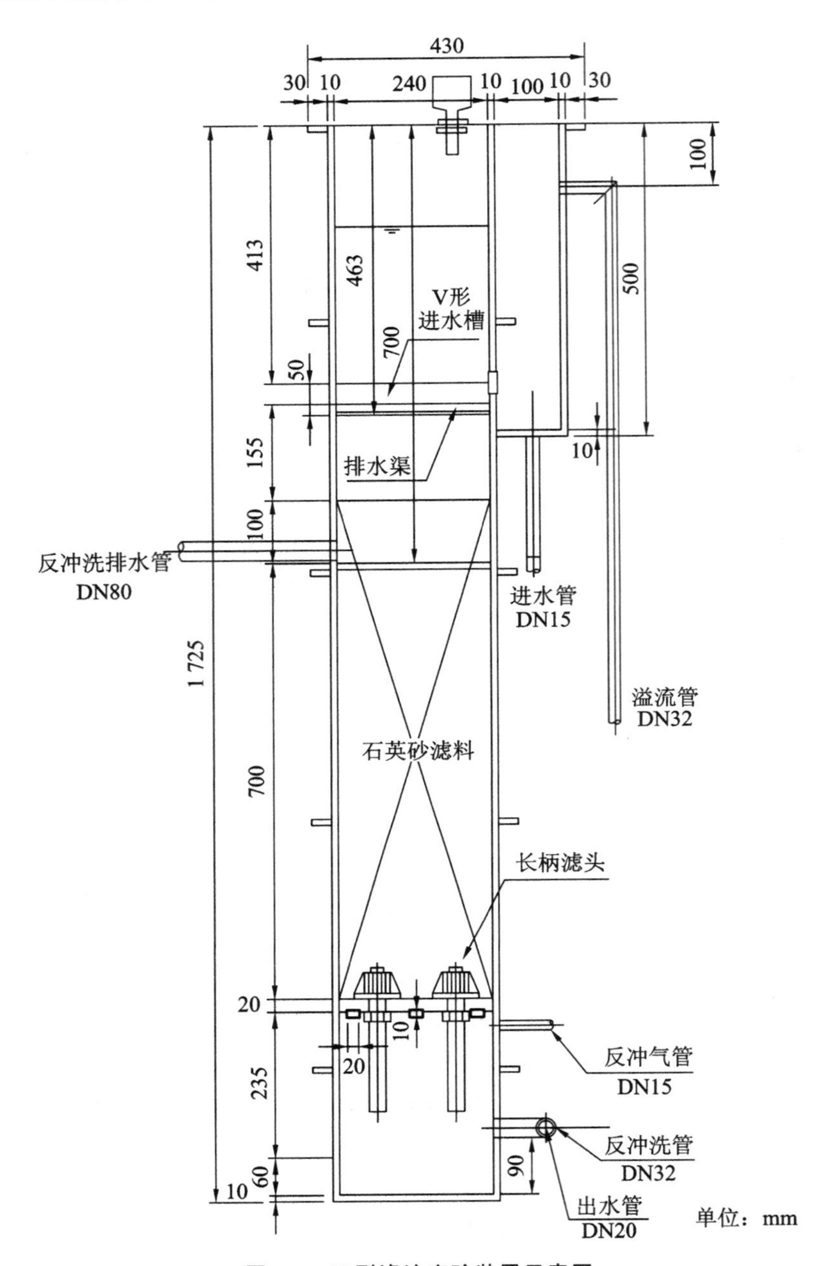

图 3-5　V 型滤池实验装置示意图

配水空间，由配水方孔汇入气水分配管渠，最后通过清水出水管和出水堰流出。

② 反冲洗过程：分为“气冲—气、水同时冲洗—水冲” 三个步骤。

a. 气冲：气冲强度为 13～17 L/(s · m²)，冲洗时间为 1～2 min。

b. 气水同时冲洗：气冲强度不变，水冲强度为 1.5～2 L/(s · m²)，冲洗时间为 4～5 min。

c. 水单独冲洗：水冲强度为 3.5～4.5 L/(s · m²)，冲洗时间为 5～8 min。

d. 表面扫洗：强度为 1.4～2.3 L/(s · m²)。

五、实验步骤

原水以及斜管沉淀池、平流沉淀池和机械絮凝-侧向流斜板沉淀池等设备的出水均可进入V型滤池。本实验主要研究原水进入V型滤池的微絮凝直接过滤处理的操作以及效果。

(1) 配制原水，其混浊度在10～20 NTU，经过搅拌，启动进水泵进行过滤实验，开启进水阀门，让原水进入翻板滤池。

(2) 在投药箱中配好混凝剂(2‰的聚合氯化铝(PAC)溶液)，根据原水浊度确定投药量。启动加药泵，以最佳投药量将PAC加入V型滤池的进水管中。

(3) 检测进水浊度，设定滤速为8 m/h，待滤池运行稳定后，每隔10 min取样检测出水浊度，取样次数为5次以上。

(4) 过滤实验结束后，进行气、水反冲洗，观察冲洗效果，取样检测反冲洗废水的浊度，计算滤料层截污量。

(5) 增大滤速至16 m/h，调节计量泵的量程，使滤速为16 m/h时投药量和前面一致。待滤池运行稳定后，每隔10 min取样检测出水浊度，取样次数为5次以上。

(6) 重复气水反冲洗过程，检测反冲洗废水的浊度，计算滤料层截污量。

六、实验数据整理

(1) 填写实验记录表(表3-4)。

表3-4　不同滤速条件下V型滤池过滤情况记录表

测定时间：________年____月____日　　混凝剂投加量：________ mg/L

进水流量：________L/h　　原水浊度：________NTU　　原水水温：________℃

滤速/(m/h)	进水流量/(L/h)	投药量/(mg/L)	过滤历时/min	进水浊度/NTU	出水浊度/NTU

(2) 根据表中数据绘制不同滤速条件下滤池出水浊度变化曲线，分析滤速对过滤效果的影响。

七、自主设计实验方案建议

(1) 考察不同进水水质条件下 V 型滤池的运行与处理效果。

(2) 将涡流絮凝池、折板絮凝池以及斜管沉淀池、平流沉淀池和机械絮凝-侧向流斜板沉淀池的出水串联接入 V 型滤池，观测 V 型滤池的运行与处理效果。

八、思考题

(1) V 型滤池相对于其他滤池有哪些优点?

(2) 不同滤速条件下的滤料层截污量是否有区别? 为什么?

实验四　翻板滤池实验

一、实验目的

(1) 掌握翻板滤池过滤、冲洗的工作过程及操作方法。

(2) 加深对滤速、冲洗强度、滤层膨胀率、初滤水浊度的变化、冲洗强度与滤层膨胀率关系以及滤速与清洁滤层水头损失的关系的理解。

(3) 熟悉翻板滤池的反冲洗排水阀的工作特点。

二、实验仪器

(1) 浊度仪 1 台。

(2) 250 mL 烧杯 6 个。

(3) 温度计、2 mL 移液管、5 mL 移液管、卷尺、秒表等。

三、实验装置

翻板滤池由进水阀、进水渠、进水堰、出水阀、排水舌阀(板)、配水系统(由底板上部横向排水管和下部的纵向布水气管组成，为简化，本设计采用长柄滤头)、双层石英砂和陶粒滤料、池体等组成，其示意图见图 3-6。

四、实验原理

CTE 翻板滤池是瑞士苏尔寿(Sulzer)公司下属的技术工程部(现称瑞士 CTE 公司)的研究成果。所谓“翻板”，是因该气水反冲洗滤池的反冲洗排水舌阀(板)的工作过程是在 0°～90°来回翻转而得名。

翻板滤池具有以下工艺特点。

(1) 滤料、滤层可多样化选择，可选择单层均质滤料、双层石英砂和陶粒滤料或多层滤料，滤料含污能力强。

(2) 采用气水反冲洗，由于反冲洗时关闭排泥水阀，高速反冲洗，反冲洗效果好，耗水量少(按反冲洗周期 24 h 计，反冲洗水量仅占产水量的 1.56%)。

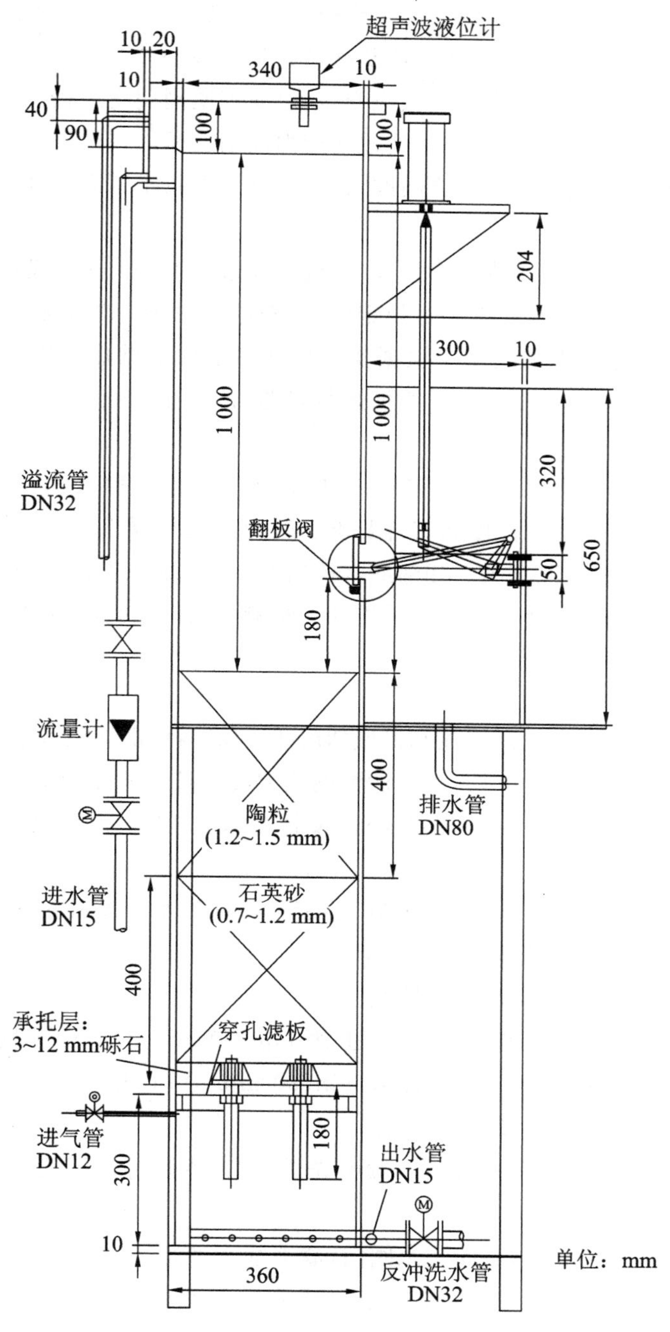

图 3-6　翻板滤池实验装置示意图

(3) 反冲洗水耗低、水头损失小,反冲洗时不会出现滤料流失现象。

(4) 土建结构简单,投资较省,施工方便。

(5) 运行自动化程度高,便于管理。

在翻板滤池中,原水(指上一级净水构筑物的出水)以恒水头恒速经过双层石英砂和陶粒滤料,截留水中的细小杂质,使水获得澄清。水中经过絮凝的杂质截留在滤池之中,随着过滤时间的增加，滤层截留的杂质增加，滤层的水头损失也随之增长，其增长速度由滤速大小、滤料颗粒的大小和形状、过滤进水中悬浮物含量及截留杂质在垂直方向的分布而定，当滤速大、滤料颗粒粗、滤料层较薄时，滤过水水质将很快变差，过滤水质周期变短；若滤速大、滤料颗粒细，滤池中的水头损失增加很快，这样很快达到过滤压力周期。所以在处理一定性质的水时，正确确定滤速、滤料颗粒的大小、滤料厚度之间的关系，有重要的技术意义与经济意义，这一关系可用实验方法确定。

当过滤水头损失达到最大允许水头损失时，滤池需进行冲洗。少数情况下，虽然水头损失未达到最大允许值，但滤池出水浊度超过规定值，也需进行冲洗。冲洗强度需满足底部滤层恰好完全膨胀，处于流态化状态的要求。根据实验中滤料层膨胀前后的厚度便可求出膨胀率。膨胀率 e 的大小直接影响反冲洗效果。根据运行经验，冲洗排水浊度降至 20 NTU 以下时可停止冲洗。

快滤池冲洗停止时，池中水杂质较多且未投药，故初滤水浊度较高。滤池运行一段时间(5～10 min，有时更长)后，出水浊度始符合要求。时间长短与原水浊度、出水浊度要求、药剂投量、滤速、水温以及冲洗情况有关。如初滤水历时短，初滤水浊度比要求的出水浊度高不了多少，或者说初滤水对滤池过滤周期出水平均浊度影响不大时，初滤水可以不排除。

五、实验步骤

原水以及斜管沉淀池、平流沉淀池和机械絮凝-侧向流斜板沉淀池等设备的出水均可进入翻板滤池。本实验主要研究原水进入翻板滤池的微絮凝直接过滤处理效果。

(1) 配制原水，浊度在 10～20 NTU，经过搅拌，启动进水泵进行过滤实验，开启进水阀门，让原水进入翻板滤池。

(2) 在投药箱中配好混凝剂(2‰的 PAC 溶液)，根据原水浊度确定投药量。启动加药泵以最佳投药量将 PAC 加入翻板滤池的进水管中。

(3) 观察杂质绒粒进入滤层深度的情况。

(4) 检测进水浊度，设定滤速为 8 m/h，过 10 min、20 min、30 min 分别测出水浊度。

(5) 加大滤速至 16 m/h，过 10 min、20 min、30 min 分别测出水浊度。调节计量泵的量程，使滤速为 16 m/h 时投药量和前面一致。

(6) 做冲洗强度与滤层膨胀率关系实验。先进行气、水反冲洗实验过程，观察冲洗效果。冲洗步骤如下。

① 当水头损失达 2.0 m 时，关闭进水阀门，滤池继续过滤。

② 待池中水面降至近滤料层(约高 15 cm)时，关闭出水阀门。

③ 开反冲洗进气阀门，松动滤料层，摩擦滤料的截污物，强度为 15～16 $L/(m^2 \cdot s)$。

④ 历时 2 min 后，再开反冲洗进水阀门，此时气冲强度仍为 15～16 $L/(m^2 \cdot s)$，水冲强度为 3～4 $L/(m^2 \cdot s)$。

⑤ 历时 4.5 min 气、水混冲后，关闭反冲洗进气阀门。同时开大反冲洗进水阀，使水冲强度达到 15～16 $L/(m^2 \cdot s)$。

⑥ 经 2.0～2.5 min 高强度水冲后，关闭反冲洗进水阀门，此时池中水位约达最高运行水位。

⑦ 静置 20 s 后开启反冲洗排水舌阀(板)，先开 50%开启度，然后开 100%开启度进行排水。

⑧ 一般在 60～80 s 内排完滤池中的反冲洗水，关闭排水舌阀(板)。重复程序，再反冲洗一次。

(7) 测不同水冲强度时的滤料层膨胀后厚度，测定滤料层的膨胀度。将有关数据记入表 3-6 中。

(8) 每次打开反冲洗排水翻板阀时，取样检测反冲洗废水的浊度，计算滤料层截污量。

六、实验数据整理

(1) 填写过滤情况记录表(表 3-5)。

表 3-5　不同滤速条件下翻板滤池过滤情况记录表

测定时间：________年____月____日　　　　混凝剂投加量：________ mg/L

进水流量：________L/h　　原水浊度：________NTU　　原水水温：________℃

滤速/(m/h)	流量/(L/h)	投药量/(mg/L)	过滤历时/min	进水浊度/NTU	出水浊度/NTU

(2) 填写反冲洗实验记录表(表 3-6)。

表 3-6　反冲洗实验记录表

实验时间：________年____月____日　　　　翻板滤池过滤面积：________

冲洗强度/[L/(m^2·s)]	冲洗流量/(L/h)	滤层厚度/cm	滤层膨胀后厚度/cm	滤层膨胀率/(%)

(3) 根据表 3-5 中实验数据，以过滤历时为横坐标，出水浊度为纵坐标，绘制滤速 8 m/h 时的初滤水浊度变化曲线。设出水浊度不得超过 3 NTU，则过滤柱运行多少分钟出水浊度才符合要求？绘制滤速 16 m/h 时的出水浊度变化曲线。

(4) 根据表 3-6 中实验数据，以冲洗强度为横坐标，滤层膨胀率为纵坐标，绘制冲洗强度与滤层膨胀率关系曲线。

七、自主设计实验方案建议

(1) 考察不同进水水质条件下翻板滤池的运行与处理效果。

(2) 将涡流絮凝池、折板絮凝池以及斜管沉淀池、平流沉淀池和机械絮凝-侧向流斜板沉淀池的出水串联接入翻板滤池,观测翻板滤池的运行与处理效果。

八、思考题

(1) 滤层内有空气泡时,对过滤、冲洗有何影响?冲洗强度为何不宜过大?

(2) 当原水浊度一定时,采取哪些措施能降低初滤水出水浊度?

(3) 翻板滤池和其他滤池相比有哪些特点?

实验五 活性炭吸附滤池实验

一、实验目的

(1) 掌握吸附滤池的实验操作方法,分析微污染原水或污水流经吸附滤池后的进出水水质指标(COD、NH_3-N、SS、色度等),研究活性炭粒径、吸附区高度、水温等对吸附的影响。

(2) 观测吸附前后的污水色度和SS的变化情况。

二、实验设备

(1) 浊度仪。

(2) COD快速测定仪、NH_3-N测定仪。

(3) 分光光度计。

(4) 250 mL烧杯、温度计、移液管等。

三、实验装置

活性炭滤池由进水管、出水管、反冲洗进水管、反冲洗排水管、配水系统(短柄滤头)、活性炭滤料、池体等组成,其示意图见图3-7。

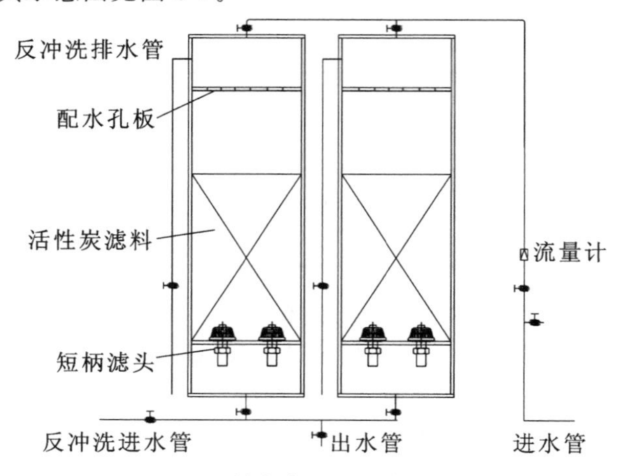

图3-7 活性炭滤池实验装置示意图

四、实验原理

活性炭在水处理中的应用有悠久的历史，在20世纪30年代，德国已在给水处理中使用活性炭来去除水中的剩余氯。到了20世纪50年代以后，很多国家使用活性炭去除水中天然或加氯后产生的异臭和异味。我国也在20世纪60年代末开始将活性炭技术用于污染水源的除臭、除味。目前，活性炭吸附深度水处理技术是去除饮用水中有机污染物的首选工艺。

活性炭内部有无数微细孔隙纵横相通，其孔径为1×10^{-10}～1×10^{-6} μm，特别是1×10^{-10}～1×10^{-9} μm的微孔居多，使活性炭具有巨大的比表面积，这也是活性炭具有强大吸附能力的原因。一般粒状的活性炭比表面积在1 000 m^2/g左右。活性炭具有选择吸附性，它的极性较小，对水中极性较差的溶质具有较大的亲和力，所以易吸附非极性的有机化合物，不易吸附如NH_4^+等极性较强的物质。因此活性炭对色、臭、味的去除效果良好，不仅能去除水中有机污染物，减少消毒副产物的产生，还能有效地去除水中的游离氯、合成洗涤剂和某些微量重金属（如汞、锑、锡、铬等），且不易产生二次污染。活性炭在水处理中的应用非常广泛。

活性炭吸附技术处理程度高，应用范围广，适应性强，可进行再生和重复使用，设备紧凑，管理方便。

本实验主要是研究微污染原水进入活性炭滤池（吸附塔）后的处理效果。

五、实验步骤

(1) 配制微污染原水，检测配水中的COD、NH_3-N、SS和色度指标。

(2) 通过不同阀门的开启，让微污染原水进入单个或同时进入两个活性炭滤池。

(3) 调节进水流量，使活性炭滤池水力负荷（滤速）达到设计范围内（8～20 m/h）。

(4) 停留10～20 min后开始取样检测滤池出水水质指标，每隔5 min取样检测，取样次数为6次以上。

(5) 调节不同滤速重复步骤(2)、(3)。

(6) 过滤实验结束后，进行反冲洗，观察冲洗效果。

六、实验数据整理

(1) 填写实验记录表（表3-7）。

表3-7　活性炭吸附实验数据记录表

测定时间:________　　原水水温:________　　原水pH值:________

滤速/(m/h)	水样	COD	NH_3-N	SS	色度
10	进水				
	出水1				
	出水2				
	出水3				
	出水4				
	出水5				
	出水6				

续表

滤速/(m/h)	水 样	COD	NH_3-N	SS	色度
20	进水				
	出水 1				
	出水 2				
	出水 3				
	出水 4				
	出水 5				
	出水 6				

(2) 由表中数据绘制各水质指标变化曲线。

(3) 根据出水水质变化曲线,分析不同滤速条件下的污染物泄漏时间的差异。

七、自主设计实验方案建议

(1) 更换不同粒径和用不同方法制备的活性炭,重复上面的实验步骤。

(2) 改变活性炭层高度,重复上面的实验步骤。

(3) 在不同温度下重复上面的实验步骤。

(4) 进行反冲洗实验研究。

八、思考题

(1) 如何使用本实验装置进行不同炭层高度的实验?

(2) 吸附主要去除的是哪一类物质?

(3) 吸附区高度对活性炭柱有何影响? 如何从泄漏曲线估计该区的高度?

实验六　活性炭改性吸附实验

一、实验目的

(1) 通过活性炭改性实验加深对活性炭吸附基本原理的理解。

(2) 掌握用间歇式静态吸附法确定活性炭等温吸附式的方法。

二、实验原理

活性炭吸附是目前国内外应用比较多的一种水处理手段。由于活性炭对水中大部分污染物都有较好的吸附作用,因此活性炭吸附应用于水处理时往往具有出水水质稳定,适用于多种污水的优点。活性炭是含碳物质制成的外观黑色、内部空隙发达、比表面积大、吸附能力强的一类微晶质炭,其性质稳定,耐酸碱、耐热,不溶于水或有机溶剂,容易再生,是一种良好的吸附剂。但活性炭吸附的特性不仅取决于其孔隙结构,还取决于其表面化学性质,包括表面的化学官能团、表面杂原子和化合物。不同的表面官能团、杂原子和化合物对不同的吸附质有明显的吸附差别。在活化过程中，活性炭的表面形成大量的羟基、羧基和酚基等含氧表面基团，不同种类的含氧基团是活性炭上的主要活性位，它们能使活性炭表面呈现微弱的酸性、碱性、氧化性、还原性、亲水性和疏水性等。一般而言，其表面含氧官能团中酸性基团越丰富，对极性化合物吸附效率越高；当碱性基团较多时，则易吸附弱极性或非极性物质。

活性炭吸附是利用活性炭固体表面对水中一种或多种物质的吸附作用，以达到净化水质的目的。活性炭的吸附作用分为两种：一种是由于活性炭内部分子在各个方向都受着同等大小的力而在表面的分子则受到不平衡的力，分子吸附于表面上，为物理吸附；另一种是由于活性炭与被吸附物质之间的化学作用，为化学吸附。当活性炭在溶液中的吸附速度和解吸速度相等时，达到了动态平衡，形成活性炭吸附平衡，此时被吸附物质在溶液中的浓度称为平衡浓度。活性炭具有很强的吸附性能，主要是由其特殊的表面结构特性和表面化学特性所决定的。可对活性炭进行改性处理，使其结构和表面基团改变以增强其吸附性能。

活性炭的吸附能力以吸附量 q_e 表示：

$$q_e=\frac{V(C_0-C_e)}{m} \tag{3-1}$$

式中：q_e——活性炭吸附量，即单位质量的吸附剂所吸附的溶质量，mg/g；

V——溶液的体积，L；

C_0、C_e——分别为吸附前原水中的溶质浓度和吸附平衡时水中的溶质浓度，mg/L；

m——活性炭投放量，g。

在温度一定的条件下，活性炭的吸附量随被吸附物质平衡浓度的提高而提高，两者之间的变化曲线称为吸附等温线，通常用佛罗因德利希(Freundlich)经验式表达：

$$q_e=KC_e^{\frac{1}{n}} \tag{3-2}$$

式中：q_e——活性炭吸附量，mg/g；

C_e——被吸附物质平衡浓度，mg/L；

K、n——与溶液的温度、pH 值以及吸附剂和被吸附物质的性质有关的常数。

K、n 求法：通过间歇式活性炭吸附实验测得 q_e、C_e，将式(3-2)两边取对数后得

$$\lg q_e=\lg K+\frac{1}{n}\lg C_e \tag{3-3}$$

将 q_e、C_e 响应值点绘在对数坐标纸上，所得直线的斜率为$\frac{1}{n}$，截距为 K，如图 3-8 所示。

三、实验设备与材料

间歇式活性炭改性吸附实验装置为康氏振荡器或六联搅拌器。

(1) 康氏振荡器或六联搅拌器。

(2) 500 mL 锥形瓶 4 个。

(3) 烘箱。

(4) 紫外-可见分光光度计。

(5) 颗粒状活性炭。

(6) 活性艳蓝溶液、3%(体积分数)的硫酸、0.25%(质量分数)的氢氧化钾溶液、5%(体积分数)的硝酸。

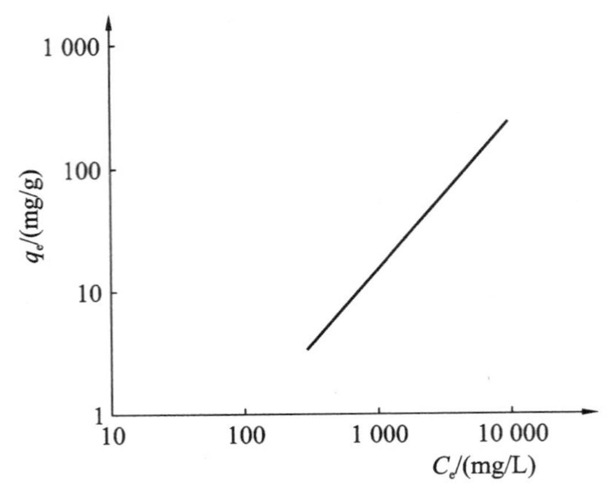

图 3-8　吸附等温线

(7) 天平、滤纸、漏斗等。

四、实验步骤

1. 绘制标准曲线

(1) 配制 50 mg/L 活性艳蓝溶液。

(2) 用紫外-可见分光光度计对溶液样品在 500～750 nm 波长范围内进行扫描,确定其最大吸收波长(一般为 662～667 nm)。

(3) 测定标准曲线,分别移取 0 mL、1 mL、2 mL、4 mL、8 mL、16 mL、32 mL 的 50 mg/L 活性艳蓝溶液于 100 mL 的比色管中,加超纯水稀释至刻度线,在上述最大吸收波长下,以超纯水为参比,测定吸光度。以浓度为横坐标,吸光度为纵坐标,绘制标准曲线,拟合出标准曲线方程。

2. 活性炭改性处理

(1) 将活性炭放在超纯水中浸 24 h,然后放在 105 ℃烘箱内烘至恒重,再将烘干后的活性炭压碎,使其成为能通过 200 目以下筛孔的粉状活性炭。

(2) 取粉状活性炭四份,每份 5 g,分别加入超纯水、3%(体积分数)的硫酸、0.25%(质量分数)的氢氧化钾溶液、5%(体积分数)的硝酸 30 mL,60 ℃恒温水浴中浸 4 h,过滤,取活性炭并用超纯水反复洗至 pH 值稳定在 7 左右。洗涤后的样品放入 110 ℃烘箱中烘至恒重,存于干燥器中备用。

3. 吸附等温线间歇式吸附实验

(1) 在 4 个 500 mL 锥形瓶中分别加入 500 mg 经过超纯水、3%(体积分数)的硫酸、0.25%(质量分数)的氢氧化钾溶液、5%(体积分数)的硝酸改性后的活性炭,以及 400 mL 50 mg/L 活性艳蓝溶液。

(2) 测定水温,将锥形瓶放在康氏振荡器上振荡(或开启六联搅拌器搅拌),当达到吸附平衡时即可停止振荡(振荡时间一般为 30 min 以上)。

(3) 过滤各锥形瓶中的溶液,测定其最大可见光吸收波长处吸光度 A_e。

(4) 计算各锥形瓶中活性艳蓝溶液的去除率、吸附量,并确定佛罗因德利希常数。

五、实验数据整理

(1) 填写实验记录表(表 3-8、表 3-9)。

表 3-8　活性艳蓝标准曲线

活性艳蓝浓度/(mg/L)	0	1	2	4	8	16	32
最大可见光吸收波长处吸光度							
标准曲线方程							

表 3-9　活性炭改性吸附实验记录

序号	原　水				出　水		原水体积/mL	活性炭投加量/mg	脱色率/(%)	$\lg C_e$	q_e/(mg/g)	$\lg q_e$
	初始吸光度 A_0	初始浓度 C_0/(mg/L)	pH 值	水温/℃	吸附平衡后吸光度 A_e	吸附平衡后浓度 C_e/(mg/L)						
1												
2												
3												
4												

(2) 观察活性炭吸附过程,拍照对比,分析不同改性条件下活性炭的吸附效果。

(3) 根据实验数据绘制不同改性条件下活性炭的吸附等温线,比较改性活性炭和原活性炭的吸附效果。

六、注意事项

(1) 若实验所得 q_e 为负值,则说明活性炭明显地吸附了溶剂,此时应调换活性炭或调换水样。

(2) 在测水样的吸光度之前,应该取水样的上清液,再用分光光度计测相应的吸光度。

七、思考题

(1) 吸附等温线有什么现实意义?

(2) 作吸附等温线时为什么要用粉状活性炭?

(3) 吸附剂改性的方法有哪些?为何改性后可以增加吸附效果?

实验七　TCCA 缓释消毒实验

一、实验目的

(1) 了解 TCCA 缓释消毒剂的性质、特点和用途。

(2) 掌握平皿计数法的实验操作方法，并能够通过计算灭活率和对数灭活率对消毒效果进行评价。

二、实验原理

三氯异氰尿酸（trichloroisocyanuric acid，TCCA）是一类应用较多的高效有机氯胺消毒剂，在水中水解生成次氯酸和异氰尿酸，次氯酸分子不带电荷，可顺利通过细胞膜进入细胞内部，破坏微生物的酶系统，抑制其新陈代谢，从而灭活细菌。次氯酸分子比次氯酸根的杀菌能力高 100 倍，所以三氯异氰尿酸比“漂粉精”、漂白粉等杀菌能力更强。该反应是可逆反应，可以维持水中较为稳定的游离氯含量，避免游离氯浓度过高，同时还可以较长时间释放游离氯，杀菌作用缓和，有效作用时间长，TCCA 是一种缓释的消毒杀菌剂。

与 NaClO 和 Cl_2 相比，TCCA 有效氯含量高，具有消毒效果好、水中余氯衰减慢、消毒副产物生成量少、使用方便和价格便宜等优点，是一种安全有效的替代消毒剂，可对井水、河水、灾区饮用水进行消毒。

TCCA 已被美国联邦食品和药物管理局（FDA）及环保局（EPA）正式批准允许用于食品及饮用水的消毒杀菌，在日本、西欧等地也已广泛应用于饮用水和游泳池等领域。TCCA 使用后完全分解的残余物为氨气和二氧化碳，对环境无害、对人体安全，动物实验属无毒级物质；按国标要求在渔业上使用，未发现毒副作用或过敏症状。

本实验采用平皿计数法测定 TCCA 对原水中微生物的灭活效果。平皿计数法是一种统计物品含菌数的有效方法，操作如下：将待测样品适当稀释，其中的微生物充分分散成单个细胞，取一定量的稀释样液涂布到平板上，经过培养，由每个单细胞生长繁殖而形成肉眼可见的菌落，即一个单菌落代表原样品中的一个单细胞；统计菌落数，根据其稀释倍数和取样接种量即可换算出样品中的含菌数。

本实验利用灭活率和对数灭活率评价消毒效果，计算方法如式（3-4）和式（3-5）所示。

$$R=\frac{N_0-N_t}{N_0}\times 100\% \tag{3-4}$$

$$\lg R=\lg\frac{N_0}{N_t} \tag{3-5}$$

式中：R——灭活率；

N_0——原水水样中的菌落总数，CFU/mL；

N_t——消毒后水样中的菌落总数，CFU/mL；

$\lg R$——对数灭活率。

影响 TCCA 消毒效果的因素很多，如水中反应物浓度、温度、pH 值及氨氮浓度等。因此，采用 TCCA 缓释消毒剂进行水质处理时，通常需通过实验测定一些有关的设计运行参数。

三、实验设备与材料

(1) TCCA 缓释消毒剂。

(2) 2 L 烧杯、温度计、试管、移液管等。

(3) 无菌 10% $Na_2S_2O_3$ 溶液。

(4) 恒温培养箱、磁力搅拌器。

(5) 琼脂培养基、培养皿等。

四、实验步骤

(1) 将所取原水分装于 2 L 烧杯中，放置于恒温培养箱中，控制温度为 20 ℃。

(2) 测定原水水样中的菌落总数 N_0。

(3) 在 20 ℃下，向 4 个烧杯中分别投加一定量的 TCCA，使水样的初始氯投加量(以有效氯计)分别为 1.5 mg/L、2.0 mg/L、2.5 mg/L 和 3.0 mg/L。

(4) 用磁力搅拌器搅拌 1 min，使消毒剂与水样充分接触，继续存放于恒温培养箱中，此过程不再搅拌。

(5) 分别在接触 5 min、15 min、30 min、60 min 后，加入过量的无菌 10% $Na_2S_2O_3$ 溶液终止反应，采用平皿计数法测定菌落总数，每个水样做 2 个平行样。

五、实验数据整理

(1) 填写实验记录表(表 3-10)。

表 3-10　实验数据整理记录表

原水水温：________　　原水菌落总数：________

编号	消毒剂投加量	平行组	消毒后水样中的菌落总数 N_t/(CFU/mL)	N_t 平均值 /(CFU/mL)	灭活率 R/(%)	对数灭活率 lg$R$
1		1				
		2				
2		1				
		2				
3		1				
		2				
4		1				
		2				

(2) 根据式(3-4)和式(3-5)计算灭活率和对数灭活率。

(3) 根据实验数据绘制不同消毒剂投加量下对数灭活率与消毒时间的关系曲线，对比分析存在差异的原因。

六、注意事项

(1) 注意所用 TCCA 消毒剂的存放时间，消毒剂应密闭存放，避免受热受潮。

(2) 操作过程应在无菌操作台中进行，避免空气中菌种的污染。

七、思考题

(1) 根据实验数据思考并分析：当消毒剂浓度为多少时，可在短时间内完成对菌落总数 99.0%的灭活？

(2) 考虑温度、pH 值和原水氨氮浓度对 TCCA 消毒剂消毒效果的影响。

实验八　高锰酸钾预氧化微污染水源水实验

一、实验目的

(1) 掌握高锰酸钾预氧化及其与混凝沉淀组合处理微污染水源水的方法。

(2) 通过水处理实验，了解高锰酸钾预氧化与混凝沉淀组合工艺全过程，掌握运行操作方法和基本的运行参数。

二、实验原理

微污染水是指饮用水水源(如江、河、湖泊和水库)受到了有机污染物的污染，使得部分有机物指标达不到饮用水水源的卫生标准要求。目前水源水中的微量有机物污染问题是全球饮用水中都面临的一项巨大挑战，因此，给水处理中会应用一些氧化剂对水中的微污染有机物进行氧化去除，常用的氧化剂有高锰酸钾、液氯、次氯酸钠、二氧化氯和臭氧等。

臭氧-生物活性炭工艺作为饮用水处理中最常用的一种深度处理技术，几十年来在欧美得到了广泛的应用。近些年来，我国越来越多的给水厂也逐渐采用臭氧-生物活性炭这一处理技术。臭氧-生物活性炭工艺通常放在混凝沉淀处理工艺之后，因此该臭氧氧化过程也经常被称为中间臭氧氧化。与之对应的，在混凝沉淀之前的氧化处理通常被称为预氧化。

臭氧预氧化处理的成本相对较高，液氯、次氯酸钠和二氧化氯预氧化处理容易引起后续出水中消毒副产物超标的问题。尤其是当水中的藻类物质含量较高时，无论是液氯、次氯酸钠、二氧化氯，还是臭氧预氧化处理，都会因为氧化剂的氧化能力太强而导致藻细胞的细胞壁破裂，进而导致藻细胞内的藻毒素释放到水中，可能带来藻毒素的问题。高锰酸钾预氧化处理的效果通常较好，处理成本较低，不容易产生后续的消毒副产物问题。但如果投加量过高，可能导致高锰酸根的残留，容易引起处理水的色度超标。

高锰酸钾具有比较强的氧化性，其与常规混凝沉淀工艺组合，是去除饮用水源水中的微污染有机物的一种比较好的方法。高锰酸钾与水中的微污染有机物以及还原性物质反应，会生成产物二氧化锰，该物质有助凝的作用。二氧化锰能促进混凝剂的混凝作用，强化水中胶体物质的破坏和絮体生成，从而达到强化混凝的目的，能更加有效地去除水中的悬浮物质和微污染有机物，降低出水的浊度。

影响高锰酸钾预氧化效果的因素很多，如高锰酸钾氧化剂的投加量、氧化时间、溶液的pH 值、水质背景等。此外，高锰酸钾预氧化通常与混凝沉淀一起组合使用，其与混凝沉淀过程的有效衔接也非常关键。因此，采用高锰酸钾预氧化进行饮用水处理时，通常需通过一些实验测定高锰酸钾预氧化过程以及混凝过程的运行参数。

三、实验设备与材料

(1) 六联磁力搅拌仪 1 台。

(2) 浊度仪 1 台。

(3) 紫外-可见分光光度计 1 台。

(4) 电炉 1 个。

(5) 1 000 mL 烧杯 6 个。

(6) 高锰酸钾、聚合氯化铝。

四、实验步骤

(1) 从附近的江、河、湖泊和水库取来实验所需的受污染水源水，测定原水的 COD_{Mn}、UV_{254} 和浊度。

(2) 配好 $KMnO_4$ 溶液(1 g/L)、聚合氯化铝(PAC)溶液(20 g/L)和聚合氯化铁溶液(20 g/L)备用。

(3) 向 6 个混凝实验用搅拌杯中分别装入 1.0 L 微污染水，依次加入 0 mL、0.50 mL、1.00 mL、1.50 mL、2.00 mL、2.50 mL $KMnO_4$ 溶液，以 300 r/min 的转速搅拌 10 min。

(4) 加入 40 mL PAC 溶液，继续以 200 r/min 转速搅拌 2 min，以 80 r/min 转速搅拌 5 min 后，静置溶液 60 min，取上清液测定 COD_{Mn}、UV_{254} 和浊度。

(5) 将步骤(4)中的 PAC 溶液换成聚合氯化铁溶液，重复上述步骤(3)和(4)再进行一组实验。

五、实验数据整理

(1) 填写实验记录表(表 3-11、表 3-12)。

表 3-11　实验数据整理记录表(PAC 混凝剂)

原水水温:__________　　原水 pH 值:__________

原水 COD_{Mn}:__________　　原水 UV_{254}:__________

原水浊度:__________　　$KMnO_4$ 浓度:__________

混凝剂投加量:__________

水质参数	$KMnO_4$ 投加量/(mg/L)					
	0	0.50	1.00	1.50	2.00	2.50
COD_{Mn}						
UV_{254}						
浊度						

表 3-12　实验数据整理记录表(聚合氯化铁混凝剂)

原水水温:__________　　原水 pH 值:__________

原水 COD_{Mn}:__________　　原水 UV_{254}:__________

原水浊度:__________　　$KMnO_4$ 浓度:__________

混凝剂投加量:__________

水质参数	$KMnO_4$ 投加量/(mg/L)					
	0	0.50	1.00	1.50	2.00	2.50
COD_{Mn}						
UV_{254}						
浊度						

(2) 观察絮体的形成效果,拍照对比,分析不同 $KMnO_4$ 投加量条件下絮体的大小及沉淀效果。

(3) 根据实验数据绘制不同 $KMnO_4$ 投加量条件下,出水 COD_{Mn}、UV_{254} 和浊度(或去除率)与 $KMnO_4$ 投加量的关系曲线,分析 $KMnO_4$ 投加量对相关指标去除的影响。

(4) 对比在同样的 $KMnO_4$ 投加量情况下,分别采用 PAC 和聚合氯化铁作为混凝剂时,相关指标的去除与混凝剂类型之间的关系,并分析其原因。

(5) 指标 X 去除率按式(3-6)进行计算:

$$指标X去除率=(X_{进水}-X_{出水})/X_{进水}\times 100\% \tag{3-6}$$

六、注意事项

(1) $KMnO_4$ 具有比较强的氧化性,在使用过程中要戴手套,并避免沾染到皮肤的裸露部位。

(2) 在饮用水处理中,进行 COD 测定时测的是 COD_{Mn},而不是 COD_{Cr}。

七、思考题

(1) $KMnO_4$ 的投加量为什么不能太大?如果投加量过大,可能出现什么问题?

(2) 为什么 $KMnO_4$ 要比混凝剂 PAC 先投加?如果将 $KMnO_4$ 和混凝剂 PAC 同时投加,可能出现什么问题?如果 $KMnO_4$ 后投加,又会出现什么问题呢?

第二节 污水处理综合设计实验

一、实验目的

(1) 进一步掌握污水的物理、化学及生物处理方法的基本原理,掌握各种水质指标的检测方法和手段。

(2) 针对污水水质选择合适的工艺组合形式,熟悉各种污水处理工艺流程的运行和操作过程;熟悉污水处理的各种设备、材料、仪器、仪表及自动化控制系统。

(3) 了解各种处理工艺的处理效果。

二、实验装置

现以华中科技大学水处理综合创新实验平台的污水处理实验装置为例进行简介。污水处理实验装置分为三个部分,即强化一级处理工艺装置、二级生物处理工艺装置和生态处理系统装置,说明如下。

(1) 强化一级处理工艺装置。强化一级处理工艺装置前端设置了 12 m^3 污水调节池。强化一级处理工艺装置采用化学强化,设置了管式絮凝器和混凝投药装置(包括溶药箱、隔膜变频计量泵自动投药装置)。

(2) 二级生物处理工艺装置。二级生物处理工艺装置有以下几种形式。①氧化沟工艺装置:采用 Carrousel DenitIR A^2/O 氧化沟,设置机械表面曝气机和水下推进器。②CIBR 工艺装置:CIBR 是华中科技大学章北平教授课题组在国家“十五”“863”重大科技专项课题“城市污水生物/生态处理技术与示范”中的研究成果,并已获得国家发明专利。CIBR 是基于传统 SBR 及一体化氧化沟(IOD)工艺特点,并引入 UASB 三相分离器概念,开发出来的一体化连续流同步脱氮除磷生物反应器。该反应器不但可以在恒水位条件下实现连续进、出水,还可以实现污泥自回流,节省污泥回流能耗,并在单池内实现同步脱氮除磷。③UASB 工艺装置:采用上流式厌氧污泥床,设置配水系统、三相分离器、集气罩、回流水泵和沼气净化系统。

(3) 生态处理系统装置。采用充氧波形潜流人工湿地(简称 AW-SFCW),AW-SFCW 也是华中科技大学章北平教授、任拥政副教授及其课题组研发的污水处理装置。波形潜流湿地可改变湿地床流态,充氧可以提高湿地内溶解氧含量,保证有机物和氨氮的稳定去除率。

以上所有实验装置采用有机玻璃制造,处理水量为 1 m^3/d,各工艺单元均采用电磁阀和 PLC 控制柜来实现计算机自动控制运行,同时可以手动运行和人工设置。整个污水处理系统设置了进、出水的 DO-pH-ORP 在线检测装置。污水处理系统图见图 3-9。

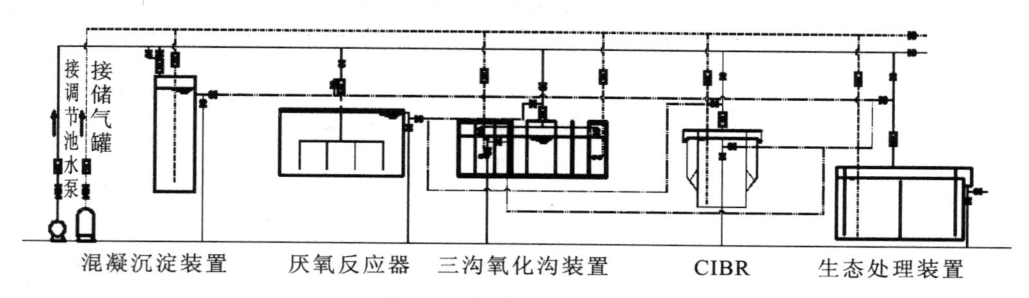

图 3-9　污水处理系统图

实验设计时要根据污水进水水质情况,综合各方面因素来选择合适的处理工艺方案,并选取所需要的构筑物实验装置。因此,图 3-9 中的构筑物实验装置并不是都会被用到。

三、实验原理

针对某种污水水质,通过物理的、化学的、生物的方法提出处理工艺方案,利用实验室的各种单体处理构筑物,通过管道和阀门连接及水泵提升,将单体处理构筑物串联起来组成处理流程,在用清水调试完成后,通入污水,模拟污水处理厂进行污水处理,要求处理后的尾水达到一定的标准后排放。

四、实验方案

(1) 针对某种污水水质,提出处理工艺方案。

(2) 方案确定后进行管道、阀门、水泵、构筑物连接,形成完整的工艺流程。

(3) 进行清水调试,保证不漏水、曝气正常、设备开启熟练。

(4) 通入污水进行实验。

(5) 进行活性污泥的培养。

(6) 污水处理正常运行后，检测进、出水水质，观察实验效果。

五、实验步骤

(1) 检查处理工艺流程正常与否。

(2) 系统正常后，打开污水进水阀门，将调节水箱的污水引入系统。

(3) 按照各个处理构筑物的操作要求进行阀门开启、污泥回流、曝气、加药等工序。

(4) 定期记录实验各个阶段出现的问题及解决措施。

(5) 当处理的污水表观感觉良好时，开始检测污水的各项水质指标(包括 BOD_5、COD、SS、NH_3-N、TP、污泥浓度等)。

(6) 记录实验结果并填表。

六、实验数据整理

填写实验记录表(表 3-13)。

表 3-13　实验数据整理记录表

水质指标	时间 t/h					去除率/(%)
	1	2	3	4	5	
BOD_5						
COD						
SS						
NH_3-N						
TP						
曝气池 MLSS						
回流污泥 MLSS						

七、思考题

(1) 比较各种处理工艺的处理效果。

(2) 总结运行中存在的问题及解决措施。

实验一　管式絮凝沉淀器实验

一、实验目的

(1) 掌握管式絮凝沉淀器实验操作方法。

(2) 观察设备不同部位絮体形成状况，结合水质指标(浊度、COD、NH_3-N、TP)测定考察反应器的工作性能及进水量对工作性能的影响。

二、实验仪器

(1) 浊度仪。

(2) COD 快速测定仪。

(3) NH_3-N、TP 测定仪。

三、实验装置

管式絮凝沉淀器由 3 个功能区构成,即混合区(混合管)、反应区(反应管)和沉淀区。混合区和反应区为管式絮凝沉淀器的工作主体,其基本构造见图 3-10 和图 3-11。

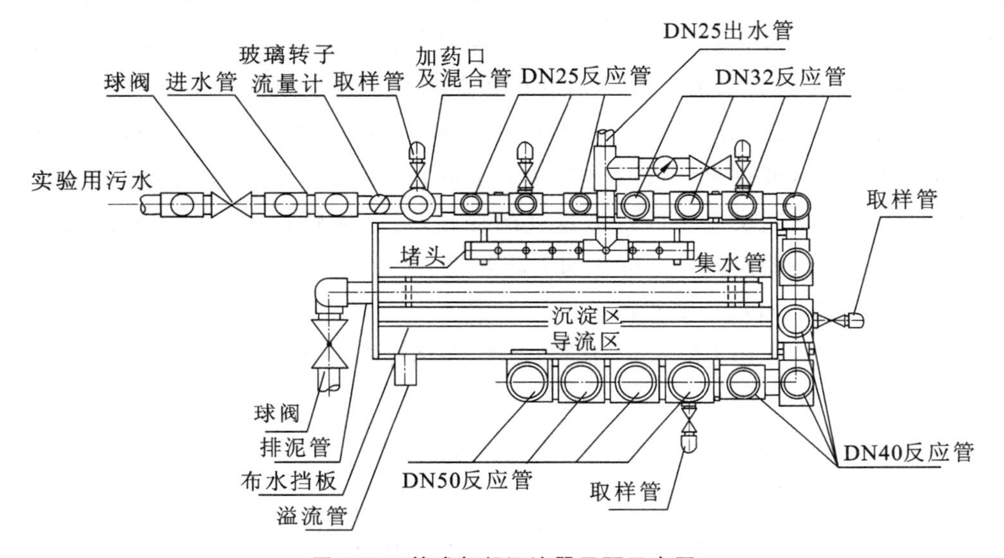

图 3-10 管式絮凝沉淀器平面示意图

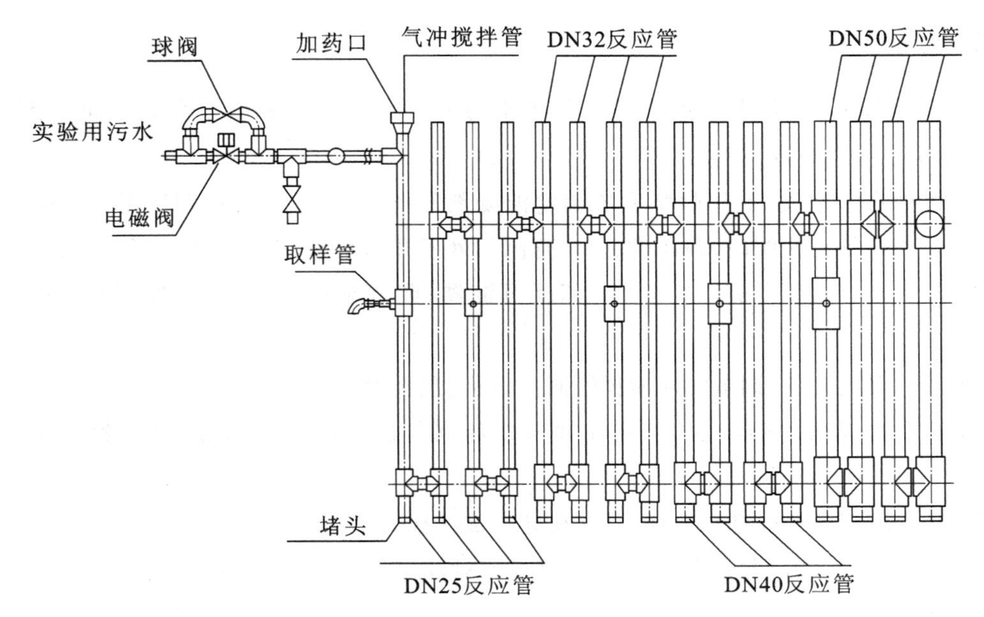

图 3-11 絮凝管污水流程展开示意图

四、实验原理

管式絮凝沉淀器是由华中科技大学环境科学与工程学院自行研制的集混合、反应和沉淀单元于一体的高效污水处理设备,因其核心部件采用管式结构而得名。它利用气、水混合及高速水流产生的水流紊动作用实现混凝剂与待处理水的混合及絮凝反应过程,同时具有沉淀功能。

待处理水首先进入混合区(混合管),在此与投加的药剂进行混合,所需动力由气、水混合产生的紊动作用提供。之后混合液进入反应区(第一个反应管),依次流经后续各个管段,沿程流速逐渐减小,其间絮体颗粒发生碰撞和凝聚。末端反应管与沉淀区连通,混合液由沉淀区上部流入,经过布水挡板的导流和消能之后由下部进入斜板区实现泥水分离,澄清水经穿孔集流管排出。沉淀区底部的沉积污泥根据需要定期排放。在管式絮凝沉淀器中,污水经过混合、絮凝、沉淀三个处理单元之后,其中的悬浮性、胶体性有机杂质及部分营养性污染物(如 TP)可通过化学混凝作用予以去除;进水量的变化会导致污水在设备中的水力停留时间及混合管、反应管内水流速度的变化,对絮体颗粒的碰撞凝聚过程产生直接影响,并最终影响反应器对各类污染物的去除效果。

管式絮凝沉淀器具有以下工艺特点。

(1) 利用化学絮凝作用去除污水中的悬浮性、胶体性有机杂质。

(2) 可用于系统的强化除磷。

(3) 处理效果稳定,能耗低、运行成本低。

(4) 流量适用范围广,最小污水处理规模为 2 m^3/d。

(5) 设置地点灵活,可根据需要置于生化处理系统前端或后端。

本实验主要掌握原污水进入管式絮凝沉淀器后的处理效果。

五、实验步骤

原水、CIBR、氧化沟、UASB 等设备的出水均可进入管式絮凝沉淀器,进水量范围为 2～5 m^3/d。本实验的主要步骤如下。

(1) 根据进水水质,利用烧杯实验确定混凝剂最佳投加量(实验过程数据记入表 3-14)。

(2) 检查设备上的阀门,确保进、出水管阀门处于开启状态,排泥阀处于关闭状态。

(3) 开启阀门,让原污水进入管式絮凝沉淀器;调节流量,使管式絮凝沉淀器的进水量为2 m^3/d。

(4) 开启曝气设备,调节气冲搅拌管阀门,设定混合管进气量。

(5) 将混凝剂从加药口加入,取样并观察药剂与进水的混合情况,将观察结果记入表 3-15。

(6) 从反应管各个取样口取样,观察矾花形成状况,将观察结果记入表 3-15。

(7) 检测出水水质,考察和分析管式絮凝器对浊度、COD、NH_3-N、TP 的去除效果,将检测结果记入表 3-16。

（8）调节流量，使管式絮凝沉淀器的进水量为 5 m^3/d，重复实验步骤（3）～（7）。

（9）分析比较不同进水量条件下管式絮凝沉淀器的处理效果。

六、实验数据整理

填写实验记录表（表 3-14 至表 3-16）。

表 3-14　混凝剂最佳投加量实验记录表

实验时间：________年____月____日　　　　混凝剂种类：________

混凝剂投加量/(mg/L)	10	20	30	40	50
实验原水浊度/NTU					
烧杯实验后上清液浊度/NTU					
浊度去除率/(%)					
最佳投加量/(mg/L)					

注：混凝剂投加量可根据经验和药剂种类的不同进行适当调整。

表 3-15　不同进水量条件下管式絮凝沉淀器运行情况记录表

测定时间：______年____月____日　　混凝剂投加量：________ mg/L

气冲搅拌管进气量：________ L/min　　原水水温：________ ℃

进　水　量	取　样　点	矾花形成状况描述
2 m^3/d	混合管	
	反应管 1＃取样口	
	反应管 2＃取样口	
	反应管 3＃取样口	
	反应管 4＃取样口	
5 m^3/d	混合管	
	反应管 1＃取样口	
	反应管 2＃取样口	
	反应管 3＃取样口	
	反应管 4＃取样口	

表 3-16　水质检测记录表

进水量	水质指标	进水	出水	去除率
$2\ m^3/d$	浊度			
	COD			
	NH_3-N			
	TP			
$5\ m^3/d$	浊度			
	COD			
	NH_3-N			
	TP			

七、自主设计实验方案建议

(1) 考察不同污水水质条件下管式絮凝沉淀器的运行与处理效果，建议采用城市污水、生活污水(化粪池出水)和工业废水进行对比实验。

(2) 将 CIBR、氧化沟或者 UASB 的出水接入管式絮凝沉淀器，观测管式絮凝沉淀器后置的组合工艺下设备的运行与处理效果。

(3) 进行提高 TP 去除能力的工艺实验研究。

八、思考题

(1) 进水量变化为何会影响设备对污染物的去除效果?

(2) 气冲搅拌管的进气量过大或过小对混合过程有何影响?

(3) 对于不同种类的废水，在相同的操作条件下，为什么设备对 COD 的去除能力会有较显著的变化?

(4) 简要解释管式絮凝沉淀器的除磷机理。

(5) 管式絮凝沉淀器为何对污水中的 NH_3-N 不具备良好的去除能力?

(6) 在与生化反应单元的组合工艺中，管式絮凝沉淀器前置和后置时的作用有何不同?

实验二　UASB 反应器运行参数的确定实验

一、实验目的

(1) 通过实验进一步分析影响 UASB 反应器运行的主要参数。

(2) 了解调整 UASB 反应器运行参数的基本方法。

二、实验仪器与装置

(1) pH 计。

（2）实验装置。

UASB 由 3 个功能区构成，即布水区、反应区（污泥床区和悬浮区）和三相（气、固、液）分离区，其中反应区为 UASB 反应器的工作主体。其示意图见图 3-12。

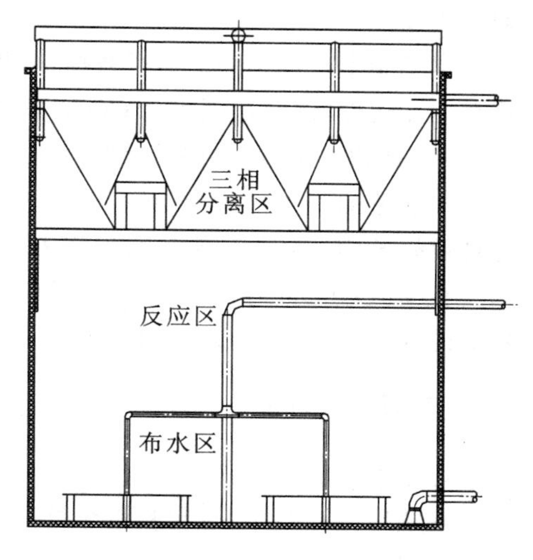

图 3-12　UASB 实验装置示意图

三、实验试剂

（1）测 COD 所需药剂。

（2）人工配制高浓度有机废水。

实验用的废水采用人工配制葡萄糖液，添加必要的 N、P 及其他营养元素。COD 为 2 000 mg/L 的废水中每升加入微量元素母液 1 mL。微量元素的含量随 COD 的增加而增加。废水具体组成见表 3-17。

表 3-17　模拟废水组成表

营养元素物质	含量/(mg/L)	微量元素物质	含量/(μg/L)
葡萄糖	2 000	$FeCl_3 \cdot 4H_2O$	80
碳酸铵	40	$MnCl_2 \cdot 4H_2O$	20
磷酸氢钾	40	$NiCl_2 \cdot 6H_2O$	2
氯化铵	40	EDTA	40
硫酸镁	8	$CoCl_2 \cdot 6H_2O$	80
碳酸氢钠	660	$ZnCl_2$	2
酵母膏	80	$CuCl_2 \cdot 2H_2O$	1.2
氯化钙	4	H_3BO_4	1

四、实验原理

UASB 工艺是一项污水厌氧生物处理技术。UASB 反应器是在过去厌氧反应器实验和运行的基础上发展起来的。UASB 工艺是比较成熟的技术，并于 20 世纪 80 年代初开始在高浓度有机工业废水的处理中得到广泛的应用。

废水进入 UASB 时，通过布水器，均匀地分布在反应区的横断面上，防止死水，保证泥水充分接触。废水中的有机物被污泥中的微生物分解为沼气，形成微小气泡不断上升，在上升过程中结合成较大气泡。在这种气泡的碰撞、结合、上升的搅动作用下，污泥床区以上的污泥呈松散悬浮状态，并与废水充分接触。废水中的大部分有机物就是在这个区域，即反应区中分解转化。含有大量气泡的混合液不断上升，达到三相分离区下部，首先将气体分离出去，被分离的气体进入气室，并由管道引出。固液混合液进入分离区，失去气泡搅动作用的污泥发生絮凝，颗粒逐渐变大，并在重力作用下，沉淀到底部反应区，分离出污泥的处理水进入澄清区。混合液中的污泥得到进一步分离，澄清水经溢流堰排出。

UASB 工艺具有如下特点：① 容积负荷率高；② 能耗低、成本低；③ 污泥产量低；④ 能够回收生物能——沼气。

本实验中根据相关的运行数据,分析COD容积负荷(X)与出水COD(Y)的关系,对X、Y进行一元线性回归,得到出水COD与COD容积负荷的关系方程。实验过程中通过调整装置进水COD和进水量等措施,控制容积负荷(以COD计),分析容积负荷对去除效果的影响。

本装置的微生物适于中性、弱碱性环境,pH值范围为6.5～9.0。pH值波动频繁会引起处理效果急剧下降。日常运行过程中密切监测pH值变化并及时调整非常重要。

在反应器正常运行的条件下,反应器中污泥保持相对稳定的污泥沉降比,通过测定污泥沉降比的变化可以反映污泥运行稳定情况。

五、实验步骤

1. 实验准备

系统培菌和驯化(由实验指导教师预先完成)。

2. 操作步骤

(1) 将污水水箱灌满废水。

(2) 接通搅拌机、提升水泵、换热器电源。

(3) 调节液体转子流量计阀门,控制进水量。

(4) 调整不同的进水COD和水量,考察容积负荷对反应器去除效果的影响。

(5) 在一定的进水COD和水量条件下,改变进水pH值,考察pH值对反应器去除效果的影响。

(6) 在不同的进水COD和水量条件下,对污泥沉降性能进行观测,考察污泥沉降比对反应器去除效果的影响。

(7) 关闭水泵电源。

(8) 关闭搅拌机电源。

(9) 打开IC反应器放空阀,清洗反应器(污泥储存备用)。

六、实验数据整理

(1) 建立进水COD与容积负荷的回归方程,建立容积负荷与COD去除率的关系方程。

(2) 确定反应器在正常运行条件下最适宜的进水pH值范围。

(3) 求出正常运行情况下污泥沉降比的最佳值。

七、思考题

UASB与IC反应器在运行参数控制方面有哪些不同?

实验三 Carrousel DenitIR A^2/O 氧化沟系统实验

一、实验目的

(1) 进一步掌握活性污泥法处理污水的基本原理,掌握Carrousel DenitIR A^2/O 氧化沟污水生物除磷脱氮的控制方法和措施。

（2）针对污水水质选择合适的工艺参数，熟悉污水处理工艺流程的运行和操作过程；熟悉污水处理的各种设备、仪器、仪表及自动化控制系统。

（3）了解该工艺的处理效果。

二、实验仪器与装置

Carrousel DenitIR A^2/O 氧化沟、斜管沉淀池、蠕动泵（污泥回流）、曝气管、水下推进器（5 台）。

Carrousel DenitIR A^2/O 氧化沟由厌氧区、好氧区和兼氧区构成，采用鼓风曝气系统，同时设置 5 台水下推进器推动水流循环运动。污水和回流污泥可根据进出水水质由厌氧区或兼氧区进入系统，混合液经锯齿堰由好氧区排出，进入斜管沉淀池，详见图 3-13。

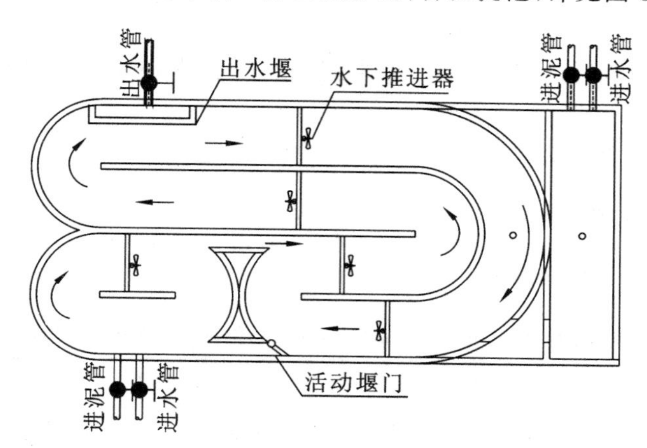

图 3-13 Carrousel DenitIR A^2/O **氧化沟示意图**

三、实验原理

Carrousel DenitIR A^2/O 氧化沟工艺是一种将 A^2/O 工艺与氧化沟结合在一起的除磷脱氮新工艺，其最大特点是利用氧化沟原有的渠道流速，可实现硝化液的高回流比，以达到较高的脱氮效率，同时不需任何回流提升动力。前置厌氧池，又达到了同时除磷脱氮的目的。

Carrousel DenitIR A^2/O 氧化沟活性污泥处理是将污水和部分回流污泥首先引入厌氧区，兼性细菌通过发酵作用将污水中溶解性 BOD 转化为挥发性有机酸，聚磷菌吸收这些物质并将其运送到细胞内，同化成胞内碳能源储存物（PHB/PHV），所需的能量来源于聚磷菌的水解及细胞内糖的酵解，并导致磷酸盐的释放。接着，污水进入好氧区，一方面，聚磷菌的活力得到恢复，并以聚磷的形式存储超出生长需要的磷量，通过 PHB/PHV 的氧化代谢产生能量，用于磷的吸收和聚磷的合成，磷酸盐从液相去除；另一方面，好氧区活性污泥降解有机物，水中的氨氮在硝化菌的作用下转化为硝酸盐氮。好氧区和兼氧区通过活动堰门相连，使得好氧混合液进入兼氧区，同时，另一部分污泥也回流至此，以减少进入厌氧区的硝酸盐氮，污水、污泥在兼氧区进行反硝化除氮。混合液最终通过设在好氧区的出水堰进入沉淀池沉淀。

Carrousel DenitIR A^2/O 氧化沟活性污泥处理工艺具有以下特点：① 硝化液不需回流，也就不需回流提升动力；② 不需初沉池；③ 污泥稳定，不需硝化池可直接干化；④ BOD_5、COD、NH_3-N、TP 去除率高。

本实验系统模拟污水处理厂进行污水处理，要求处理后的尾水达到一定的标准后排放。

四、实验步骤

(1) 熟悉 Carrousel DenitIR A^2/O 氧化沟活性污泥处理工艺，找到进水、出水、进泥、排泥、放空管的位置。

(2) 检查管道、阀门、水泵、构筑物连接是否正确。

(3) 开启进水阀，将调节水箱的污水引入系统；打开出水阀。

(4) 反应器进水至设计水深(0.5 m)后，打开曝气装置进行曝气。

(5) 系统正常运行后，检测进、出水水质，观察实验效果。

(6) 记录实验各个阶段出现的问题及解决措施。

(7) 记录在线检测装置的各项数据。

(8) 当工艺运行稳定后，检测污水的各项水质指标(包括 DO、BOD_5、COD、SS、TN、NH_3-N、TP、污泥浓度等)。

(9) 整理实验结果并填表。

五、实验数据整理

请将相关数据填入表 3-18 中。

表 3-18　Carrousel DenitIR A^2/O **氧化沟运行数据记录表**

取样点	厌氧区		兼氧区		好氧区	
	进水	出水	进水	出水	进水	出水
DO/(mg/L)						
BOD_5/(mg/L)						
COD/(mg/L)						
SS/(mg/L)						
TN/(mg/L)						
NH_3-N/(mg/L)						
TP/(mg/L)						
曝气池 MLSS/(mg/L)						
回流污泥 MLSS/(mg/L)						

六、思考题

(1) 如何控制系统的除磷脱氮的效果？

(2) 总结运行中存在的问题及解决措施。

实验四　CIBR 同步脱氮除磷实验

一、实验目的

(1) 熟悉 CIBR 实验操作方法，了解 CIBR 同步脱氮除磷理论，并通过离线及在线数据检测，初步掌握 CIBR 脱氮除磷效果及在线 pH 值与 ORP 变化规律。

(2) 考察不同的溶解氧浓度及水力负荷对脱氮除磷效果的影响。

(3) 认知了解三相分离器应用于好氧反应器的可行性及在 CIBR 中的工作原理。

二、实验仪器

(1) DO-pH-ORP 测定仪。

(2) COD 快速测定仪。

(3) NH_3-N、NO_2^--N、NO_3^--N、TP 测定仪。

(4) 浊度仪。

(5) 1 L 量筒、普通光学显微镜。

三、实验装置

CIBR 主体由生化反应区、三相分离区、沉淀区、出水堰等四部分组成。CIBR 实验装置的示意图见图 3-14。

四、实验原理

CIBR(continuous-flow integrated biological reactor)是基于 SBR 及一体化氧化沟的工艺特点，引入 UASB 三相分离器概念开发出来的一体化连续流同步脱氮除磷生物反应器，该反应器在恒水位条件下连续进、出水，实现污泥自回流，减小污泥回流能耗，并在单池内实现同步脱氮除磷。

污水由生化反应区顶部进入 CIBR，通过时间控制器控制生化反应区内的曝气装置与搅拌装置，实现定时好氧曝气、缺氧搅拌及厌氧静沉的交替运行，也可以通过 DO、ORP 及 pH 值在线测定仪反馈实现自动控制。在生化反应区，污水与活性污泥充分接触反应，达到有效除去有机物、氮、磷等目的。生化反应区与沉淀区通过三相分离器有机结合在一起。污水在生化反应区得到处理后，利用三相分离器实现水、活性污泥和 O_2、CO_2 及 N_2 的有效分离。分离后的活性污泥通过三相分离器自滑回流至生化反应区继续生化反应。通过三相分离器分离的气体，则通过气体回流孔返回到生化反应区，有效防止了气体对沉淀区的固液分离的干扰。污水经过沉淀区后由出水堰排出反应器，从而完成整个有机物降解及脱氮除磷过程。

CIBR 具有以下特点：① 一体化构造，节省占地面积与基建投资；② 设备使用率及容积利用率高；③ 能耗低；④ 反应器流态优化、运行稳定性高；⑤ 控制简单、维护方便。

在本实验中分析观测 COD、NH_3-N、NO_2^--N、NO_3^--N、TP、DO、pH 值、ORP、浊度等指标，了解 CIBR 内 pH 值、ORP 与脱氮除磷的关系及变化规律。同时考察不同的曝气量及水力停留时间对出水水质的影响。

五、实验步骤

原水直接进入 CIBR 内，通过控制不同的 DO 及 HRT，考察脱氮除磷效果。其中曝气时 DO 分别控制在 2 mg/L、3 mg/L 及 4 mg/L，同时分别控制 HRT 在 8 h、12 h 及 16 h。通过正交实验确定适宜的 DO 及 HRT，达到理想的脱氮除磷效果。实验步骤如下。

(1) 在实验之前，首先熟悉传统 SBR 工作原理，并将 CIBR 与 SBR 进行对比，了解 CIBR

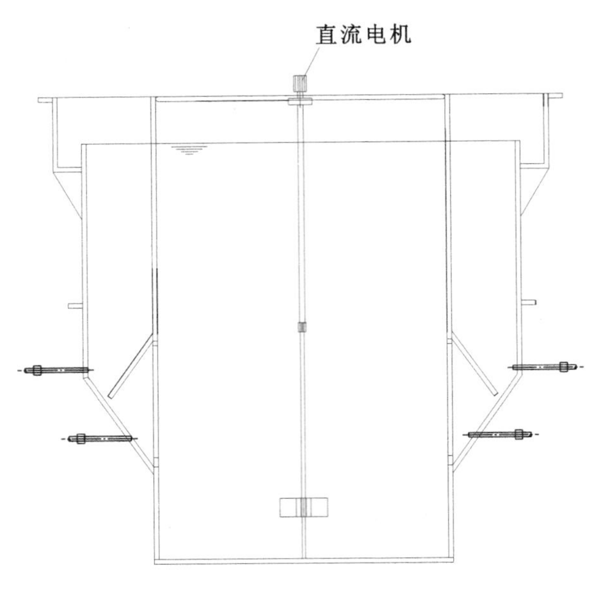

(a) 主视图

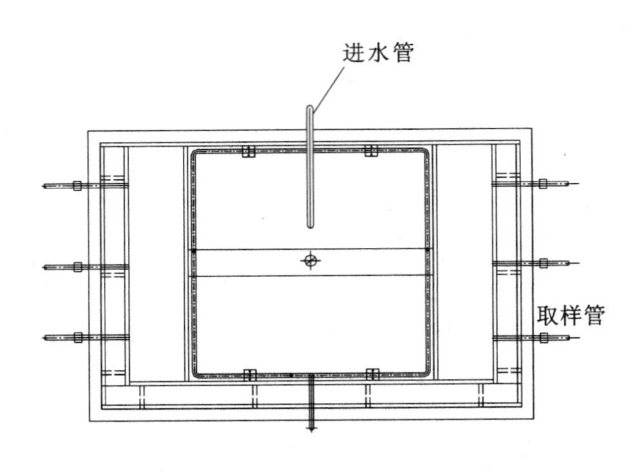

(b) 俯视图

图 3-14　CIBR 示意图

的改进思路。在此基础上,找到进水、出水、排泥、放空管及取样管的位置。

(2) 检查相关管道、阀门、水泵、构筑物连接是否正确。

(3) 开启进水阀,将调节水箱的污水引入系统,按照实验设计通过调整进水量来控制相应的 HRT;同时打开时间控制器,控制曝气、搅拌及静沉时间分别为 2 h、1 h 及 1 h。反应器开始自控运行。

(4) 调节充气管的阀门来控制气量,按照正交实验设计控制 DO;同时在线检测 pH 值及 ORP,了解其变化规律。

(5) 分别检测曝气、搅拌及静沉结束时的水质及 SV,并进行生物镜检,了解活性污泥内微生物种类。

(6) 实验持续时间为 6 天，每天运行两个周期，测定数据并记录(如果时间有限，则仅运行一个周期，计 4 h，控制曝气 DO 为 2 mg/L，HRT 为 12 h)。考察脱氮除磷与 pH 值及 ORP 变化规律。

六、实验数据整理

(1) 填写实验记录表(表 3-19)。

表 3-19　CIBR 运行数据记录表

测定时间：＿＿＿＿＿＿　　原水水温：＿＿＿＿＿＿

水样	COD/(mg/L)	NH_3-N/(mg/L)	NO_2^--N/(mg/L)	NO_3^--N/(mg/L)	TP/(mg/L)	SS/(mg/L)
进水						
生化反应区						
三相分离区						
出水						

(2) 由表中数据及在线检测的 pH 值及 ORP 绘制各指标变化曲线。

七、自主设计实验方案建议

(1) 考虑多种工况，改变曝气时间、搅拌时间及静沉时间对脱氮除磷的影响。观测不同工况条件下的脱氮除磷效果。

(2) 将 CIBR 出水接入人工湿地，考察生物生态协同净化作用。

八、思考题

(1) CIBR 与传统 SBR 工艺的相同点及不同点在哪里？

(2) CIBR 内 pH 值及 ORP 的变化规律与传统 SBR 工艺脱氮除磷变化曲线差异在哪里？为什么？

实验五　A^2/O 城市污水处理系统的运行与调试

一、实验目的

(1) 掌握 A^2/O 处理工艺装置的启动方法。

(2) 掌握常用的污泥指标和水质指标检测方法。

(3) 掌握 A^2/O 处理工艺的控制指标和运行参数。

(4) 掌握 A^2/O 处理系统的调试、运行及管理。

二、实验设备

A^2/O 处理系统(图 3-15)。

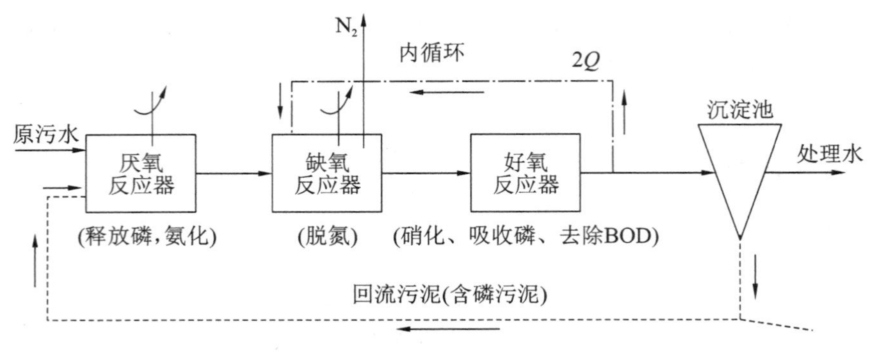

图 3-15　A^2/O 处理工艺装置示意图

三、实验原理

A^2/O 污水处理技术是一种典型的污水处理方法,并有多种改进工艺。A^2/O 处理工艺的主要部件包括进水水箱、厌氧池、缺氧池、好氧池、沉淀池、出水水箱及控制系统。通过调节曝气量、转刷的转速,可以实现 A^2/O 不同部位及不同程度的充氧,满足污水处理过程中不同微生物对氧的需求,同时实现好氧厌氧过程,实现脱氮除磷同时进行。

该 A^2/O 处理系统具有如下特点。

(1) 系统主体设备由有机玻璃材质制成,可直观地看到实验现象。

(2) 厌氧反应器:原污水及从沉淀池排出的含磷回流污泥同步进入该反应器,其主要功能是释放磷,同时对部分有机物进行氨化。

(3) 缺氧反应器:污水经厌氧反应器进入该反应器,其首要功能是脱氮,硝态氮是通过内循环由好氧反应器送来的,循环的混合液量较大,一般为 $2Q$(Q 为原污水量)。

(4) 好氧反应器(曝气池):混合液由缺氧反应器进入该反应器,其功能是多重的,去除BOD、硝化和吸收磷都是在该反应器内进行的,这三项反应都是重要的,混合液中含有 NO_3^--N,污泥中含有过剩的磷,而污水中的 BOD(或 COD)则得到去除,流量为 $2Q$ 的混合液从这里回流到缺氧反应器。

(5) 沉淀池:其功能是泥水分离,污泥的一部分回流厌氧反应器,上清液作为处理水排放。

四、实验步骤

(1) 熟悉 A^2/O 处理系统的工作原理和主要结构,明确操作要点。

(2) 启动 A^2/O 处理系统,并连续运行 40 天。进水水样为生活污水,COD 或氨氮不足情况下,补充无机碳源或氮源,以提高营养物质负荷,并注意调整曝气量、水力停留时间、污泥回流比例和内循环比例等。在此期间,每日早晚各取一次出水样,在蓄水池重新加满时取进水水样,进行测试,并在晚上分别取一次厌氧污泥、缺氧污泥以及好氧污泥样本,观察生物相。

(3) 具体取样及运行方法如下。

① 进水:污水泵将生活污水直接泵入蓄水池内,达到原水位高度停止进水,搅拌均匀,取进水水样。

② 出水:因 A^2/O 处理工艺装置为连续运行装置,出水持续排出,出水口取出水水样即可。

③ 取泥:分别在厌氧池、缺氧池、好氧池底部阀门处接出少量污泥,分别适当稀释,用显微

镜进行观察并拍照。

(4) 需测试指标如下。

① 进水:温度、pH 值、DO、COD、氨氮。

② 出水:温度、pH 值、DO、COD、氨氮。

③ 生物膜:微生物相。

(5) 外加营养元素。当生活污水进水 COD 及氨氮不再满足驯化条件时,需外加一定碳源及氮源。通过测试 COD、氨氮等指标,计算其去除率。通过生物相的观察,确定水质情况以及微生物生长的时期,来判定营养物质是否充足。根据蓄水池体积、投加物相对分子质量等,通过计算确定需投加碳源(如葡萄糖、醋酸钠、琥珀酸钠等)及氮源(氯化铵)的量,将其溶于少量纯净水中,取进水水样后,加入反应器内,以达到营养物质浓度要求。

(6) 调整运行参数。根据上述结果,随时调整运行系统的水力停留时间、内循环比例、污泥回流比及曝气量等指标。

五、实验数据整理

填写实验记录表(表 3-20 和表 3-21)。

表 3-20　实验数据整理记录表

时间	×月×日		×月×日		×月×日		×月×日		…
	上午	下午	上午	下午	上午	下午	上午	下午	…
pH 值									
温度/℃									
DO/(mg/L)									
进水 COD/(mg/L)									
出水 COD/(mg/L)									
COD 去除率/(%)									
进水氨氮/(mg/L)									
出水氨氮/(mg/L)									
氨氮去除率/(%)									
厌氧污泥生物相观察									
缺氧污泥生物相观察									
好氧污泥生物相观察									

表 3-21　系统运行参数记录表

时间	×月×日		×月×日		×月×日		×月×日		…
	上午	下午	上午	下午	上午	下午	上午	下午	…
进水泵示数									
内循环泵示数									
污泥回流泵示数									
曝气量(L/h)									

六、思考题

(1) 对实验数据进行统计处理和分析,探讨 A^2/O 处理系统各项检测指标的情况。
(2) 分析 A^2/O 处理系统启动和运行过程中:
① 各个池体污泥微生物的群落结构变化;
② 污水去除效果;
③ 各种污泥的活性;
④ 脱氮效果;
⑤ 其他指标的变化情况。
(3) 以图片和文字的形式,详细记录每天实验过程中的现象、问题及解决的方法或策略。

实验六　生物接触氧化法处理城市生活污水系统的运行与调试

一、实验目的

(1) 掌握生物接触氧化反应装置的启动、运行和调试。
(2) 掌握生物接触氧化法水处理常用指标和污染物浓度的检测方法。
(3) 掌握生物接触氧化法处理工艺的控制指标和运行参数。

二、实验设备

生物接触氧化池(图 3-16)、污水泵、气泵、废水调节池。

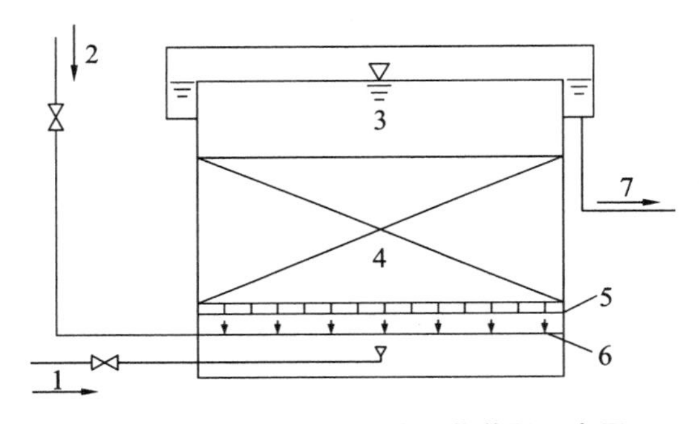

图 3-16　生物接触氧化池工艺装置示意图

1—进水;2—空气;3—稳水层;4—填料;5—格栅支架;6—穿孔管;7—出水

三、实验原理

生物接触氧化法是以附着在载体(俗称填料)上的生物膜为主,净化有机废水的一种高效水处理方法。它是具有活性污泥法特点的生物膜法,兼有活性污泥法和生物膜法的优点。

生物接触氧化池又称为淹没式生物滤池。其工作机理如下:在池内充满填料,使已经充氧的污水浸没全部填料,并以一定的流速流经涂料;在填料上布满生物膜,污水与生物膜广泛接触,在生物膜上微生物新陈代谢的作用下,污水中的有机污染物得到去除,污水得到净化。

四、实验步骤

(1) 熟悉生物接触氧化处理污水工艺装置的工作原理和主要结构,明确操作要点。

(2) 启动生物接触氧化装置,并连续运行 40 天。进水水样为生活污水,COD 不足情况下,补充无机碳源以提高 COD 负荷,并注意调整曝气量。在此期间,每日早晚各取一次水样,进行测试,并在晚上取一次生物膜样本,观察生物相。

(3) 具体取样及运行方法如下。

① 进水:污水泵将生活污水直接泵入反应器内,注意不要直接冲击生物膜。当污水达到一定高度时,停止进水,此时,取进水水样。取样后,打开曝气装置,设备正常运行。

② 出水:先停止曝气装置,静置半小时后,直接由反应器下端取出水水样,并排空整个池体,或排空一半池体(此时为半进水)。

③ 用平头镊子或玻璃棒刮取生物膜上物质,置于载玻片上,用显微镜进行观察并拍照。

(4) 需测试指标如下。

① 进水:温度、pH 值、DO、COD、氨氮。

② 出水:温度、pH 值、DO、COD、氨氮。

③ 生物膜:微生物相。

(5) 外加碳源。当生活污水进水 COD 不再满足生物膜生长条件时,需外加一定碳源。通过测试 COD、氨氮等指标,计算其去除率。通过生物相的观察,确定水质情况以及微生物生长的时期,来判定营养物质是否充足。根据池体体积、投加物相对分子质量等,通过计算确定需投加碳源(如葡萄糖、醋酸钠、琥珀酸钠等)的量,将其溶于少量纯净水中,取进水水样后,加入反应器内,以达到营养物质浓度要求。

五、实验数据整理

(1) 填写实验记录表(表 3-22)。

表 3-22　实验数据整理记录表

时间	×月×日		×月×日		×月×日		×月×日		…
	上午	下午	上午	下午	上午	下午	上午	下午	…
pH 值									
温度/(℃)									
DO/(mg/L)									
进水 COD/(mg/L)									
出水 COD/(mg/L)									
COD 去除率/(%)									
进水氨氮/(mg/L)									
出水氨氮/(mg/L)									
氨氮去除率/(%)									
生物相观察									

(2) 记录每日曝气量。

六、思考题

(1) 对实验数据进行统计处理和分析,探讨生物接触氧化处理系统各项检测指标的情况。

(2) 分析生物接触氧化处理系统启动和运行过程中:

① 污水去除效果;

② 活性污泥微生物的群落结构变化;

③ 溶解氧的变化;

④ 其他指标的变化情况。

(3) 以图片和文字的形式,详细记录每天实验过程中的现象、问题及解决的方法或策略。

实验七　充氧波形潜流人工湿地实验

一、实验目的

(1) 掌握充氧波形潜流人工湿地实验操作方法,分析污水流经人工湿地后的进、出水水质指标(COD、NH_3-N、NO_2^--N、NO_3^--N)。

(2) 观测充氧前、后湿地内的溶解氧变化情况,并分析充氧前、后的氨氮形态转化。

二、实验仪器

(1) DO-pH-ORP 在线测定仪。

(2) COD 快速测定仪。

(3) NH_3-N、NO_2^--N、NO_3^--N 测定仪。

三、实验装置

充氧波形潜流人工湿地由进水区、反硝化区及有机物氧化区、硝化区、出水区四部分组成,填料由各种级配的卵石、砾石、炉渣、细砂等组成,在湿地上面种植各种水生植物,如美人蕉、菖蒲等,每平方米种植 30～40 株,其示意图见图 3-17。

四、实验原理

人工湿地与传统的生物处理工艺相比,其作用机制及处理系统中物质的变化过程都有较大差异。人工湿地通过基质过滤、植物的吸收与附着在基质上的微生物代谢作用去除进水污染物,通过生物硝化与反硝化、氮固定、植物吸收、氨化、硝酸盐铵化、填料吸附和离子交换等作用去除进水中的氨氮。

波形潜流人工湿地内部增设导流板,增加了水流的曲折性,垂直方向上的处理要比传统湿地更为优越。它改进了潜流人工湿地的水流状态,使污水在垂直方向上多次经过湿地内部具有不同处理特性的构造层,使潜流人工湿地垂直方向不同层次的功能得到比较充分的发挥,从而增强了吸附、沉淀的效果,更为有效地提高了污染物的去除效果。实验表明,波形潜流人工

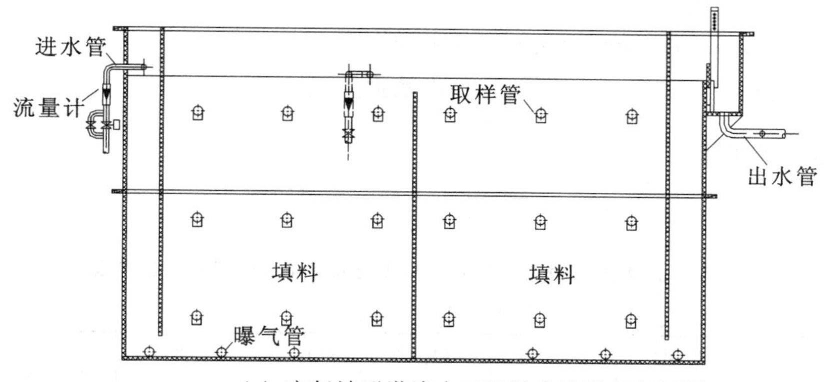

(a) 充氧波形潜流人工湿地实验装置剖面图

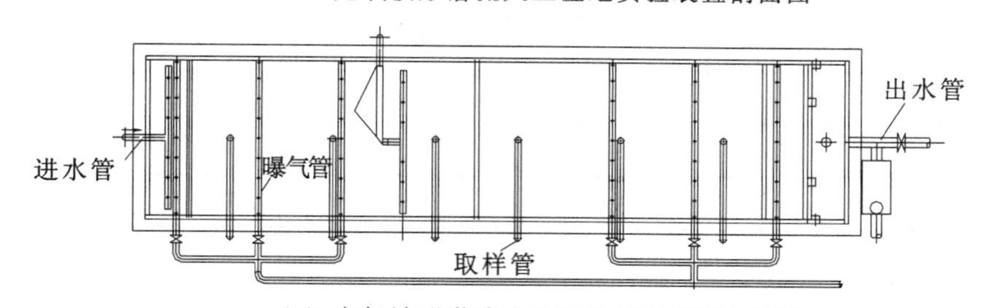

(b) 充氧波形潜流人工湿地实验装置平面图

图 3-17 充氧波形潜流人工湿地实验装置示意图

湿地出水 COD 和 NH_3-N 明显低于传统湿地。

传统湿地复氧能力比较弱,湿地处于兼性与厌氧的条件下,去除有机物和氨氮的能力比较弱,因此在湿地中加入充氧管,依靠充氧能改善湿地的溶解氧含量,提高湿地去除有机物和脱氮的能力。

此实验装置具有以下特点。

(1) 充氧波形潜流人工湿地实验装置中有 18 个取样管,可以在不同取样管取样,分析不同断面上湿地内各种物质的形态转化。

(2) 充氧管可以调整不同的开启度。

(3) 两组湿地既可以并联运行,也可以串联运行。

(4) 两组湿地可以始端进水,也可以实现多点进水。

在本实验中分析观测 COD、NH_3-N、NO_2^--N、NO_3^--N、DO、pH 值、ORP 等指标,了解充氧前、后湿地内各种氮形态的转化。

五、实验步骤

原水、CIBR、氧化沟、UASB 或者管式絮凝反应器的出水均可直接进入充氧波形潜流人工湿地,进水负荷可以达到 0.8～1.2 $m^3/(m^2 \cdot d)$。本实验主要研究原污水进入湿地后的处理效果。

(1) 通过不同阀门的开启,让原污水进入两组人工湿地。

(2) 一组开启前端曝气装置,另一组不开启。

(3) 调节流量,使人工湿地的水力负荷达到设计范围。

(4) 调节充气管的阀门控制气量。

(5) 检测出水水质,分析两组出水水质的不同。

(6) 实验持续时间为 2 周,每 2 天测定一次数据并记录。

六、实验数据整理

(1) 填写实验记录表(表 3-23)。

表 3-23　充氧波形潜流人工湿地与传统人工湿地运行数据记录表

测定时间:____________　　原水水温:____________

水样		COD /(mg/L)	NH_3-N /(mg/L)	NO_2^--N /(mg/L)	NO_3^--N /(mg/L)	DO /(mg/L)	pH 值	ORP /mV
传统湿地	进水							
	2 号							
	5 号							
	出水							
充氧湿地	进水							
	2 号							
	5 号							
	出水							

(2) 由表中数据绘制各指标变化曲线。

七、自主设计实验方案建议

(1) 将 CIBR、氧化沟、UASB 或者管式絮凝反应器的出水接入人工湿地,观测不同组合工艺下人工湿地的运行与处理效果。

(2) 观测不同水力负荷条件下湿地的运行与处理效果,建议负荷 1.0 $m^3/(m^2 \cdot d)$、1.5 $m^3/(m^2 \cdot d)$。

(3) 进行如何提高总氮去除能力的实验研究。

八、思考题

(1) 为什么充氧时湿地中的硝化效果发生较大变化?

(2) 硝化反应与进水中 COD 有什么关系?

(3) 写出硝化过程的反应方程式和基本原理,并讨论如何提高湿地中总氮的去除能力。

实验八　虹吸式屋面雨水排放系统模拟实验

一、实验目的

(1) 了解虹吸雨水口的雨水排除过程,测算最大雨水排放量。

(2) 了解雨水管内的压力变化规律。

(3) 分析优化虹吸式屋面雨水排放系统。

二、实验仪器

(1) 数码相机。

(2) 超声波液位仪、超声波流量计。

三、实验装置

该实验装置由底部储水箱(尺寸为 1 500 mm×1 000 mm×1 000 mm)、顶部配水槽(尺寸为 5 000 mm×500 mm×500 mm)、上水系统及三组虹吸式屋面雨水排放模拟系统(高度为 6 300 mm)组成。其中两组为单斗排放模拟系统,另一组为三斗排放模拟系统,单斗排放模拟系统管径为 90 mm 和 110 mm,多斗排放模拟系统管径为 110 mm。三组系统由底部的球阀控制,可以单独完成排水模拟实验,也可以并联完成排水模拟实验。在每个单斗排放模拟系统上从上到下安装有 3 个真空压力表,在多斗排放模拟系统上从右到左、从上到下安装有 9 个真空压力表,共 12 个真空压力表,真空压力表的编号见图 3-18,其中 9 号表为精密真空压力表。通过上水系统蝶阀的开启度调节可以真实地模拟虹吸式屋面雨水排水系统的全过程,其实验装置图见图 3-18。

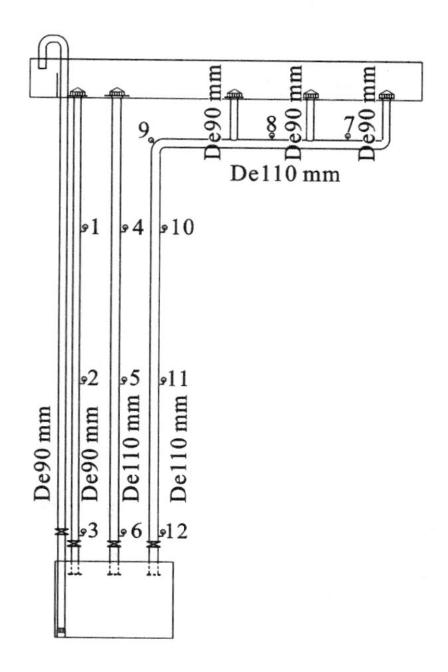

图 3-18 虹吸式屋面雨水排水系统装置图

1,2,…,12—真空压力表

四、实验原理

国内工程实践中通常采用的传统屋面雨水排放系统,使用 65 型、87 型雨水斗,流态是半有压流,由普通雨水斗、悬吊管、立管、埋地管及出户管等组成。其工作原理是利用屋面雨水本身的重力作用,由屋面雨水斗经排水管道自流排放雨水。该系统工作时,屋面雨水由雨水斗进入排水系统的过程中,过水断面收缩形成旋涡,水流夹带着空气进入排水系统,使整个系统呈气、液两相流,空气占据了大约 1/3 的管道空间。随着流量增加,斗内出现负压。系统排除设计重现期的雨量时,即在非满流负压下运行;当超过设计重现期时,斗的泄水量增加,管道系统可过渡到满流排水,可排除超过设计重现期的雨量。其管道的水流特点是附壁膜流、气水混合流以及水一相流的交替出现。

虹吸式屋面雨水排放系统是近年来发展起来的新型雨水排泄系统,由防旋涡雨水斗、雨水悬吊管、雨水立管和雨水出户管组成。该系统排水管均按满流有压状态设计。降雨初期,屋面雨水高度未超过雨水斗高度时,整个排水系统工作状态与重力排水系统相同。随着降雨持续,雨量增加,当屋面雨水高度超过雨水斗高度时,由于采用防旋涡雨水斗,通过控制进入雨水斗的雨水流量和调整流态,可减少旋涡,从而极大地减少雨水进入排水系统时所夹带的空气量,使系统中排水管道呈满流状态。利用建筑物屋面的高度和雨水所具有的势能,在雨水连续流经雨水悬吊管转入雨水立管跌落时形成虹吸作用,并在该处管道内呈最大负压。屋面雨水在管道内负压的抽吸作用下以较高的流速被排至室外。当超过设计重现期的雨量时,再提高系统的流量须升高屋面水位,但升高的屋面水位与原有总水头(建筑高度)相比仍然很小,系统的流量增加亦很小,因此,超重现期雨水须由溢流设施排除。

五、实验步骤

(一) 静态实验

(1) 确定要进行实验的雨水口和管路,关闭三个管道上的截止阀。

(2) 开启集水池中的水泵,向三楼配水箱供水。水面高度在雨水口上部 350 mm 左右时,停止水泵供水。

(3) 开启要进行实验的雨水口相对应的管路闸阀,让雨水口泄流,在开启运行后同时计时,并同时记录水面所对应的刻度,到虹吸破坏的同时停止计时,并记录水面位置。注意观察虹吸雨水口泄流状态的变化。

(4) 在实验过程中,读取安装在管道上的压力表数值,并做好记录。

(5) 重复以上实验,取两次最终实验结果的平均值作为最终实验数据。

(6) 开始另一个管路实验时,重复以上步骤。

(二) 对照实验

(1) 取出虹吸雨水口上部整流罩,变成传统雨水口。

(2) 确定要实验的雨水口和管路,关闭三个管道上的截止阀。

(3) 开启集水池中的水泵,向三楼配水箱供水。水面高度在雨水口上部 350 mm 左右时,停止水泵供水。

(4) 开启要进行实验的雨水口相对应的管路闸阀,让雨水口泄流,在开启运行后同时计时,并同时记录水面所对应的刻度,到虹吸破坏的同时停止计时,并记录水面位置。注意观察虹吸雨水口泄流状态的变化。

(5) 在实验过程中,读安装在管道上的压力表读数,并做好记录。

(6) 重复以上实验,取两次最终实验结果的平均值作为最终实验数据。

(7) 开始另一个管路的实验时,重复以上步骤。

六、实验数据整理

(1) 根据水面高度和时间变化计算虹吸雨水口、传统雨水口的泄水量。

(2) 根据压力表读数,绘制管道压力变化图。

(3) 配水箱长度为 5 m,有效长度为 4.65 m,其中进水槽长度为 0.35 m,宽度为 0.5 m。

(4) 管道从左到右编号。

(5) 1、2、3 号管道上的压力表从上到下按 1、2、3、4、5、6、7、8、9、10、11、12 进行编号。

(6) 将实验数据记入表 3-24 和表 3-25 中。

(7) 处理数据并填写表 3-24,根据表 3-25 的数据绘制管道压力变化图。

表 3-24　水面刻度数据记录表

管路编号										
水面	起始水面	中间水面	起始水面	中间水面	起始水面	中间水面	起始水面	中间水面	起始水面	中间水面
水面刻度/cm										
时间/s										
排泄水量/m^3										
流量/(L/s)										

表 3-25　管道压力表读数

压力表编号	1	2	3	4	5	6	7	8	9	10	11	12
管道 1												
管道 2												
管道 3												

七、自主设计实验方案建议

连续运行上水系统，观测连续流虹吸式雨水排放系统的运行过程，记录相关数据。

八、思考题

(1) 虹吸式雨水排放系统中管道内压力变化的原因是什么？

(2) 通过实验，试讨论虹吸式雨水排放系统与重力流雨水排放系统相比，其主要的技术优势是什么？

实验九　硫自养反硝化人工湿地实验

一、实验目的

(1) 掌握硫自养反硝化人工湿地实验的操作方法，分析污水流经人工湿地后的进出水水质指标(COD、NH_3-N、SS、浊度、pH 值、ORP)。

(2) 观测充氧前后湿地内的各指标变化情况，并依据氮形态变化的理论基础，分析充氧前后的氨氮形态转化。

二、实验设备

(1) ORP 测定仪。

(2) COD 快速测定仪。

(3) NH_3-N、SS、浊度、pH 测定仪。

(4) 实验装置 2 套。

三、实验装置

本研究以波形潜流人工湿地为主要实验装置,该装置由 PVC 板材制作而成,主体尺寸为 200 mm×300 mm×800 mm。本装置具有独特的结构流态系统(下流/上流),分为独立 A、B 两室,A 室尺寸为 200 mm×100 mm×800 mm,B 室尺寸为 200 mm×200 mm×800 mm,中间用 PVC 板隔开,底部连通,污水由 A 室上方表面布水,自上向下流动,从下方洞口进入 B 室,再向上流动,由 B 室上方表面收集排出,流态为波形潜流。表层预留有 100 mm 的配水区和超高保护区。基质表层上方 50 mm 处安装圆形穿孔布水管(DN20,45°角交错开孔,孔径 10 mm,孔距 10 mm),保证装置进水布水均匀;距底部 50 mm 处设置曝气管,借助空气泵往湿地内部供氧。整个装置沿 A 室和 B 室的不同高度分别设置取水样口,自填料顶部起,每隔 200 mm 设置一个,共设 8 个取水样口。实验装置详见图 3-19。

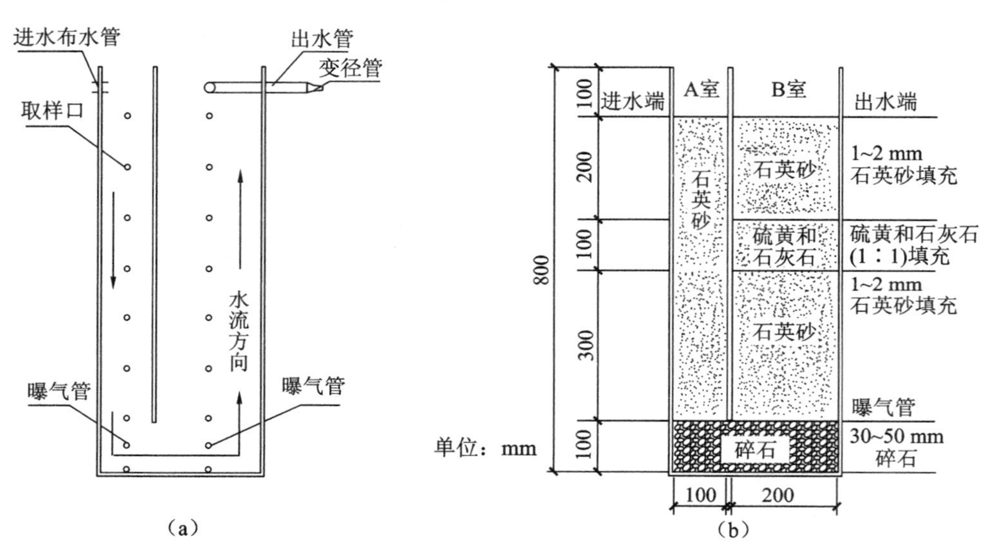

图 3-19 实验装置示意图

PVC 板材壁厚 10 mm,A 室装填粒径为 1~2 mm 的石英砂,装填高度为 600 mm;B 室从上到下依次装填高度为 100 mm 的石英砂,高度为 100 mm、体积比为 1∶1、粒径分别为 2~3 mm和 20~50 mm 的硫黄和石灰石,高度为 400 mm 的石英砂;底部孔洞高 100 mm,装置底部铺有与孔洞等高的碎石。

四、实验原理

人工湿地与传统的生物处理工艺相比,其作用机制及处理系统中物质的变化过程有较大差异。人工湿地通过基质过滤、植物的吸收与附着在基质上的微生物代谢作用去除进水污染物,通过生物硝化与反硝化、氮固定、植物吸收、氨化、硝酸盐铵化、填料吸附和离子交换等作用去除进水中的氨氮。

波形潜流人工湿地内部增设导流板,增加了水流的曲折性,垂直方向上的处理要比传统湿地更为优越。它改进了潜流人工湿地的水流状态,使污水在垂直方向上多次经过湿地内部具有不同处理特性的构造层，使人工湿地垂直方向不同层次的功能得到比较充分的发挥，从而增强吸附、沉淀的效果，更为有效地提高污染物的去除效果。实验表明波形潜流人工湿地出水 COD 和 NH_4^+-N 明显低于传统湿地。

传统湿地复氧能力比较弱，湿地处于兼性与厌氧的条件下，去除有机物和氨氮的能力比较弱，因此在湿地中加入充氧管，依靠充氧能改善湿地的溶解氧含量，提高湿地去除有机物和脱氮的能力。硫自养反硝化的主反应方程式如下。

$$55S+50NO_3^-+38H_2O+20CO_2+4NH_4^+ = 4C_5H_7O_2N+25N_2+55SO_4^{2-}+64H^+$$

硫自养反硝化菌群把硫或硫的化合物氧化为硫酸盐的同时，将硝酸盐还原为氮气。该反应伴有一定程度的副反应，包括

$$NO_3^- \longrightarrow NO_2^- \longrightarrow N_2$$

此实验装置具有以下特点。

① 充氧波形潜流人工湿地实验装置中有 16 个取样管，可以在不同取样管取样，分析不同断面上湿地内各种物质的形态转化。

② 充氧管可以调整不同的开启度。

③ 两组湿地既可以并联运行，也可以串联运行。

④ 两组湿地可以始端进水，也可以实现多点进水。

在本实验中分析观测 COD、NH_3-N、SS、TN、pH 值、ORP 等指标，了解充氧前后湿地内各种氮形态的转化。

五、实验步骤

原水、CIBR、氧化沟、UASB 或者管式絮凝反应器的出水均可直接进入充氧波形潜流人工湿地，进水负荷可以达到 0.8～1.2 $m^3/(m^2 \cdot d)$。本实验主要掌握原污水进入湿地后的处理效果。

(1) 通过不同阀门的开启，让原污水进入三组人工湿地。

(2) 第一组开启前端后端曝气装置，第二组开启前端曝气装置，第三组不开启。

(3) 调节流量，使人工湿地的水力负荷达到设计范围内。

(4) 调节充气管的阀门控制气量。

(5) 检测出水水质，每个水样检测两次，分析三组出水水质的不同。

(6) 实验持续时间为 2 周，每周测定 2 天数据并记录。

六、实验数据整理

(1) 填写实验记录表(表 3-26)。

表 3-26　硫自养充氧波形潜流人工湿地与传统人工湿地运行数据记录表

测定时间：________　　　　原水水温：________

水样		COD	NH_3-N	SS	TN	pH 值	ORP
传统湿地	进水						
	中段						
	出水						

续表

水样		COD	NH_3-N	SS	TN	pH 值	ORP
硫自养充氧湿地	进水						
	中段						
	出水						

(2) 由表中数据绘制各指标变化曲线,其中包括每日运行效果图、沿程指标变化图,数据图增加“误差棒”。

(3) 硫自养充氧湿地有两组,其中第 1 组的水气比为 1∶16,第 2 组的水气比为 1∶8,取样时只取一组即可,第 1、2 组硫自养充氧湿地对应各班的单双组取样。

(4) 取样使用自备矿泉水瓶,做好标记,取样总量不超过 100 mL。

(5) 取样时间:每周自选两天,尽量保证全程时间间隔均等。

(6) 取样点(表 3-27):进水直接从水箱中取,出水从出水口取,中段取样口为湿地底部取样管,左右各一个,每组固定选取一个取样口。

表 3-27 取样测试网格图

水样		星期一	星期二	星期三	星期四	星期五
传统湿地	进水	√	√	√	√	√
	中段				√	√
	出水	√	√	√	√	√
第 1 组硫自养充氧湿地	进水					
	中段				√	√
	出水	√	√	√	√	√
第 2 组硫自养充氧湿地	进水					
	中段				√	√
	出水	√	√	√	√	√

注:√为取样点。

七、自主设计实验方案建议

(1) 将 CIBR、氧化沟、UASB 或管式絮凝反应器的出水接入人工湿地,观测不同组合工艺下人工湿地的运行与处理效果。

(2) 观测不同水力负荷条件下湿地的运行与处理效果,建议负荷 1.0 $m^3/(m^2 \cdot d)$、1.5 $m^3/(m^2 \cdot d)$。

(3) 进行如何提高总氮脱除能力的实验研究。

八、思考题

(1) 为什么充氧时湿地中的硝化效果发生较大变化?

(2) 硝化反应与入水中 COD 值是什么变化关系?

(3) 写出硫自养反硝化过程的影响因素,分析如何提高湿地中总氮的去除能力。

实验十　硫铁碳自养反硝化人工湿地实验

一、实验目的

(1) 掌握硫铁碳自养反硝化人工湿地实验操作方法,分析污水流经人工湿地后的进出水水质指标(COD、NH_3-N、SS、浊度、pH 值、ORP)。

(2) 观测硫自养反硝化人工湿地和硫铁碳自养反硝化人工湿地内的各指标变化情况,并依据氮形态变化的理论基础,分析对比它们的氨氮形态转化。

二、实验设备

(1) ORP 测定仪。

(2) COD 快速测定仪。

(3) NH_3-N、SS、浊度、pH 测定仪。

(4) 实验装置 2 套。

三、实验装置

本研究以波形潜流人工湿地为主要实验装置,该装置由 PVC 板材制作而成,主体尺寸为 200 mm×300 mm×800 mm。本装置具有独特的结构流态系统(下流/上流),分为独立A、B 两室,A 室尺寸为 200 mm×100 mm×800 mm,B 室尺寸为 200 mm×200 mm×800 mm,中间用 PVC 板隔开,底部连通,污水由 A 室上方表面布水,自上向下流动,从下方洞口进入 B 室,再向上流动,由 B 室上方表面收集排出,流态为波形潜流。表层预留有 100 mm 的配水区和超高保护区。基质表层上方 50 mm 处安装圆形穿孔布水管(DN20,45°角交错开孔,孔径 10 mm,孔距 10 mm),保证装置进水布水均匀;距底部 50 mm 处设置曝气管,借助空气泵往湿地内部供氧。整个装置沿 A 室和 B 室的不同高度分别设置取水样口,自填料顶部起,每隔 200 mm 设置一个,共设 8 个取水样口。实验装置详见图 3-20。

PVC 板材壁厚 10 mm, A 室装填粒径为 1～2 mm 的石英砂,装填高度为 600 mm;B 室从上到下依次装填高度为 100 mm 的石英砂,高度为 100 mm、体积比为 3∶3∶1(粒径分别为 2～3 mm、1～3 mm、1～3 mm)的硫黄、海绵铁和活性炭,高度为 400 mm 的石英砂;底部孔洞高 100 mm,装置底部铺有与孔洞等高的碎石。

四、实验原理

人工湿地与传统的生物处理工艺相比,其作用机制及处理系统中物质的变化过程有较大差异。人工湿地通过基质过滤、植物的吸收与附着在基质上的微生物代谢作用去除进水污染物,通过生物硝化与反硝化、氮固定、植物吸收、氨化、硝酸盐铵化、填料吸附和离子交换等作用去除进水中的氨氮。

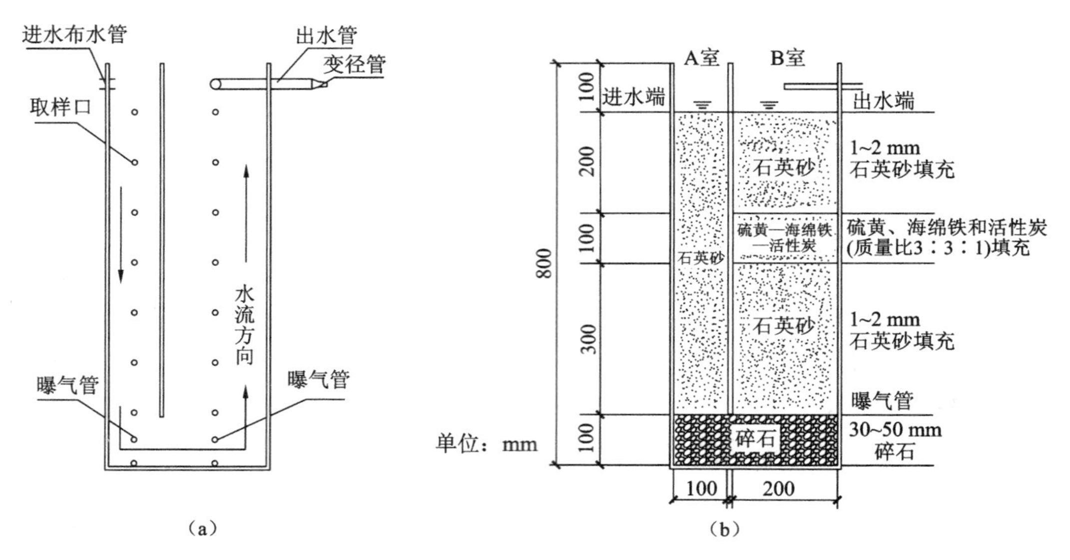

图 3-20　实验装置示意图

波形潜流人工湿地内部增设导流板，增加了水流的曲折性，垂直方向上的处理要比传统湿地更为优越。它改进了潜流人工湿地的水流状态，使污水在垂直方向上多次经过湿地内部具有不同处理特性的构造层，使人工湿地垂直方向不同层次的功能得到比较充分的发挥，从而增强吸附、沉淀的效果，更为有效地提高污染物的去除效果。实验表明波形潜流人工湿地出水COD和NH_4^+-N明显低于传统湿地。

传统湿地复氧能力比较弱，湿地处于兼性与厌氧的条件下，去除有机物和氨氮的能力比较弱，因此在湿地中加入充氧管，依靠充氧能改善湿地的溶解氧含量，提高湿地去除有机物和脱氮的能力。硫自养反硝化的主反应方程式如下。

$$55S+50NO_3^-+38H_2O+20CO_2+4NH_4^+ = 4C_5H_7O_2N+25N_2+55SO_4^{2-}+64H^+$$

硫自养反硝化菌群把硫或硫的化合物氧化为硫酸盐的同时，将硝酸盐还原为氮气。该反应伴有一定程度的副反应，包括

$$NO_3^- \longrightarrow NO_2^- \longrightarrow N_2$$

铁碳微电解技术是借助金属腐蚀电化学机理，通过微电池效应处置废水的工艺，由于具有使用简易、成本低、去除率高等优势，已被普遍运用在冶炼、印染、制药、化工等多种行业的废水处理中。此外，最近也有文章报道将铁碳微电解技术运用于生活污水的脱氮除磷，有良好的效果。

本实验将硫自养反硝化与铁碳微电解耦合，分析观测COD、NH_3-N、SS、TN、pH值、ORP等指标，了解观察单独硫自养反硝化工艺与耦合后的工艺进行生活污水处理的效果，尤其是脱氮效果的区别。

五、实验步骤

原水、CIBR、氧化沟、UASB或者管式絮凝反应器的出水均可直接进入充氧波形潜流人工湿地，进水负荷可以达到0.8～1.2 $m^3/(m^2 \cdot d)$。本实验主要掌握原污水进入湿地后的处理效果。

（1）通过不同阀门的开启，让原污水进入两组人工湿地。

（2）两组装置均开启前后曝气，调节充气管的阀门来控制气量，气水比为 1∶16。

（3）调节流量，使人工湿地的水力负荷达到设计范围内[0.8～1.2 $m^3/(m^2 \cdot d)$]。

（4）检测出水水质，每个水样检测两次，分析两组出水水质的不同。

（5）实验持续时间为 2 周，每周测定 2 天数据并记录。

六、实验数据整理

（1）填写实验记录表(表 3-28)。

表 3-28　运行数据记录表

测定时间：________　　　　原水水温：________

水样		COD	NH_3-N	SS	TN	pH 值	ORP
硫自养湿地	进水						
	中段						
	出水						
硫铁碳湿地	进水						
	中段						
	出水						

（2）由表中数据绘制各指标变化曲线，其中包括每日运行效果图、沿程指标变化图，数据图增加“误差棒”。

（3）取样使用自备矿泉水瓶，做好标记，取样总量不超过 100 mL。

（4）取样时间：每周选取 2 天，尽量保持时间间隔相同。

（5）取样点：进水直接从水箱中取，出水从出水口取，中段取样口为湿地底部取样管，左右各一个，每组固定选取一个取样口。

七、自主设计实验方案建议

（1）将 CIBR、氧化沟、UASB 或者管式絮凝反应器的出水接入人工湿地，观测不同组合工艺下硫铁碳人工湿地的运行与处理效果。

（2）观测不同水力负荷条件下湿地的运行与处理效果，建议负荷 1.0 $m^3/(m^2 \cdot d)$、1.5 $m^3/(m^2 \cdot d)$。

（3）进行如何提高总氮脱除能力的实验研究。

八、思考题

（1）硫铁碳自氧化硝化相比于单独硫自养反硝化在脱氮效果上是否有提升？为什么？

（2）硝化反应与入水中 COD 值是什么变化关系？

（3）写出硫铁碳自养反硝化过程的影响因素，总结硫自养湿地和硫铁碳湿地实验数据，进一步分析和展望如何提高湿地中总氮的去除能力。

实验十一　人工浮岛净化地表水实验

一、实验目的

(1) 掌握人工浮岛的组成。

(2) 通过地表水净化实验，了解人工浮岛净化工艺全过程，分析净化效果及净化机理。

二、实验原理

景观水体具有重要的景观和生态价值，可以起到美化环境、改善小气候和调节生态环境的作用。但大多数城市景观水体为滞留或流动性较差的封闭缓流水体，自净能力差。人类活动的影响或雨水径流所携带的污染物进入水体极易造成水体富营养化，水质恶化，严重影响景观水体的生态景观功能。目前景观治理和生态修复是城市景观水体综合整治的重要目标。

人工浮岛即生态浮岛技术，是运用无土栽培原理，采用现代农艺和生态工程措施综合集成的水面种植植物技术，利用水生植物及微生物净化水体的一种无污染、投资少、见效快的水体原位生态修复技术。由于人工浮岛植物在净化水质的同时还可以美化环境，因此近年来被广泛应用于天然景观河道与湖泊水体的治理，其净水原理主要是利用植物对氮磷等营养元素的吸收和根系微生物对污染物的降解来达到净化水质的目的。鉴于不同浮岛植物的生长特性存在差别，对污染物的吸收转化能力也有很大的不同，所以选择合适的浮岛植物对提高净水效果至关重要。

三、实验设备与材料

实验装置如图 3-21 所示，主要组成部分如下。

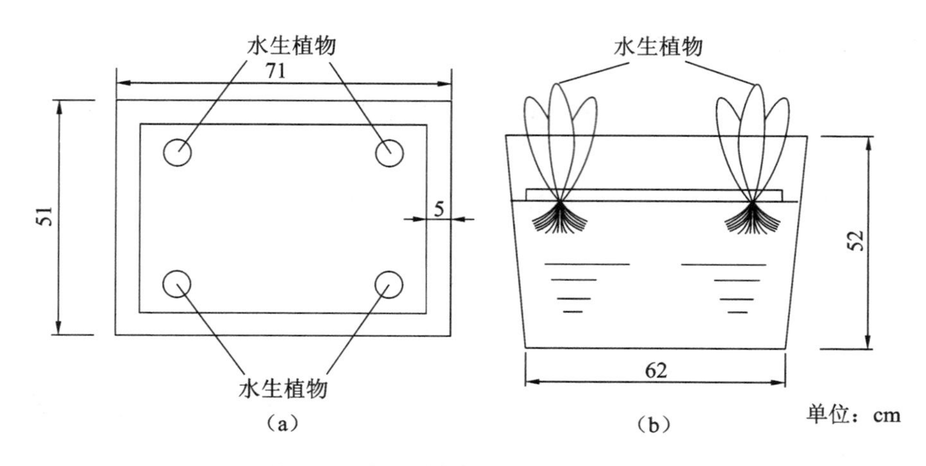

图 3-21　人工浮岛净化地表水实验装置

（1）200 L 实验水箱、人工浮岛、水生植物（鸢尾、风车草、美人蕉、花叶芦竹、旱伞草、千屈菜等）。

（2）水质检测设备（紫外分光光度计、溶解氧测定仪等）。

（3）测试药品。

四、实验步骤

（1）在实验水箱中用自来水配成所需原水 150 L（COD 100 mg/L、TN 2 mg/L、TP 1 mg/L），测定原水指标。

（2）选取 5 种不同水生植物种植于人工浮岛。

（3）跟踪监测 30 天，实验初期每 2 天取一次水样，20 天后每 3 天取一次水样。分析测试的主要指标为 TN、TP、COD、DO 和 pH 值。TN 使用过硫酸钾氧化-紫外分光光度法测定，TP 使用钼锑抗分光光度法测定，COD 使用重铬酸钾法测定，pH 值使用 pHS-3E 型 pH 计测定，DO 使用溶解氧测定仪测定。

五、实验数据整理

（1）填写实验记录表（表 3-29）。

表 3-29　实验数据整理

原水 DO：__________　　原水 pH 值：__________　　原水 COD：__________

原水 TN：__________　　原水 TP：__________　　测试日期：__________

测试指标	第 1 组	第 2 组	第 3 组	第 4 组	第 5 组
DO					
pH 值					
COD					
TN					
TP					

（2）根据实验数据分析不同水生植物下各种指标与运行时间关系曲线，分析各种水生植物对不同指标的净化效果。

（3）分析水质的影响因素。

六、思考题

（1）分析各种水生植物针对不同指标的净化效果的影响因素。

（2）分析最佳净化处理种植方案。

（3）根据所学的水处理知识，结合其他处理工艺，设计一种净化效果好的组合式人工浮岛。

实验十二　紫外协同二氧化钛对地表水消毒实验

一、实验目的

(1) 了解紫外协同二氧化钛消毒实验设备的构成,掌握紫外协同二氧化钛消毒的原理和优缺点。

(2) 通过紫外协同二氧化钛消毒实验,了解紫外消毒工艺全过程,掌握运行操作方法。

二、实验原理

消毒已成为保障饮用水质量的主要方法,是饮用水处理工艺必不可少的一部分,紫外线消毒是目前常用的饮用水消毒技术之一。在研发出汞蒸气灯和石英管并确定紫外(UV)辐射具有杀菌作用之后,人类首次将紫外线应用于饮用水消毒,随后紫外消毒技术不断发展和完善。紫外线被认为对可通过饮用水传播的所有病原体、细菌、原生动物和病毒具有广泛的灭活效果,在饮用水消毒中应用越来越多。紫外消毒技术在我国饮用水处理中也逐步得到关注。

紫外线电磁波的波长范围为 100～400 nm,通常用于饮用水消毒的波长范围在 200～280 nm,即 UVC 波段的紫外线。紫外消毒原理主要是紫外线可损伤微生物机体内的 DNA 或 RNA 分子结构,产生嘧啶二聚体和一些光化学产物,阻碍 DNA 或 RNA 的复制,破坏细胞代谢和繁殖,导致微生物细胞死亡。

紫外线消毒具有杀菌高效广谱、不产生任何有害副产物、无污染、设备简单、不消耗药剂、不存在有毒物质泄漏问题等优点。

光照强度决定在给定波长范围内催化剂的光吸收程度。在光催化反应中,光照强度是决定电子-空穴形成的初始速率的主要因素。一般情况下,消毒时间一定时,紫外光强越大,消毒效果越好。但也不能无限度增加紫外光强,照射的紫外剂量需使出水微生物满足排放标准。超过一定剂量后,不但不会提高微生物去除率,还会增加运行成本。本实验通过改变紫外灯功率来调整紫外光强。

二氧化钛(TiO_2)是一种稳定的半导体材料,其杀菌的机理是其被紫外线照射后,发生一系列光催化氧化还原反应,将 H_2O 和 O_2 转化为自由基 ROS,如 ·OH、O_2^- ·、HO_2 · 等,其可与细菌细胞的细胞壁、细胞膜、DNA 等不同组分进行反应,破坏细胞结构及功能,导致细菌死亡。

UV-TiO_2 消毒过程对细菌的灭活主要是 UV 消毒和高级氧化消毒的联合作用。首先是紫外线对水中微生物进行灭活,同时,在紫外线的激发作用下,TiO_2 表面生成具有强氧化作用的羟基自由基(·OH),羟基自由基氧化微生物细胞内的辅酶 A,阻止微生物的呼吸作用,引起微生物的死亡。羟基自由基很小,很容易渗透进入微生物细胞内部,破坏细菌细胞壁的渗透作用,引起微生物体内电解质的失衡而死亡。羟基自由基的强氧化性还可以使细胞内蛋白质变性,从而使微生物细胞内的酶系失去作用。最后,具有强氧化作用的羟基自由基还可以直接将微生物细胞物质氧化为 CO_2、H_2O 等无机物,从而引起微生物的死亡。因此,UV-TiO_2 联合作用的消毒效率要远高于单纯紫外线消毒。

本次实验重点研究消毒工艺的选择、水质条件及照射条件等不同因素下的灭菌效果,验证方法主要是静态和动态实验相结合，通过对比，确定最佳消毒条件，并通过调整水质参数，验证实验的可靠性。

消毒对粪大肠菌群的处理效果指标用杀菌率(%)表示，如式(3-7)所示。

$$\eta=\frac{N_0-N}{N_0}\times 100\% \tag{3-7}$$

式中：η ——杀菌率；

N_0——紫外线照射前的粪大肠菌群数，个/L；

N——紫外线照射后的粪大肠菌群数，个/L。

三、实验设备与试剂

(1) 无菌 10% $Na_2S_2O_3$ 溶液、琼脂培养基。

(2) 恒温培养箱、培养皿等。

(3) 紫外协同二氧化钛消毒实验设备(图 3-22)，由紫外灯(波长 254 nm)、石英套管、玻璃烧杯(1 L)、自掺杂纳米 TiO_2 阵列的钛板、磁力搅拌器(85-2 型)和外罩箱等几部分组成。

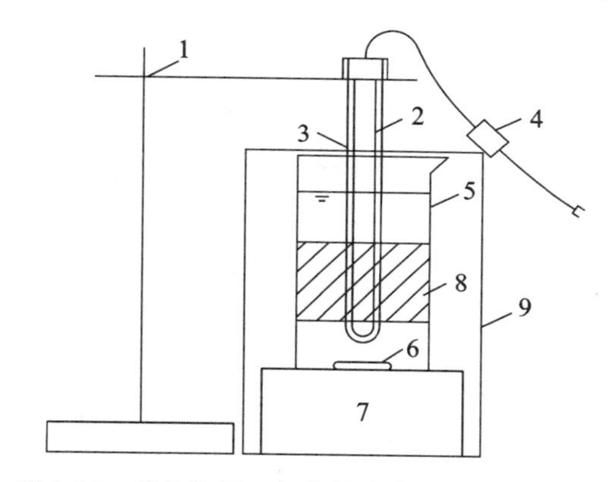

图 3-22　紫外协同二氧化钛消毒实验设备示意图

1—铁架支撑杆；2—紫外灯；3—石英套管；4—镇流器；5—玻璃烧杯；6—转子；7—磁力搅拌器；8—钛板；9—外罩箱

四、实验步骤

(1) 每次实验前将原水摇匀，测定原水水样中的菌落总数 N_0。

(2) 开启紫外灯预热 10 min，待紫外线输出稳定后，取定量原水于烧杯中。

(3) 开启磁力搅拌器，将紫外灯插入外罩箱既定位置，立即开始计时。

(4) 本实验通过改变紫外灯功率来调整紫外光强，分别采用 6 W、10 W 和 16 W 紫外灯，保持光催化钛板不变，将摇匀的原水水样分别在单独 UV 和 UV-TiO_2 体系下照射 5 s、10 s、15 s、20 s 和 25 s。

(5) 经紫外线照射达预设的时间后取样，测定消毒后水样中的菌落总数。

(6) 每次取三个对照组测定，最终结果取平均值，完善实验记录表格。

五、实验数据整理

(1) 填写实验记录表(表 3-30)。

表 3-30　实验数据整理记录表

原水水温：__________　　原水菌落总数：__________

消毒方式	紫外灯功率	时间	消毒后菌落数 N/(个/L)				杀菌率 η/(%)
			1#	2#	3#	平均值	
单独UV消毒	6 W	5 s					
		10 s					
		15 s					
		20 s					
		25 s					
	10 W	5 s					
		10 s					
		15 s					
		20 s					
		25 s					
	16 W	5 s					
		10 s					
		15 s					
		20 s					
		25 s					
UV-TiO_2消毒	6 W	5 s					
		10 s					
		15 s					
		20 s					
		25 s					
	10 W	5 s					
		10 s					
		15 s					
		20 s					
		25 s					
	16 W	5 s					
		10 s					
		15 s					
		20 s					
		25 s					

（2）根据实验数据绘制单独UV消毒和UV-TiO_2消毒两种情况下，不同紫外灯功率下灭菌率与照射时间的关系曲线。

（3）根据所绘制的关系曲线对比分析单独UV消毒和UV-TiO_2消毒存在差异的原因，并分析紫外光强对光催化消毒效果的影响。

六、注意事项

（1）实验时，水样被电磁搅拌器不停地搅拌，以保证水样中的所有微生物处于相同的辐照条件下。

（2）紫外线对皮肤和眼睛有损伤作用，应注意防护。

（3）操作过程在无菌操作台中进行，避免空气中菌种的污染。

七、思考题

（1）各种饮用水消毒工艺的优缺点是什么？

（2）考虑温度、pH值和原水氨氮浓度对TCCA消毒剂消毒效果的影响。

第四章　特种水处理综合设计实验

实验一　冶金综合废水回用实验

钢铁加工工业中，由于其工艺流程的原因，油水混合物是生产过程必然的产物。含油废水未经处理不能排入下水管或排水沟。《污水综合排放标准》(GB 8978—1996)规定：直接排放时最高允许含油量是 30 mg/L，间接排放则为 10 mg/L。冶金综合废水经过常规处理后，其含油量一般为 5～10 mg/L，已达到排放标准，但随着全球水资源越来越紧张，钢铁企业不得不考虑废水再利用。因此，必须对常规处理后的废水进行深度处理以满足用水设备的要求，即含油量小于 1.0 mg/L。现阶段常用的方法是超滤和反渗透双膜工艺法。

一、实验目的

(1) 加强对超滤和反渗透双膜工艺的基本概念、特点及出水规律的理解。

(2) 掌握超滤和反渗透双膜工艺的实验方法，对实验数据进行整理，绘制进水含油量标准曲线和出水含油量变化曲线。

二、实验仪器

(1) 超滤和反渗透双膜系统 1 套(超滤膜和反渗透膜各 1 根、加压泵 1 台)。

(2) 1 000 mL 分液漏斗 1 个。

(3) 100 mL 容量瓶 11 个。

(4) 500 mL 烧杯 11 个。

(5) 100 mL 烧杯 12 个。

(6) 紫外分光光度计(含 215～256 nm 波长)1 台，10 mm 石英比色皿 1 个。

(7) G_3 型 25 mL 玻璃砂芯漏斗 1 个。

(8) 移液管：1 mL、2 mL、5 mL、10 mL 各 1 支。

(9) 胶头滴管 2 个。

三、实验试剂

(1) 标准油、标准油储备溶液：准确称取标准油品 0.100 g，溶于石油醚中，移入 100 mL 容量瓶内，稀释至标线，储存于冰箱中。此溶液每毫升含 1.00 mg 油。

(2) 用标准油配制的含油废水。

(3) 60～90 ℃石油醚。

(4) 无水硫酸钠：在 300 ℃下烘 1 h，冷却后装瓶备用。

(5) 硫酸(1+1)：蒸馏水与浓硫酸按体积比 1∶1 配制。

(6) 氯化钠。

四、实验装置

该实验装置如图 4-1 所示。

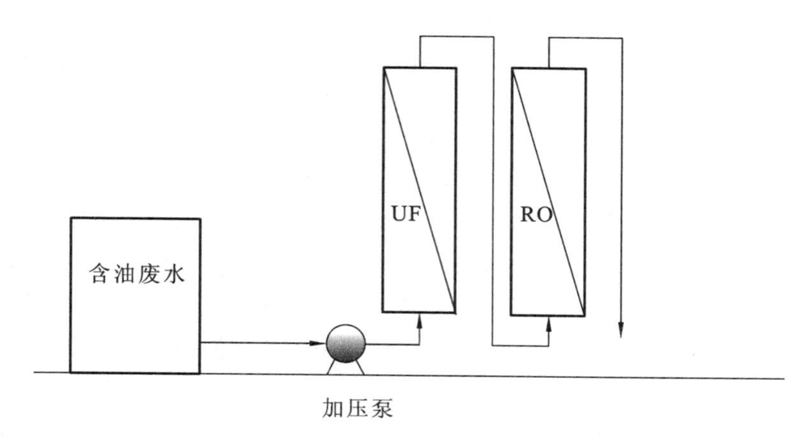

图 4-1　冶金企业综合废水回收利用实验装置示意图

五、实验原理

超滤(ultrafiltration)是一种膜滤法,也称错流过滤(cross filtration)。它能从周围含有微粒的介质中分离出 1～10 nm 的微粒,这个尺寸范围内的微粒,通常是指液体内的溶质。其基本原理是在常温下以一定的压力和流量,利用不对称微孔结构和半透膜介质,依靠膜两侧的压力差作为推动力,以错流方式进行过滤,使溶剂及小分子物质通过,大分子物质和微粒子如蛋白质、水溶性高聚物、细菌等被滤膜阻留,从而达到分离、分级、纯化、浓缩的目的。

超滤装置是在一个密闭的容器中进行,以压缩空气为动力,推动容器内的活塞前进,使样液形成内压,容器底部设有坚固的膜板。直径小于膜板孔径的小分子,受压力的作用被挤出膜板,大分子被截留在膜板之上。超滤开始时,由于溶质分子均匀地分布在溶液中,超滤的速度比较快。但是,随着小分子的不断排出,大分子被截留堆积在膜表面,浓度越来越高,自下而上形成浓度梯度,这时超滤速度就会逐渐减慢,这种现象称为浓差极化现象。

与传统分离方法相比,超滤技术具有以下特点。

(1) 超滤过程是在常温下进行,条件温和且无成分破坏,因而特别适宜于热敏感的物质,如药物、酶、果汁等的分离、分级、浓缩与富集。

(2) 超滤过程不发生相变化,不需加热,能耗低,不需添加化学试剂,无污染,是一种节能环保的分离技术。

(3) 超滤技术分离效率高,对稀溶液中的微量成分的回收、低浓度溶液的浓缩均非常有效。

(4) 超滤过程仅采用压力作为膜分离的动力,因此分离装置简单、流程短、操作简便,易于控制和维护。

(5) 超滤法也有一定的局限性,它不能直接得到干粉制剂。对于蛋白质溶液,一般只能得到 10%～50%的浓度。

反渗透技术是当今最先进、最节能、效率最高的分离技术。它是在高于溶液渗透压的压力下,借助于只允许水分子透过的反渗透膜的选择截留作用,将溶液中的溶质与溶剂分离,从而达到净水的目的。反渗透膜由具有高度有序矩阵结构的聚合纤维素组成。它的孔径为 0.1～1 nm。

反渗透膜工作原理:对透过的物质具有选择性的薄膜称为半透膜,一般将只能透过溶剂而不能透过溶质的薄膜称为理想半透膜。当把相同体积的稀溶液(如淡水)和浓溶液(如盐水)分别置于半透膜的两侧时,稀溶液中的溶剂将自然穿过半透膜而自发地向浓溶液一侧流动,这一现象称为渗透。当渗透达到平衡时,浓溶液侧的液面会比稀溶液侧的液面高出一定高度,即形成一个压力差,此压力差即为渗透压。渗透压的大小取决于溶液的固有性质,即与浓溶液的种类、浓度和温度有关而与半透膜的性质无关。若在浓溶液一侧施加一个大于渗透压的压力,溶剂的流动方向将与原来的渗透方向相反,开始从浓溶液向稀溶液一侧流动,这一过程称为反渗透。反渗透是渗透的一种反向迁移运动,是一种在压力驱动下,借助于半透膜的选择截留作用将溶液中的溶质与溶剂分开的分离方法,它已广泛应用于各种液体的提纯与浓缩,其中最普遍的应用实例便是在水处理工艺中,用反渗透技术将原水中的无机离子、细菌、病毒、有机物及胶体等杂质去除,以获得高质量的纯净水。

衡量反渗透膜性能的主要指标如下。

1. 脱盐率和透盐率

脱盐率指通过反渗透膜从系统进水中去除可溶性杂质浓度的百分比。透盐率指进水中可溶性杂质透过膜的百分比。

$$\text{脱盐率}=\left(1-\frac{\text{产水含盐量}}{\text{进水含盐量}}\right)\times 100\%$$

$$\text{透盐率}=100\%-\text{脱盐率}$$

膜元件的脱盐率在其制造成形时就已确定,脱盐率的高低取决于膜元件表面超薄脱盐层的致密度,脱盐层越致密,脱盐率越高,同时产水量越低。反渗透对不同物质的脱盐率主要由物质的结构和相对分子质量决定,对高价离子及复杂单价离子的脱盐率可以超过 99%,对单价离子(如钠离子、钾离子、氯离子)的脱盐率稍低,但也超过了 98%;对相对分子质量大于 100 的有机物脱盐率也可达到 98%,但对相对分子质量小于 100 的有机物脱盐率较低。

2. 产水量(水通量)和渗透流率

产水量(水通量)指反渗透系统的产能,即单位时间内透过膜的水量。

渗透流率也是表示反渗透膜元件产水量的重要指标,指单位膜面积上透过液的流率,通常用 GFD 表示。过高的渗透流率将导致垂直于膜表面的水流速加快,加剧膜污染。

3. 回收率

回收率指膜系统中给水转化成产水或透过液的百分比。膜系统的回收率在设计时就已经确定,是基于预设的进水水质而定的。

$$\text{回收率}=(\text{产水流量}/\text{进水流量})\times 100\%$$

六、实验步骤

1. 含油量标准曲线的测定

(1) 配制标准油使用溶液:将标准油储备溶液用石油醚稀释 10 倍,此液每毫升含油0.10 mg。

(2) 向 11 个 100 mL 容量瓶中,分别加入 0 mL、1.00 mL、2.00 mL、3.00 mL、4.00 mL、5.00 mL、6.00 mL、7.00 mL、8.00 mL、9.00 mL、10.00 mL 标准油使用溶液,用石油醚(60～

90 ℃)稀释至标线。在选定波长(220～225 nm)处,用 10 mm 石英比色皿,以石油醚为参比测定吸光度,经空白校正后,绘制标准曲线。

2. 出水含油量变化曲线的测定

(1) 运行超滤反渗透双膜系统,待系统稳定运行 1 min 后开始取样,每隔一段时间取出水样 1 次。

(2) 取水样 400 mL,仔细移入 1 000 mL 分液漏斗中,加入硫酸(1+1)5 mL 酸化(若采样时已酸化,则不需加酸)。加入氯化钠,其量约为水量的 2%。用 20 mL 石油醚(60～90 ℃)馏分清洗采样瓶后,移入分液漏斗中。充分振摇 3 min,静置使之分层,将水层移入采样烧杯内。

(3) 将石油醚萃取液通过内铺约 5 mm 厚度无水硫酸钠层的砂芯漏斗,滤入 50 mL 容量瓶内。

(4) 将水层移回分液漏斗内,用 20 mL 石油醚重复萃取一次,同上操作。然后用 10 mL 石油醚洗涤漏斗,将洗涤液收集于同一容量瓶内,并用石油醚稀释至标线。

(5) 在选定的波长(标准曲线测定波长)处,用 10 mm 石英比色皿,以石油醚为参比,测量其吸光度。

(6) 取与水样相同体积的蒸馏水,与水样同样操作,进行空白实验,测量吸光度。

(7) 由水样测得的吸光度,减去空白实验的吸光度后,从标准曲线上查出相应的含油量。计算方法如下:

$$\text{含油量(mg/L)} = m \times 1\,000/V$$

式中:m——从标准曲线中查出相应油的量,mg;

V——水样体积,mL。

七、实验数据整理

(1) 含油量标准曲线测定表见表 4-1。

表 4-1　含油量标准曲线测定表

测定波长:________nm

容量瓶编号	1	2	3	4	5	6	7	8	9	10	11
含油量/(mg/L)											
吸光度											

(2) 出水含油量变化曲线测定表见表 4-2。

表 4-2　出水含油量变化曲线测定表

测定波长:________nm

时间/min	1	2	3	4	5	6	7	8	9	10	11
吸光度											
含油量/(mg/L)											

八、思考题

在使用超滤及反渗透设备过程中要注意哪些问题?可否利用测得的废水含油量计算废水的渗透压?

实验二　造纸废水物化-生化实验

一、实验目的

(1) 了解碱法造纸黑液在不同 pH 值条件下的特性。

(2) 确定碱法造纸黑液酸析的最佳运行条件及整体处理工艺。

二、实验仪器

COD 测定仪、精密 pH 计、电动搅拌器、电子天平、分光光度计、电炉、水银温度计、移液管、容量瓶、锥形瓶、滴定管、干燥箱、高温炉、烧杯、量筒、表面皿、漏斗、虹吸管、水浴锅、玻璃滤器、广口瓶等。

三、实验装置

造纸黑液可经过酸析、厌氧与好氧系统联合处理,实验装置见图 4-2。酸析反应器为有效容积为 1 L 的烧杯,出水过滤后进入水解反应器;水解反应器为 1 L 烧杯,有效容积为 800 mL,用电动搅拌器搅拌达到完全混合,电机转速可调,反应完毕后静置沉淀,上清液用虹吸管加入后续的接触氧化反应器;接触氧化反应器为 1 L 量筒,有效容积为 800 mL,内挂软性纤维填料作为好氧污泥的载体,底部放置 1 个砂芯布气器,用空压机作为氧源供氧,反应后静置沉淀,上清液用虹吸管排放。

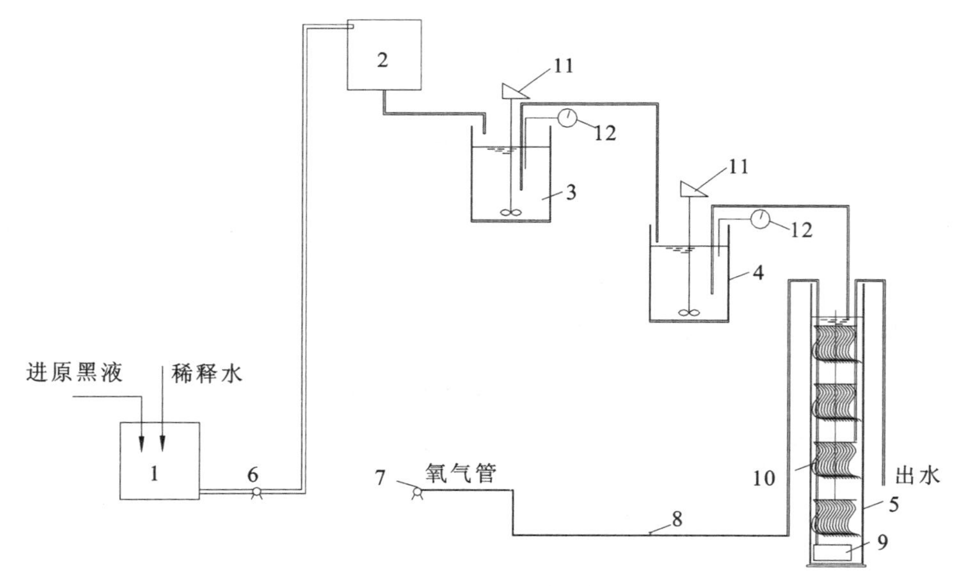

图 4-2　黑液处理实验装置示意图

1—调节池;2—黑液控制箱;3—酸析反应器;4—水解反应器;
5—接触氧化反应器;6—泵;7—空压机;8—空气调节阀;
9—砂芯布气器;10—纤维填料;11—搅拌器;12—pH 在线监测装置

四、实验原理

实行碱法造纸工艺的造纸厂的废水由排出的黑液、中段水、白水三部分废水组成。其中黑液是在碱法制浆蒸煮时，从蒸煮球下洗料池排出的。草类纤维在高温、强碱的作用下，有 50%～60%的木质素和半纤维物质溶解于蒸煮液中，成为含有这类有机污染物质的黑液。黑液碱性强，具有水量小而污染浓度高、色度高的特点。黑液 pH 值为 11～13，BOD 为 34 500～42 500 mg/L，COD 为 106 000～157 000 mg/L，SS 为 23 500～27 800 mg/L，BOD/COD=0.23～0.3。在常规条件下大部分有机物难以生物降解。

天然木质素是一类具有三维空间结构的芳香族高分子化合物，由苯基丙烷构成，含有酚羟基、甲氧基和酚醚基。其通式可记为 R—OH。在蒸煮过程中，由于烧碱的作用，醚键断裂，木质素大分子逐步降解，以碱木质素钠盐（R—ONa）形式存在，完全溶于黑液中，呈亲水胶体。用酸中和黑液时发生了亲电取代反应，即氢离子取代碱水木质素中的钠离子，碱木质素胶体受到破坏，生成难溶于水的木质素，从黑液中分离出来。

$$2R—ONa + H_2SO_4 \longrightarrow 2R—OH\downarrow + Na_2SO_4$$

黑液中木质素的酸化过程分为三个阶段：① 木质素的稳定阶段，pH=6.2～12，木质素稳定存在于黑液中不发生沉降；② 木质素的沉降阶段，pH=3.0～6.2，木质素迅速沉降；③ 木质素的残留阶段，pH<3.0 时，黑液中的木质素含量基本保持不变，若酸化至 pH=3.0 左右，木质素就可以最大限度地沉淀。

出水进入水解反应器，厌氧菌的水解过程分为两个阶段。第一阶段：出水中的溶解性大分子有机物和不溶性有机物水解为溶解性小分子有机物。这一阶段主要是促使有机物增溶和缩小体积的反应，它受到细菌释放到废水中的胞外酶的催化。不溶性有机物的主要成分是脂肪、蛋白质和多糖类，在细菌胞外酶作用下分别水解为长链脂肪酸、氨基酸和可溶性糖类。蛋白质和多糖类的水解速率通常比较快，脂肪的水解速率要慢得多，因而脂肪的水解对不溶性有机物在厌氧处理时的稳态程度起控制作用，使水解反应成为整个厌氧反应过程的速率限制性阶段。第二阶段：产酸和脱氢阶段。水解形成的溶性小分子有机物被产酸细菌作为碳源和能源，最终产生短链的挥发酸。有些产酸细菌能利用挥发酸生成乙酸、氢和二氧化碳，由于产氢细菌的存在，使氢能部分从废水中退出，导致有机物内能下降，因此在产酸阶段，废水的 COD 有所降低。这一阶段的反应速率很快，产酸和脱氢阶段不会成为整个厌氧反应过程的速率限制性阶段，经过厌氧水解作用，出水的可生化性得到了很大的提高。

生物接触氧化处理技术是在池内充填填料，用曝气装置向微生物提供所需要的氧气，并起到搅拌与混合的作用。填料上布满生物膜，污水与生物膜广泛接触，在生物膜微生物的新陈代谢作用下，污水中有机物得到去除，污水得以净化，实现造纸黑液的治理。它是一种介于活性污泥法与生物滤池之间的生物处理技术，是具有活性污泥法特点的生物膜法，兼具两者的优点，是一项有发展前途的水处理技术。

因此，将产酸白腐菌生化法与厌氧水解、接触氧化好氧处理方法组合，是彻底去除造纸黑液中难降解有机污染物的一种有益尝试。

五、实验步骤

(1) 调节黑液 pH 值，观测 pH 值变化后黑液特征的变化。待其 pH 值达到 3 时，取出上清液，测定其 COD 及色度。

(2) 调节上清液 pH 值至 7,进入水解反应池,水解时间控制在 4 h 左右;出水进入接触氧化池,反应时间在 24 h 左右。

(3) 在生化系统的每个环节取样,测定其 COD 及色度。

(4) 以上是最佳运行条件。可以改变其 pH 值和反应时间,进行正交实验。

六、实验数据整理

将实验数据记入表 4-3 中。

表 4-3 实验数据记录表

项　目	黑液进水	酸析出水	水解出水	接触氧化出水	总去除率/(%)
COD					
色度					

七、思考题

黑液是造纸行业内污染最严重的废水,除碱回收工艺外,还有其他的处理方法吗?

实验三 Fenton 试剂催化氧化-混凝法处理焦化废水实验

一、实验目的

(1) 了解焦化废水的性质、特点,了解 Fenton 试剂催化氧化-混凝法处理焦化废水的原理。

(2) 掌握正交实验设计的方法,并根据实验结果进行极差分析或方差分析以得到最佳因素水平组合。

二、实验仪器与试剂

(1) 仪器:DBJ-623 型六联电动搅拌机、pHS-5 型 pH 计、AB204-E 型电子分析天平、电热恒温三用水浴锅。

(2) 试剂:$FeSO_4 \cdot (NH_4)_2SO_4 \cdot 6H_2O$、30% H_2O_2 溶液、聚硅硫酸铝(自制,Al 与 Si 的物质的量之比为 1∶1,$c_{Al}=c_{Si}=0.05$ mol/L)。

三、实验原理

钢铁工业的焦化厂、城市煤气厂等在炼焦和煤气发生过程中产生的废水称为焦化废水。焦化废水是以含酚为主的工业废水,成分复杂,其组成取决于原煤的性质、炭化温度和焦化产品的回收工序与方法等。

焦化废水成分复杂多变,除含有大量的挥发酚、COD、氰化物、硫化物外,还含有高浓度的氨氮及许多难降解的稠环芳烃和杂环化合物,如吲哚、萘、吡啶、菲蒽、苯并芘等多种芳香族化合物等。其中酚、氰、硫化物、含氮化合物等具有较大的毒性,另外焦化废水含有多种微量的多环芳烃(PAHs),PAHs 难以被微生物降解,有强烈的致癌性。目前,我国焦化废水大都未经彻底处理，造成水资源严重污染。

焦化废水的处理一般采用三级废水处理的方式：一级处理是将高浓度的含酚废水和含氰废水进行脱酚脱氰及蒸氨气浮等处理；二级处理指酚氰污水无害化处理，主要以活性污泥法为主；三级处理指生化后废水再次深度净化，使其达标排放。由于生化处理后废水中的 COD 仍高于国家排放标准，且色度和气味较重，若直接外排会对环境构成严重污染，因此三级处理即深度处理必不可少。目前，有研究表明 Fenton 试剂催化氧化-混凝法处理焦化废水有良好的效果。

Fenton 试剂氧化法：Fenton 试剂对有机分子的破坏是非常有效的，其实质是二价铁离子和过氧化氢之间的链反应催化生成 ·OH 自由基，三价铁离子催化剂（称 Fenton 类试剂）也能激发此反应，这两个反应生成的 ·OH 自由基能有效地氧化各种有毒的和难处理的有机化合物。Fenton 试剂几乎可以氧化所有的有机物，传统废水处理技术无法去除的难降解有机物能被 Fenton 试剂氧化而有效去除。同时 Fenton 试剂中用到的 $FeSO_4$ 和 H_2O_2 都是常用的药剂。因此，Fenton 法处理废水具有重要的研究和应用价值，Fenton 法已成功运用于多种工业废水的处理。有研究表明，采用过氧化氢添加铁盐和同时采用紫外线、过氧化氢和催化剂的两个处理过程，都能有效地减小焦化废水中的 COD。

混凝法是向废水中加入混凝剂并使之水解产生水合配离子及氢氧化物胶体，中和废水中某些物质表面所带的电荷，使这些带电物质发生凝聚。该方法具有操作简单、成本低等优点。

将 Fenton 试剂氧化法和混凝法联用，能利用 Fenton 试剂氧化法和混凝法各自的优点，具有投资小、设备简单、操作方便、处理效果好等优点，有广泛的应用前景。

Fenton 试剂氧化-混凝法深度处理焦化废水是一个多因素影响的过程，Fenton 试剂氧化法的主要影响因素有 H_2O_2 投加量、Fe^{2+} 投加量、初始 pH 值、反应温度、反应时间。混凝法的主要影响因素有混凝剂种类、混凝剂投加量、pH 值、搅拌方式等。

本实验拟采用正交实验研究影响 Fenton 试剂氧化-混凝法处理焦化废水的主要因素和次要因素，并且得到最佳因素水平组合。为了避免正交实验设计研究的因素种类过多，根据已有的研究成果，本实验中混凝剂选用聚硅硫酸铝，将混凝法开始前的 pH 值调为 7.5 左右，混凝搅拌方式定为先快搅（150 r/min）1 min，再慢搅（50 r/min）5 min，静置 30 min。这样可得到 6 个因素种类，分别为 H_2O_2 投加量、Fe^{2+} 投加量、初始 pH 值、反应温度、反应时间以及混凝剂投加量。根据已有的研究成果，初步决定每个因素取 5 个水平，利用正交表 $L_{25}(5^6)$ 进行正交设计，正交表的表头如表 4-4 所示。选用 COD 去除率作为实验的考核指标。

表 4-4　因素水平表

水　平	因素 A	因素 B	因素 C	因素 D	因素 E	因素 F
	初始 pH 值	反应温度/℃	Fe^{2+} 投加量/(g/L)	H_2O_2 投加量/(g/L)	反应时间/min	混凝剂投加量/mL
1	2.0	10	0.2	1.0	30	1.0
2	3.0	30	0.4	2.0	60	2.0
3	4.0	50	0.6	4.0	90	3.0
4	5.0	70	0.8	6.0	120	4.0
5	6.0	90	1.0	8.0	150	5.0

四、实验步骤

(1) 实验水样取自焦化厂,为未经生化处理的均和池中废水(COD 为 1 000 mg/L 左右,pH 值为 7.8 左右)。采用国家标准方法准确测量所取焦化废水的 COD。

(2) 根据正交表 $L_{25}(5^6)$合理安排实验,实验安排见表 4-5,每个括号中的数字为相应的具体因素水平值。

表 4-5　正交实验安排与结果分析表

实验号	A	B	C	D	E	F	结果
	初始 pH 值	温度 /℃	Fe^{2+} 投加量 /(g/L)	H_2O_2 投加量 /(g/L)	反应时间 /min	混凝剂投加量/mL	COD 去除率/(%)
1	1(2.0)	1(10)	1(0.2)	1(1.0)	1(30)	1(1.0)	
2	2(3.0)	2(30)	2(0.4)	2(2.0)	1(30)	2(2.0)	
3	3(4.0)	3(50)	3(0.6)	3(4.0)	1(30)	3(3.0)	
4	4(5.0)	4(70)	4(0.8)	4(6.0)	1(30)	4(4.0)	
5	5(6.0)	5(90)	5(1.0)	5(8.0)	1(30)	5(5.0)	
6	4(5.0)	1(10)	2(0.4)	3(4.0)	2(60)	5(5.0)	
7	5(6.0)	2(30)	3(0.6)	4(6.0)	2(60)	1(1.0)	
8	1(2.0)	3(50)	4(0.8)	5(8.0)	2(60)	2(2.0)	
9	2(3.0)	4(70)	5(1.0)	1(1.0)	2(60)	3(3.0)	
10	3(4.0)	5(90)	1(0.2)	2(2.0)	2(60)	4(4.0)	
11	2(3.0)	1(10)	3(0.6)	5(8.0)	3(90)	4(4.0)	
12	3(4.0)	2(30)	4(0.8)	1(1.0)	3(90)	5(5.0)	
13	4(5.0)	3(50)	5(1.0)	2(2.0)	3(90)	1(1.0)	
14	5(6.0)	4(70)	1(0.2)	3(4.0)	3(90)	2(2.0)	
15	1(2.0)	5(90)	2(0.4)	4(6.0)	3(90)	3(3.0)	
16	5(6.0)	1(10)	4(0.8)	2(2.0)	4(120)	3(3.0)	
17	1(2.0)	2(30)	5(1.0)	3(4.0)	4(120)	4(4.0)	
18	2(3.0)	3(50)	1(0.2)	4(6.0)	4(120)	5(5.0)	
19	3(4.0)	4(70)	2(0.4)	5(8.0)	4(120)	1(1.0)	
20	4(5.0)	5(90)	3(0.6)	1(1.0)	4(120)	2(2.0)	
21	3(4.0)	1(10)	5(1.0)	4(6.0)	5(150)	2(2.0)	
22	4(5.0)	2(30)	1(0.2)	5(8.0)	5(150)	3(3.0)	
23	5(6.0)	3(50)	2(0.4)	1(1.0)	5(150)	4(4.0)	
24	1(2.0)	4(70)	3(0.6)	2(2.0)	5(150)	5(5.0)	
25	2(3.0)	5(90)	4(0.8)	3(4.0)	5(150)	1(1.0)	

(3) 根据表 4-5 的实验安排进行实验。为了有效合理利用时间，这 25 次实验可以分为 5 大组进行。实验均在 250 mL 烧杯中进行，第 n 号实验的具体实验操作方法如下。

① Fenton 试剂氧化实验方法。

a. 取 250 mL 焦化废水水样，调 pH 值使初始 pH 值达到表 4-5 中对应的 A(n)值。

b. 将烧杯放入恒温水浴中加热至一定温度，使温度稳定在表 4-5 中对应的 B(n)值。

c. 根据计算，向烧杯中加入一定量的现配的 $FeSO_4$、$(NH_4)_2SO_4$ 溶液，使 Fe^{2+} 投加量对应于表 4-5 中的 C(n)值。

d. 根据计算，一次性向烧杯中加入一定量的 30%H_2O_2 溶液，使 H_2O_2 投加量的值对应于表 4-5 中的 D(n)值。

e. 控制反应时间，使反应时间达到表 4-5 中相应的 E(n)值。Fenton 氧化实验完成后，稍冷片刻再进行混凝沉降实验。

② 混凝沉降实验方法。

对 Fenton 试剂氧化后的水样调 pH 值，使 pH 值在 7.5 左右。向烧杯中投加已配制好的聚硅硫酸铝进行混凝沉降实验，具体投加的聚硅硫酸铝的量对应于表 4-5 中的 F(n)值。混凝时，先快搅(150 r/min)1 min，再慢搅(50 r/min)5 min，静置 30 min 后，取上清液测 COD。

③ 算出第 n 号实验的 COD 去除率。

$$\eta_n=\left(1-\frac{COD_{出水}}{COD_{原水}}\right)\times 100\%$$

(4) 将实验结果填入表 4-5 中的结果栏中。

五、实验数据整理

(1) 根据实验结果，对正交表进行极差分析或方差分析，得出影响 Fenton 试剂催化氧化-混凝法处理焦化废水的主要因素以及次要因素。

(2) 根据极差分析或方差分析的结果，找出 Fenton 试剂催化氧化-混凝法处理焦化废水的理论最佳因素水平组合。若所得到的理论最佳因素水平组合不在上述 25 个实验组合之中，需按照此最佳因素水平组合单独做一组实验，进行验证。

六、思考题

若需研究每一单因素的水平大小如何影响 Fenton 试剂催化氧化-混凝法处理焦化废水的效果，应怎样设计实验？

实验四　Fenton 法处理化工废水实验

一、实验目的

(1) 掌握 Fenton 实验操作方法，观测反应前后水中典型有机染料的变化情况。

(2) 测定 Fenton 试剂处理前后的水样相应指标，分析有机污染物的氧化降解效果。

二、实验仪器与试剂

(1) 仪器：紫外-可见分光光度计、磁力搅拌器、pH 计、电子天平、容量瓶、烧杯等。

(2) 试剂：H_2O_2(30%，分析纯)、$FeSO_4 \cdot 7H_2O$(分析纯)、罗丹明 B(分析纯)、硫酸溶液(0.5 mol/L)、氢氧化钠溶液(1 mol/L)。

三、实验原理

亚铁盐和过氧化氢的组合称为 Fenton 试剂，使用这种试剂的反应称为 Fenton 反应。Fenton 试剂具有极强的氧化能力，对生物降解或一般化学氧化剂难以奏效的有机废水有较好的处理效果。该反应中，亚铁离子催化分解过氧化氢，使其产生羟基自由基(·OH)，反应式如下：

$$Fe^{2+} + H_2O_2 \longrightarrow Fe^{3+} + OH^- + \cdot OH$$

产生的·OH 攻击有机物分子，使其氧化分解为容易处理的物质。与一般化学氧化法相比，Fenton 氧化技术具有设备简单、反应条件温和、操作方便、高效等优点，因此，Fenton 试剂法作为一种高级化学氧化法，已成功运用于多种工业废水的处理。Fenton 试剂法既可单独作为一种处理方法氧化有机废水，亦可与其他方法联用，如与化学沉淀法、吸附法、生物法等联用。传统 Fenton 试剂法存在 H_2O_2 利用率不高，有机污染物降解不完全的缺点。另外，H_2O_2 的价格较高，也制约了这一方法的广泛应用。现在，出现了大量改进后的 Fenton 氧化法，如电-Fenton、光-Fenton 等，其基本原理与 Fenton 反应类似。本实验中，溶液中的罗丹明 B 的生色基团会被 Fenton 反应生成的·OH 所氧化去除，从而实现脱色的目的。

四、实验步骤

(1) 配制 100 mg/L 罗丹明 B 溶液，用蒸馏水定容于 1 000 mL 容量瓶中，待用。

(2) 绘制罗丹明 B 溶液的浓度-吸光度工作曲线：取一定量上述的罗丹明 B 溶液，将溶液稀释 2 倍(50 mg/L)、5 倍(20 mg/L)、10 倍(10 mg/L)、20 倍(5 mg/L)，通过紫外-可见分光光度计在 550 nm 波长处测定，获得 5 组浓度(c)-吸光度(A)数据，制作 c-A 曲线。由 c-A 曲线可知，在一定范围内 c 与 A 呈线性关系。在氧化降解过程中，通过测定吸光度，获得染料浓度。

(3) 配制 $FeSO_4$溶液(18 mmol/L)：准确称量 5 g $FeSO_4 \cdot 7H_2O$，溶于 1 000 mL 容量瓶中，定容待用。

(4) 配制 H_2O_2 溶液(36 mmol/L)：用移液管准确量取 30%的 H_2O_2 3.7 mL，溶于 1 000 mL 容量瓶中，定容待用($FeSO_4$ 和 H_2O_2 溶液均要现用现配)。

(5) 取 100 mg/L 罗丹明 B 溶液 200 mL 于烧杯中，用稀硫酸或氢氧化钠溶液调节模拟水样的初始 pH 值为 3.0 左右，以 pH 计测定溶液 pH 值。

(6) 用移液管加入 18 mmol/L $FeSO_4$溶液 5 mL 和 36 mmol/L H_2O_2 溶液 7.5 mL，置于磁力搅拌器上，搅拌，开始计时。

(7) 反应开始后，每隔 5～10 min 取水样，测定其吸光度。

(8) 根据下式计算模拟水样的脱色率：

$$E_t = \frac{A_0 - A_t}{A_0} \times 100\%$$

式中：E_t——处理到 t 时刻的染料废水的脱色率；

A_0——染料废水初始浓度的吸光度；

A_t——处理到 t 时刻的染料废水的吸光度。

五、实验数据整理

（1）填写实验记录表（表 4-6）。

表 4-6　Fenton 试剂氧化降解染料废水实验数据记录表

温度：__________　　Fenton 试剂投加量：__________　　溶液 pH 值：__________

反应时间/min	染料水样吸光度	脱色率 E_t/(%)

（2）由表中数据绘制各指标变化曲线。

六、自主设计实验方案建议

（1）调节模拟水样的 pH 值，在不同 pH 值条件下进行 Fenton 氧化实验，研究 pH 值对染料废水降解的影响，找到最佳 pH 值。

（2）采用不同 $FeSO_4$ 投加量和不同 H_2O_2 投加量做对比实验，研究 Fenton 试剂投加量的影响，找到最合适的投加比例。

（3）改变罗丹明 B 的初始浓度，研究有机物浓度对 Fenton 反应的影响。

七、思考题

（1）溶液 pH 值对 Fenton 反应有何影响？这种影响是如何造成的？

（2）有何其他措施可以进一步提高 Fenton 反应的氧化效果？

实验五　印染废水处理实验

一、实验目的

获得聚合氯化铝、聚丙烯酰胺的最佳用量和印染废水深度处理混凝实验的最佳操作条件。

二、实验仪器与试剂

（1）仪器：ZR4-6 型混凝实验搅拌机、WMX-Ⅲ-A 型微波闭式消解仪、pHSJ-3F 型 pH 计。

（2）试剂：聚合氯化铝（PAC）（碱化度 B 为 50%～70%，使用时配成 1%的 PAC 水溶液）、聚丙烯酰胺（PAM）（阴离子型，使用时配成 0.1%的水溶液）。

三、实验原理

化学混凝的机理至今仍未完全清楚。因为它涉及的因素很多,如水中杂质的成分和浓度、水温、水的 pH 值、碱度,以及混凝剂的性质和混凝条件等。但归结起来,可以认为主要是三方面的作用。

1. 压缩双电层作用

水中胶粒能维持稳定的分散悬浮状态,主要是由于胶粒的 ξ 电位。如能消除或降低胶粒的 ξ 电位,就有可能使胶粒碰撞聚结,失去稳定性。在水中投加电解质-混凝剂可达到此目的。例如,天然水中带负电荷的黏土胶粒,在投入铁盐或铝盐等混凝剂后,混凝剂提供的大量阳离子会涌入胶体扩散层甚至吸附层。因为胶核表面的总电位不变,增加扩散层及吸附层中的阳离子浓度,就使扩散层减薄,ξ 电位降低。当大量阳离子涌入吸附层以致扩散层完全消失时,ξ 电位为零,称为等电状态。在等电状态下,胶粒间静电斥力消失,胶粒最易发生聚集。实际上,ξ 电位只要降至某一程度而使胶粒间排斥的能量小于胶粒布朗运动的动能时,胶粒就开始产生明显的聚集,这时的 ξ 电位称为临界电位。胶粒因电位降低或消除以致失去稳定性的过程,称为胶粒脱稳。脱稳的胶粒相互聚集,称为凝聚。

2. 吸附架桥作用

三价铝盐或铁盐以及其他高分子混凝剂溶于水后,经水解和缩聚反应形成高分子化合物,具有线性结构。这类高分子物质可被胶体微粒强烈吸附。因其线性长度较大,当它的一端吸附某一胶粒后,另一端又吸附另一胶粒,在相距较远的两胶粒间进行吸附架桥,使颗粒逐渐结大,形成肉眼可见的粗大絮体。这种因高分子物质吸附架桥作用而使微粒相互黏结的过程,称为絮凝。

3. 网捕作用

三价铝盐或铁盐等水解而生成沉淀物。这些沉淀物在自身沉降过程中,能集卷、网捕水中的胶体等微粒,使胶体黏结。

上述三种作用产生的微粒凝结现象——凝聚和絮凝,总称为混凝。

四、实验步骤

混凝实验采用静态烧杯实验:取 1 L 水样,放置于 ZR4-6 型混凝实验搅拌机上的烧杯中,100 r/min 搅拌 1 min 使水样混匀;投入 PAC,300 r/min 快速搅拌 2 min(搅拌至 1 min 时,投入 PAM,继续快速搅拌至 2 min)后,改为 30 r/min 慢速搅拌 5 min;静置 30 min 后,取上层清液,测色度、浊度和 COD 并进行分析。

五、实验数据整理

1. 因素的选取

通过单因素实验,发现在众多影响因素中水样的 pH 值、混凝剂(PAC)及助凝剂(PAM)的用量对混凝效果的影响比较显著。因此,选取上述 3 个因素为正交实验的因子。

2. 水平的选取

对上述 3 个因素各自水平的选取:依据单因素实验,各因子的水平选定为 4 个,尽量使水平覆盖要考察的范围。

3. 因素水平表

本实验选用上述 3 个因素,每个因素选定 4 个水平,所以最后采用 $L_{16}(4^5)$ 型正交实验。

4. 实验评价指标

本实验选择的指标为色度去除率、浊度去除率和COD去除率。

六、思考题

本实验测定的各因素与指标的关系是怎样的？影响混凝效果的因素主次顺序是怎样的？

实验六　制革废水处理实验

一、实验目的

（1）了解制革废水的主要成分和特点。
（2）掌握化学混凝法的原理。
（3）运用正交法确定混凝剂最佳投加量，对实验数据进行整理。

二、实验仪器

（1）JTY-6型混凝实验搅拌机。
（2）烧杯。
（3）色度仪。
（4）滴定管。
（5）消解仪。
（6）消解罐。

三、实验装置

本实验装置如图4-3所示。

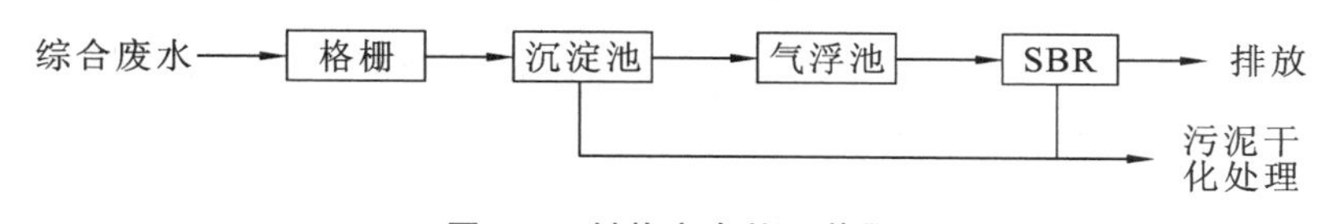

图4-3　制革废水处理装置

四、实验原理

1. 化学混凝的基本原理

（1）压缩双电层作用　水中胶体能维持稳定的分散悬浮状态，主要是由于胶粒的ξ电位。如能消除或降低胶粒的ξ电位，就有可能使胶粒碰撞聚集，失去稳定性。只要ξ电位降低至某一程度而使胶粒间排斥的能量小于胶粒布朗运动的动能，胶粒就开始产生明显的聚集，这时的ξ电位称为临界电位。胶粒因ξ电位降低或消除以致失去稳定性的过程，称为胶粒脱稳。脱稳的胶粒相互聚集，称为凝聚。

（2）吸附架桥作用　三价铝盐或铁盐以及其他高分子混凝剂溶于水后，经水解和缩聚反应形成高分子化合物，具有线性结构。这类高分子物质可被胶粒微粒强烈吸收。因其线性长度较长，当它的一端吸附某一胶粒后，另一端又吸附另一胶粒，在相距较远的两胶粒间进行吸附架桥，使颗粒逐渐结大，形成肉眼可见的粗大絮体。这种由高分子物质吸附架桥作用而使微粒相互黏结的过程称为絮凝。

(3) 网捕作用　三价铝盐或铁盐等水解而生成沉淀物。这些沉淀物在自身沉降过程中，能集卷、网捕水中的胶体等微粒，使胶粒黏结。

以上三种作用产生的微粒凝结现象——凝聚和絮凝，总称为混凝。

硫酸亚铁具有良好的去除 COD 的效果。随着加入量的增加，溶液中 Fe^{2+} 和 Fe^{3+} 的数量增多，较多的正电荷迅速吸附水体中带负电荷的杂质，中和胶体电荷、压缩双电层并降低胶体 ξ 电位，促使胶体和悬浮物等快速脱稳、凝聚和沉淀。随着碱性铝酸钠废液的加入，溶液的 pH 值将随之升高，在碱性条件下过量的 Fe^{2+} 和 Fe^{3+} 就会和废水中的 OH^- 迅速结合，生成氢氧化亚铁和氢氧化铁，再次卷扫沉淀，表现出良好的除 COD 效果。投加 $FeSO_4$ 对色度去除率的影响也很重要，因为 $FeSO_4$ 中 Fe^{2+} 具有空轨道，能接受含孤对电子的基团而生成结构复杂的大分子配合物，使染料分子具有胶体性质而易被絮凝除去，同时还具有配合沉降作用，随后加入的碱性铝酸钠迅速水解生成氢氧化铝，和由过量的 Fe^{2+} 和 Fe^{3+} 在碱性条件下生成的氢氧化亚铁和氢氧化铁一起形成大量氢氧化物沉淀，胶体粒子可被这些无定形的絮状沉淀所网捕或卷扫，对色度的去除有很好的效果。

2. 正交实验因素水平的选择

(1) 因素的选取　通过单因素实验，发现在众多影响因素中混凝剂 $FeSO_4$ 的用量、投加碱性铝酸钠废液的量(调节废水的 pH 值)及助凝剂 PAM 的用量对混凝效果的影响比较重要，因此本实验选取上述 3 个因素为正交实验的因子。

(2) 水平的选取　对上述 3 个因素各自水平的选取：依据单因素实验各因子的水平选定为 4 个，尽量使水平覆盖要考察的范围。

(3) 因素水平表　本实验选用上述 3 个因素，每个因素选定 4 个水平，所以最后采用 $L_{16}(4^5)$ 型正交实验(表 4-7)。

(4) 实验评价指标　本实验选择的混凝处理效果指标为 COD 去除率和色度去除率。

表 4-7　正交实验因素水平表

水　平	A	B	C
	硫酸亚铁的用量/(g/L)(溶液的 pH 值)	碱性铝酸钠的用量/(g/L)(废水的 pH 值)	PAM 投加量/(mg/L)
Ⅰ	(A_1)1.20(7)	(B_1)7.0	(C_1)0.5
Ⅱ	(A_2)1.55(6.5)	(B_2)7.5	(C_2)1.0
Ⅲ	(A_3)1.90(6)	(B_3)8.0	(C_3)2.0
Ⅳ	(A_4)2.66(5.5)	(B_4)8.5	(C_4)4.0

五、实验步骤

本实验采用静态烧杯实验：取 50 mL 水样，置于 JTY-6 型混凝实验搅拌机上的烧杯中；投入 $FeSO_4$，快速搅拌(500 r/min)2 min(至 1 min 时加入碱性铝酸钠废液搅拌至 2 min)后，投入聚丙烯酰胺(PAM)，改为慢速搅拌(50 r/min)10 min；静置 30 min 后，取上清液测 COD 和色度并进行分析。

六、实验数据整理

根据实验，完成表 4-8 及表 4-9。

表 4-8　正交实验结果分析表

实验号	A	B	C	结果	
	硫酸亚铁的用量/(g/L)（溶液的 pH 值）	碱性铝酸钠的用量/(g/L)（废水的 pH 值）	PAM 投加量/(mg/L)	COD 去除率/(%)	色度去除率/(%)
1	1(A_1)	1(B_1)	1(C_1)		
2	1(A_1)	2(B_2)	2(C_2)		
3	1(A_1)	3(B_3)	3(C_3)		
4	1(A_1)	4(B_4)	4(C_4)		
5	2(A_2)	1(B_1)	2(C_2)		
6	2(A_2)	2(B_2)	1(C_1)		
7	2(A_2)	3(B_3)	4(C_4)		
8	2(A_2)	4(B_4)	3(C_3)		
9	3(A_3)	1(B_1)	3(C_3)		
10	3(A_3)	2(B_2)	4(C_4)		
11	3(A_3)	3(B_3)	1(C_1)		
12	3(A_3)	4(B_4)	2(C_2)		
13	4(A_4)	1(B_1)	4(C_4)		
14	4(A_4)	2(B_2)	3(C_3)		
15	4(A_4)	3(B_3)	2(C_2)		
16	4(A_4)	4(B_4)	1(C_1)		

表 4-9　直观分析结果表

水　平	COD 去除率/(%)			色度去除率/(%)		
	A	B	C	A	B	C
	硫酸亚铁的用量/(g/L)（溶液的 pH 值）	碱性铝酸钠的用量/(g/L)（废水的 pH 值）	PAM 投加量/(mg/L)	硫酸亚铁的用量/(g/L)（溶液的 pH 值）	碱性铝酸钠的用量/(g/L)（废水的 pH 值）	PAM 投加量/(mg/L)
均值 1						
均值 2						
均值 3						
均值 4						
极差						
较好水平						

七、思考题

(1) 除了本实验用到的混凝剂之外,还有哪些较好的混凝剂?

(2) 制革废水杂质多,成分复杂,化学混凝只能作初步处理之用,若要进行更深度的处理,还有哪些方法?

实验七　光催化氧化处理农药废水实验

一、实验目的

(1) 了解光催化氧化的处理原理。

(2) 掌握正交实验原理并找出各因素水平的最优组合。

二、实验仪器

微波消解罐、精密 pH 计、磁力搅拌器、紫外灯(30 W)、空气泵等。

三、实验装置

本实验采用自制光催化氧化装置进行静态实验(图4-4),在常温下采用 30 W 紫外灯(波长为 253.7 nm)照射,紫外灯和培养皿(反应床)的距离是 5 cm(可调)。催化剂在反应器中以悬浮态存在。

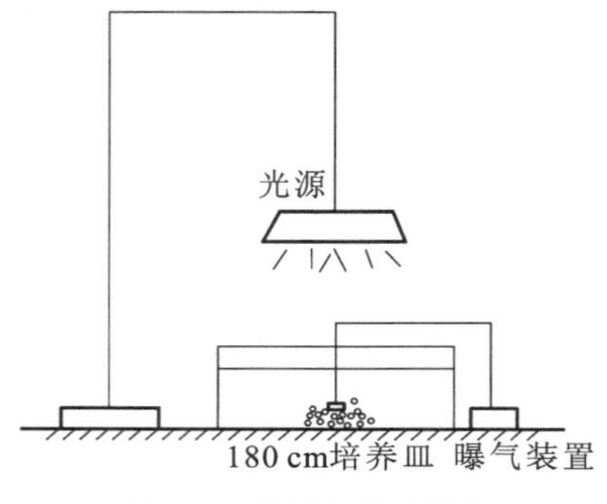

图 4-4　光催化反应装置

四、实验试剂

(1) 实验废水　采用市场上销售的农药——敌敌畏(80%),其分子式为 $C_4H_7Cl_2O_4P$。取一定量的农药配制成一定浓度的有机磷农药废水,水质情况:进水 COD 为 1 000 mg/L;总有机磷为 160 mg/L。

(2) 光催化剂　纳米锐钛矿型 TiO_2,粒径 7.9 nm,含量大于 99%,比表面积为 180 m^2/g,堆积密度为 1.22 g/cm^3。

五、实验原理

纳米光催化由于具有无毒、反应速率快、降解效率高、无二次污染等优点,被广泛地应用于农药废水处理中。大量有机、无机污染物通过 TiO_2 光催化氧化被有效降解,在某些情况下,还能被完全矿化,达到处理目的,并可为后续的生化处理创造条件。

六、实验步骤

首先打开紫外灯并稳定 15 min。依次在烧杯中配制 COD 为 1 000 mg/L 的敌敌畏有机磷反应溶液 200 mL,并加入一定量的催化剂,用一定浓度的 NaOH 溶液、HCl 溶液调节反应液的 pH 值。将烧杯置于磁力搅拌器上搅拌 15 min 左右,使催化剂和水样混合均匀。然后,将烧杯中的水样移入事先准备好的培养皿中，同时打开空气泵，在一定的曝气量情况下，将培养皿置于紫外灯下方一定距离处照射 180 min 后，关闭紫外灯。将表面皿静置一段时间后，分别取一定量的上清液进行 COD 的测定，计算 COD 的去除率。主要测试项目和方法见表 4-10。

表 4-10　主要测试项目及方法

主要测试项目	测试方法
COD	重铬酸钾快速测定法
空气量	气体流量计
pH 值	精密 pH 计

七、实验数据整理

1. 正交实验设计

为了较好地研究各个影响因素之间的关系，本次实验进水 COD 为 1 000 mg/L，光照时间为 3 h。以 pH 值、催化剂用量、光照强度、曝气量为因素，根据正交表 $L_9(3^4)$，建立 3 水平 4 因素正交表(表 4-11)。

表 4-11　正交实验因素水平表

水平	因素			
	pH 值	催化剂用量/(mg/L)	曝气量/(L/min)	光照强度/W
1	2	150	0.2	20
2	7	300	0.8	30
3	9	600	1.5	40

2. 正交实验结果

根据表 4-11 确定的因素进行正交实验。将实验结果填入表 4-12，并进行极差分析，得出各因素的最优水平组合。

表 4-12　正交实验结果及直观分析

实验号	因素				COD 去除率/(%)
	催化剂用量/(mg/L)	pH 值	光照强度/W	曝气量/(L/min)	
1	150	2	20	0.2	
2	150	7	30	0.8	
3	150	9	40	1.5	
4	300	2	30	1.5	
5	300	7	40	0.2	
6	300	9	20	0.8	
7	600	2	20	0.8	
8	600	7	40	1.5	

续表

实验号	因素				COD 去除率/(%)
	催化剂用量/(mg/L)	pH 值	光照强度/W	曝气量/(L/min)	
9	600	9	30	0.2	
K_1					
K_2					
K_3					
$\overline{K_1}$					
$\overline{K_2}$					
$\overline{K_3}$					
R					

实验八　养殖废水处理实验

一、实验目的

(1) 掌握各种水质指标的检测方法和手段。

(2) 熟悉污水处理的各种设备、材料、仪器、仪表及自动化控制系统。

(3) 掌握养殖废水生化处理方法的基本原理和实验方法,对实验数据进行整理,分析实验效果。

二、实验装置

(1) 养殖废水组合工艺处理装置 1 套。

(2) COD、BOD_5、TN、NH_3-N、NO_3^--N、NO_2^--N、TP、MLSS、pH 值、DO 等水质指标检测设备各 1 套。

三、实验原理

随着我国畜禽业的迅猛发展,养殖废水污染将不断加剧,其污染防治迫在眉睫。养殖废水具有典型的“三高”特征,COD 高达 3 000～12 000 mg/L,氨氮高达 800～2 200 mg/L,SS 超标数十倍。限于养殖业是薄利行业,目前的处理工艺仅能实现 COD 的大幅削减,而对氨氮达标排放尚存在很大的技术经济难度。目前,国内养殖废水处理工艺中采用最多的为“水解酸化(大部分情况下与调节池共用)+UASB 厌氧反应+SBR 短程硝化+UASB 厌氧氨氧化+土地系统”组合处理工艺。

养殖业属薄利行业,为了降低处理成本,猪场废水的处理多采用以厌氧处理为主的方式,因此,本实验对有机物去除部分工艺仍采用水解酸化和 UASB 厌氧反应。但工艺中好氧阶段 SBR 反应器的作用和运行方式与传统运行方式会发生较大的改变,原有工艺中 SBR 反应器的目的在于去除废水中的有机物,而实验工艺中 SBR 反应器的主要目的在于对废水中 NH_3-N 和 NO_2^--N 的比例进行调整,通过对曝气时间和曝气量的控制使 SBR 反应器进行亚硝化—反硝化—亚硝化这一历程。SBR 反应器的出水中含有一定的溶解氧和有机物。选取 UASB 反应器作为厌氧氨氧化反应器,并在反应器中挂半软性弹性生物填料,这样随着废水在反应器中的上升过程,基质由于消耗而改变,基质的改变营造出不同种微生物需要的条件;在最下部,由于进水中含有一定的溶解氧,硝化菌将利用溶解氧而发生硝化反应,随着溶解氧的去除,反应器进入厌氧状态,这时反硝化菌利用进水中的有机物发生反硝化反应,当有机物得到去除后,如果反应器中 NH_3-N 和 NO_2^--N 的比例适当,将进行厌氧氨氧化反应。如果选取一种完全混合式的反应器作为厌氧氨氧化反应器,将无法使同一反应器中不同空间、不同优势微生物生存。

工艺流程如图 4-5 所示。

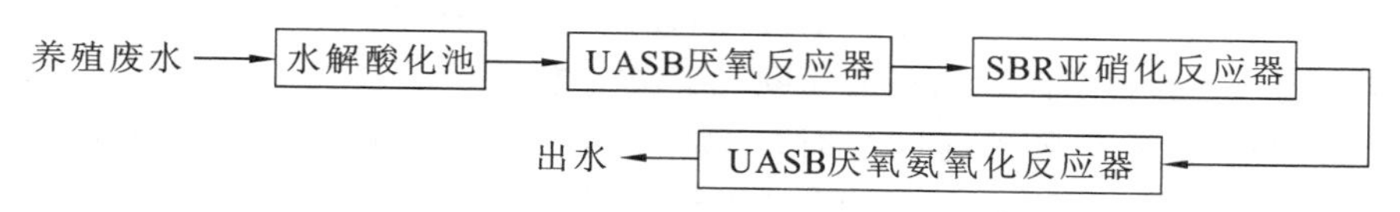

图 4-5　养殖废水处理工艺流程

本实验通过在实验室内模拟 SBR 亚硝化反应和 UASB 厌氧氨氧化阶段,确定其最佳反应条件,故采用如图 4-6 所示装置。SBR 反应器为 1 000 mL 瓷盅(有效容积 0.8 L),总共 24 个。采用多孔砂芯曝气头,通过人为控制来保持曝气期间的溶解氧浓度。UASB 反应器反应区内径 94 mm,高 1.8 m,有效容积 12 L;沉淀区内径 114 mm,高 50 mm。为了更有效地富集厌氧氨氧化微生物,在反应器反应区内放置一根半软性生物弹性填料;为保证反应器运行温度,在反应区外装热水循环夹套,通过热水泵循环温水使反应器温度维持在(35±1) ℃的范围内。

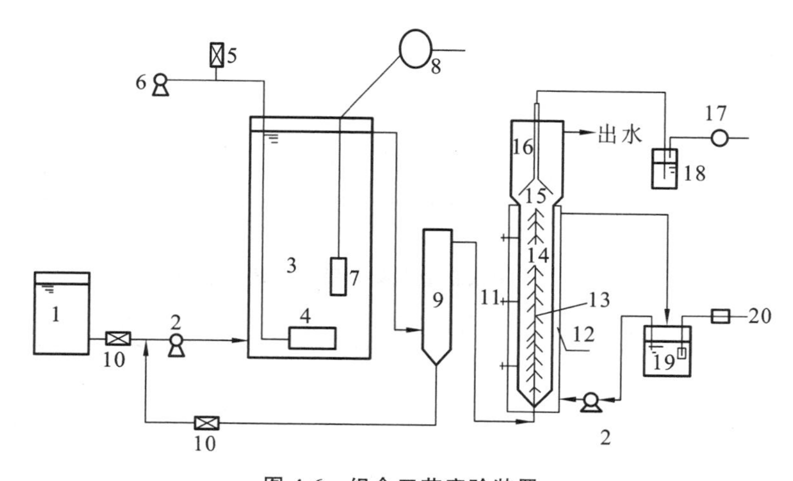

图 4-6　组合工艺实验装置

1—进水箱;2—计量泵;3—SBR 亚硝化反应器;4—曝气头;5—分气阀;6—气泵;7—加热器;8—温控盘;9—沉淀池;10—止回阀;11—采样口;12—水循环夹套;13—弹性生物填料;14—UASB 反应器反应区;15—三相分离器;16—UASB 反应器沉淀区;17—湿式气体流量计;18—水封;19—恒温水箱;20—加热及温控装置

四、实验步骤

1. 实验用水准备

(1) 运行实验用水　运行实验用水取自经过预处理的农场畜禽废水。

(2) 条件实验用水　为模拟高氨氮废水和碳源有机废水,根据不同比例混合药品。其中模拟高氨氮废水为每1 L自来水中加入54 g NH_4Cl、100 g $NaHCO_3$ 及少量的 KH_2PO_4、$FeCl_3 \cdot 6H_2O$、$CaCl_2$、KCl、NaCl、$MgSO_4$ 等药品,然后根据所需不同浓度稀释;碳源有机废水用50 g玉米面和1 L开水混合而成,测得上清液中COD为26 000 mg/L,BOD_5 为16 000 mg/L,BOD_5/COD_{Cr} 约为0.6。

2. 实验装置的启动

(1) 检查处理工艺流程正常与否。

(2) 系统运行正常后,打开污水进水阀门,将调节水箱的污水引入系统。

(3) 按照各个处理构筑物的操作要求进行阀门开启、搅拌等工序。

(4) 定期记录实验各个阶段出现的问题及解决措施。

(5) 当处理的污水表观感觉良好时,开始检测进、出水的各项水质指标(包括COD、BOD_5、TN、NH_3-N、NO_3^--N、NO_2^--N、TP、MLSS、pH值、DO等)。

(6) 重复观察并检测进、出水水质,直至进、出水水质稳定。

(7) 整理实验结果并填表。

五、实验数据整理

(1) 填写实验记录表(表4-13和表4-14)。

表4-13　SBR亚硝化阶段实验数据记录表

日期:______年____月____日　　水力停留时间:______h　　温度:________℃

项目	COD	BOD_5	TN	NH_3-N	NO_3^--N	NO_2^--N	TP	MLSS	pH值	DO	碳氮比
进水											
出水											
去除率/(%)											

注:$NaHCO_3$ 根据需要进行调整。

表4-14　UASB厌氧氨氧化阶段实验数据记录表

日期:______年____月____日　　水力停留时间:______h　　温度:________℃

项目	COD	BOD_5	TN	NH_3-N	NO_3^--N	NO_2^--N	NO_2^--N/NH_3-N	TP	MLSS	pH值	DO
进水											
出水											
去除率/(%)											

(2) 由表中数据,以进水时间为横坐标,水质检测指标为纵坐标,分别绘制各水质指标变化曲线并寻找规律。

六、思考题

试讨论工艺运行中可能存在的问题及解决措施。

实验九　加压溶气气浮法处理含油废水实验

一、实验目的

(1) 了解和掌握加压溶气气浮法去除含油废水中乳化油的原理。
(2) 通过对实验系统的运行，掌握加压溶气气浮法的工艺流程。
(3) 探讨溶气压力与原水含油量对除油率的影响规律。

二、实验仪器

(1) 水箱：硬塑料制，1 m×1 m×1 m，2 个。
(2) 水泵：流量为 10～30 m^3/h，1 台。
(3) 溶气罐：钢制，ϕ0.1 m×1 m，1 个。
(4) 精密压力表：0.60 MPa，1 只。
(5) 空压机：型号为 UB-0240，排气量为 60 L/min，功率为 0.5 kW，1 台。
(6) 释放器：TS-1 型，1 个。
(7) 气浮池：有机玻璃制，1 个。
(8) 空气流量计：量程为 0～60 mL/min，1 支。
(9) 转子流量计(测液体流量)：型号为 LZB-15，量程为 0～1.5 L/min，2 支。
(10) 紫外分光光度计：751 型，波长范围 200～1 000 nm。

三、实验装置

本实验装置如图 4-7 所示。

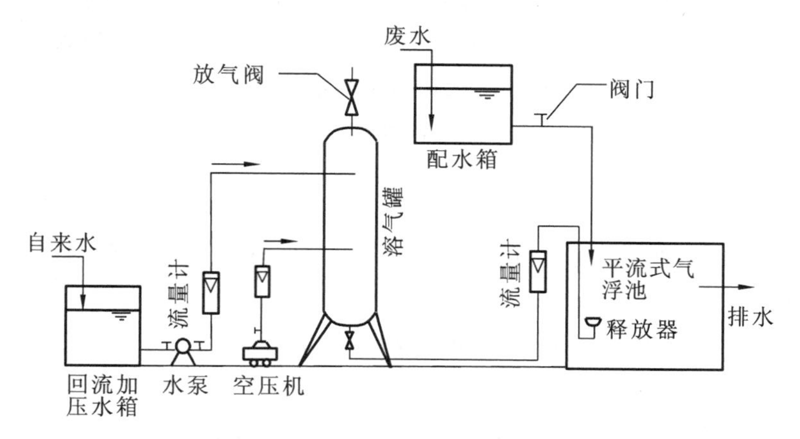

图 4-7　加压溶气气浮实验装置

四、实验原理

气浮法主要用于处理水中相对密度小于或接近 1 的悬浮物质，如乳化油、羊毛脂、纤维以及其他有机或无机的悬浮絮体。它是将水、污染杂质和气泡这样一个多相体系中含有的疏水性污染粒子,或者附有表面活性物的亲水性污染粒子有选择性地从废水中吸附到气泡上,以泡沫形式从水中分离去除的一种操作过程。因此,气浮法处理废水的实质是气泡和粒子间进行物理吸附,并形成浮选体上浮分离。

目前,气浮法中主要采用的是加压溶气气浮法。该方法将空气在加压的条件下溶入水中,然后在常压下析出(在溶气罐内进行),即令空气在一定压力的作用下溶解于水,并达到饱和状态,然后使加压水表面突然减至常压,此时溶解于水中的空气便以微小气泡的形式从水中逸出来,在上浮过程中,大量微细气泡吸附在欲去除的杂质上,利用气体本身的浮力将其带出水面,从而达到分离的目的。因为空气微泡由非极性分子组成,能与疏水性的油结合在一起,带着油滴一起上升,此外,空气密度仅为水的密度的1/755,黏附了一定数量污染杂质的气泡体系的整体密度远小于水的密度,所以体系的上浮速度增大,油水分离效率较高。

水中油珠和悬浮颗粒的上升遵守斯托克斯定律:

$$u=\frac{gd^2(\rho_w-\rho_0)}{18\mu} \tag{4-1}$$

式中:u——油珠或悬浮颗粒的上升速度,cm/s;

g——重力加速度,cm/s^2;

d——油珠或固体颗粒的有效直径,cm;

ρ_w——水的密度,g/cm^3;

ρ_0——油珠或悬浮颗粒的密度,g/cm^3;

μ——水的黏度,Pa·s。

重力加速度g不变,水的黏度为常数,水的密度不变,油珠的上升速度与油珠直径的平方成正比,与水和油珠或者悬浮颗粒的密度差成正比。

该方法主要用于不含表面活性剂的分散油的分离。若在含油废水中加入絮凝剂,则加压溶气气浮法对油的分离效果还会提高。这种方法电耗少、设备简单、效果良好。目前该法已被广泛应用于油田废水、石油化工废水、食品油生产废水等的处理,工艺较为成熟。

影响加压溶气气浮的因素很多,如空气在水中的溶解量、气泡直径的大小、气浮时间、水质等。因此,采用该方法进行水质处理时,经常需要通过实验测定相关参数。

五、实验步骤

本实验所处理的含油废水的含油量为50～150 mg/L,处理废水量约为500 L/h。

(1) 首先检查气浮实验装置是否完好。

(2) 将自来水加到水箱与气浮池中,至有效水深90%的高度。

(3) 将含油废水加到废水配水箱中。

(4) 开动空压机加压,加压至0.3 MPa。

(5) 开启加压水泵,向溶气罐中进水进行溶气,液面达到溶气罐的1/3时,缓慢打开溶气罐底部的闸阀,其流量控制为400～600 mL/min。

(6) 待空气在气浮池中释放并形成大量微小气泡时,再打开废水配水箱,废水按600～800 mL/min进水。

(7) 用紫外分光光度法测定原水及出水的含油量,并计算除油率。

(8) 保持原水含油量不变,改变溶气压力,测定出水的含油量,并计算除油率。

(9) 保持溶气压力不变,改变原水含油量,测定出水的含油量,计算除油率。

六、实验数据整理

1. 不同溶气压力下的除油率

(1) 填写实验记录表(表 4-15)。

表 4-15 不同溶气压力下的除油率

原水含油量/(mg/L)	溶气压力/MPa	出水含油量/(mg/L)	除油率/(%)
100	0.15		
	0.20		
	0.25		
	0.30		
	0.35		
	0.40		

(2) 绘制溶气压力-除油率关系曲线。

2. 原水含油量对除油率的影响

(1) 填写实验记录表(表 4-16)。

表 4-16 不同原水含油量在固定溶气压力下的除油率

溶气压力/MPa	原水含油量/(mg/L)	出水含油量/(mg/L)	除油率/(%)
0.30			

(2) 绘制原水含油量-除油率关系曲线。

七、思考题

(1) 观察实验装置运行是否正常,气浮池内的气泡是否很微小。若不正常,是什么原因?如何解决?

(2) 溶气压力是如何对除油率产生影响的?其规律是什么?

实验十 有机废水臭氧氧化实验

一、实验目的

(1) 掌握臭氧氧化实验操作方法,观测反应前后水中典型有机污染物的变化情况。

(2) 测定臭氧处理前后的水样相应指标,分析有机污染物的氧化降解效果。

二、实验仪器与试剂

(1) 仪器:氧气瓶、臭氧发生器、流量计、紫外-可见分光光度计、磁力搅拌器、pH 计、电子天平、连接导管的曝气头、带导管及塞子的锥形瓶、容量瓶等。

(2) 试剂:罗丹明 B(分析纯)、碘化钾(分析纯)、硫酸溶液(0.5 mol/L)、氢氧化钠溶液(1 mol/L)、硫代硫酸钠(分析纯)。

三、实验装置

实验装置见图 4-8。

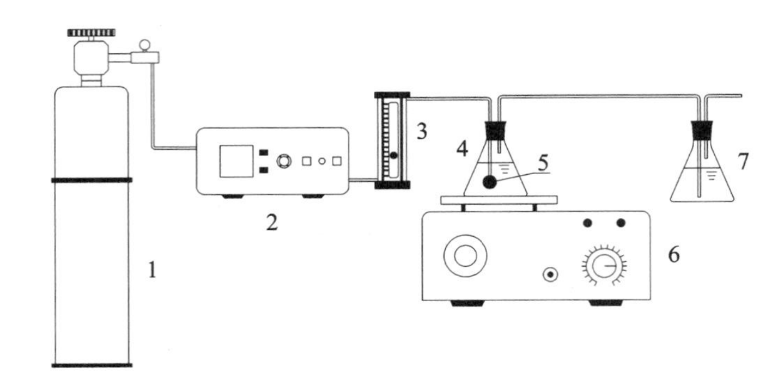

图 4-8　臭氧氧化实验装置

1—氧气瓶;2—臭氧发生器;3—流量计;4—反应器;
5—曝气头;6—磁力搅拌器;7—尾气吸收瓶(内装 KI 溶液)

四、实验原理

臭氧(O_3)是氧气的同素异形体,1 个臭氧分子由 3 个氧原子构成。臭氧在常温常压下为一种淡紫色、有鱼腥味的不稳定性气体,极易分解成氧气,因此不能储存,只能现场制备和使用。本实验中,氧气瓶中的 O_2 进入臭氧发生器中,通过如下反应生成 O_3:

$$3O_2 \longrightarrow 2O_3$$

O_3 具有很强的氧化能力,在酸性条件下,其标准氧化还原电位为 2.07 V,仅低于 F_2(2.87 V),高于 Cl_2(1.36 V)和 ClO_2(1.50 V)等常见的氧化剂。在水处理过程中,O_3 不仅可以起到消毒的作用,还可以起到氧化(去除臭味、脱色和氧化微污染物等)的作用。O_3 通过以下两种途径与水中的有机物发生反应:一是直接反应途径,即 O_3 与有机物直接发生反应;二是间接反应途径,即 O_3 首先在水中发生分解产生自由基(主要是·OH),然后自由基与有机物发生反应。由于·OH 具有强氧化性并且与有机物反应十分迅速,因此在 O_3 氧化的基础上,产生了一系列以促进 O_3 分解产生·OH 为目的的高级氧化技术,并在一些水厂中得到应用。本实验中,向含有罗丹明 B 的水溶液中通入 O_3,罗丹明 B 的生色基团会被 O_3 氧化去除,从而实现了脱色的目的。通入溶液中的 O_3 不能完全参加反应,多余的 O_3 被尾气吸收瓶中的 KI 溶液吸收。

五、实验步骤

(1) 配制 100 mg/L 罗丹明 B 溶液，用蒸馏水定容于 1 000 mL 容量瓶中，待用。

(2) 罗丹明 B 溶液的浓度-吸光度工作曲线绘制：取一定量上述的罗丹明 B 溶液，将溶液稀释 2 倍(50 mg/L)、5 倍(20 mg/L)、10 倍(10 mg/L)、20 倍(5 mg/L)，通过紫外-可见分光光度计在 550 nm 波长处测定获得 5 组浓度(c)-吸光度(A)数据，绘制 c-A 曲线。由 c-A 曲线可知，在一定范围内，c 与 A 呈线性关系。在氧化降解过程中，通过测定吸光度，获得染料浓度。

(3) 配制 2% KI 溶液 500 mL，置于尾气吸收瓶中。

(4) 配制硫代硫酸钠溶液(0.025 mol/L)：准确称量 6.2 g $Na_2S_2O_3 \cdot 5H_2O$，溶于 1 000 mL容量瓶中，定容待用。

(5) 配制 20 mg/L 罗丹明 B 溶液 500 mL 于锥形瓶中，用稀硫酸或氢氧化钠溶液调节模拟水样的初始 pH 值为 3.0 左右，以 pH 计测定溶液 pH 值。

(6) 将装有上述模拟水样的锥形瓶置于磁力搅拌器上，搅拌，连接实验装置，向锥形瓶中通入臭氧(10 mg/min)，同时开始计时。

(7) 反应开始后，每隔 5～10 min 取水样 5 mL，马上滴入少量的硫代硫酸钠溶液终止臭氧的氧化反应，摇晃均匀后再取水样测定其吸光度。

(8) 根据下式计算模拟水样的脱色率：

$$E_t = \frac{A_0 - A_t}{A_0} \times 100\%$$

式中：E_t——处理到 t 时刻的染料废水的脱色率；

A_0——染料废水初始浓度的吸光度；

A_t——处理到 t 时刻的染料废水的吸光度。

六、实验数据整理

(1) 填写实验记录表(表 4-17)。

表 4-17 臭氧氧化降解染料废水数据记录表

温度：________ 臭氧流量：________ 溶液 pH 值：________

反应时间	染料水样吸光度	脱色率 E_t

(2) 由表中数据绘制各指标变化曲线。

七、自主设计实验方案建议

(1) 调节模拟水样的 pH 值,在不同 pH 值条件下进行臭氧氧化实验,研究 pH 值对臭氧氧化降解罗丹明 B 的影响,找到最佳 pH 值。

(2) 采用不同臭氧流量做对比实验,研究其对罗丹明 B 氧化降解的影响。

(3) 改变溶液中罗丹明 B 的初始浓度,研究有机物浓度变化对臭氧氧化效果的影响。

(4) 在反应开始前,向锥形瓶中加入少量的活性炭或者是三氧化二铝等物质,然后进行臭氧的氧化实验,观察活性炭或者是三氧化二铝等对臭氧氧化脱色的影响。

八、思考题

(1) 溶液 pH 值对臭氧氧化降解罗丹明 B 的反应有何影响?

(2) 臭氧流量对罗丹明 B 的降解脱色效果的影响及其趋势如何?

(3) 活性炭或三氧化二铝等影响臭氧氧化脱色的原因是什么?

实验十一　钴离子活化过一硫酸盐降解四环素实验

一、实验目的

(1) 了解过硫酸盐活化高级氧化技术降解水中有机污染物的机理。

(2) 掌握盐酸四环素的降解反应速率及降解产物等。

二、实验设备

(1) 紫外分光光度计 1 台。

(2) 恒温振荡器 1 台。

(3) 天平 1 台(精度 0.1 mg)。

(4) 250 mL 锥形瓶 8 个。

(5) 500 mL 容量瓶 7 个。

(6) 0.22 μm 水系滤膜 8 个。

(7) 2.5 mL 一次性注射器 8 个。

三、实验原理

过硫酸盐在水中电离,产生过硫酸根离子,其标准氧化还原电位高,分子中含有过氧基—O—O—,是较强的氧化剂。过硫酸盐一般较稳定,反应速率较低,在光、热、过渡金属离子(如铁、银、钴等)等条件下活化成硫酸根自由基,用于高浓度、难降解有机污染物的处理。

基于硫酸根自由基的高级氧化技术已广泛应用于废水处理,这是由于其产生的强氧化性的自由基可以高效氧化降解有机物。通过活化过一硫酸盐(PMS)和过二硫酸盐(PDS)产生的 $SO_4^- \cdot$ (E_0=2.5~3.1 V),相比 Fenton 法产生的羟基自由基(· OH,E_0=1.8~2.7 V),具有更高的氧化还原电位,适用条件宽泛,因而更适合于处理难降解有机物。

相较于紫外线或者超声活化，过渡金属活化的特点是不需向体系中加入额外的能量，操作简便，通常在常温常压下就可进行。过渡金属离子（如 Co^{2+}、Fe^{2+}、Fe^{3+}、Mn^{2+}、Mg^{2+}、Ag^{+} 等）可以有效活化过硫酸盐产生硫酸根自由基。其反应机理是通过发生电子转移反应来使过硫酸盐中的 O—O 键断裂，生成 $SO_4^- \cdot$。反应方程式如下：

$$M^{n+} + S_2O_8^{2-} \longrightarrow M^{(n+1)+} + SO_4^- \cdot + SO_4^{2-}$$
$$M^{n+} + HSO_5^- \longrightarrow M^{(n+1)+} + SO_4^- \cdot + OH^-$$

四、实验步骤

1. 标准曲线的绘制

（1）准确称取 0.271 g 盐酸四环素（精确到 0.001 g）溶于适量超纯水中，转移并定容到 500 mL 的容量瓶中，配制成 500 mg/L 的标准储备液 B。

（2）分别移取 1.00 mL、2.00 mL、5.00 mL、10.00 mL、15.00 mL、20.00 mL 标准储备液 B 于 500 mL 容量瓶中，用超纯水稀释并定容，配制成 1 mg/L、2 mg/L、5 mg/L、10 mg/L、15 mg/L、20 mg/L 标准液。

（3）在最大吸收波长 357 nm 处，以超纯水为参比溶液测量上述标准液的吸光度 A。以四环素溶液的浓度 C 为横轴，以其对应的吸光度 A 为纵轴，绘制四环素的标准曲线。

2. 不同条件下四环素降解曲线的绘制

8 组实验条件如表 4-18 所示。

表 4-18　实验条件

组别	1	2	3	4	5	6	7	8
PMS/(mmol/L)	0	0.25	0.25	0.5	0.5	1	1	1
Co^{2+}/(mg/L)	1	0.5	1	1	2	1	2	0
TC/(mg/L)	20	10	20	50	10	10	20	20

（1）分别向 250 mL 锥形瓶中加入一定体积的四环素标准储备液 B 与一定体积的超纯水，混合均匀，之后继续加入相应体积的 PMS 母液及 Co^{2+} 母液，使总体积达到 100 mL，混合均匀并开始计时。

（2）依次在反应时间为 0 min、5 min、10 min、20 min、30 min、45 min、60 min 时取样，每次取适量样品，加入 2～3 滴甲醇，选择合适的倍数进行稀释，过滤后，测定吸光度值。

五、实验数据整理

（1）将实验测得的吸光度代入四环素的标准曲线中，计算得出溶液中剩余的四环素浓度。

（2）四环素的降解率可通过下式计算：

$$D = \frac{C_0 - C}{C} \times 100\%$$

式中：D——四环素的降解率；

C_0——溶液中四环素的起始浓度，mg/L；

C——溶液中四环素的剩余浓度，mg/L。

由此方程可计算出不同条件下四环素的降解率。

(3) 以四环素降解率 D 为纵坐标,反应时间 t 为横轴,绘制 D-t 图。

(4) 根据 D-t 图,拟合得到降解速率常数。

(5) 进行降解产物的分析。

对不同时间取得的样品进行质谱分析,根据数据库中对其碰撞碎片以及相应碎片丰度的推测数据,结合文献中四环素常见的降解产物分析,推导出四环素在基于硫酸根自由基的高级氧化体系中可能的降解途径。

六、思考题

(1) 对实验数据进行统计处理和分析,计算四环素的降解率。

(2) 分析四环素的降解动力学过程,包括动力学方程、反应速率常数等。

附　　录

附录 A　常用正交实验表

表 A-1　$L_4(2^3)$

实验号	列号		
	1	2	3
1	1	1	1
2	1	2	2
3	2	1	2
4	2	2	1

表 A-2　$L_8(2^7)$

实验号	列号						
	1	2	3	4	5	6	7
1	1	1	1	1	2	1	1
2	1	1	1	2	1	2	2
3	1	2	2	1	2	2	2
4	1	2	2	2	1	1	1
5	2	1	2	1	2	1	2
6	2	1	2	2	1	2	1
7	2	2	1	1	2	2	1
8	2	2	1	2	1	1	2

表 A-3　$L_{12}(2^{11})$

实验号	列号										
	1	2	3	4	5	6	7	8	9	10	11
1	1	1	1	2	2	1	2	1	2	2	1
2	2	1	2	1	2	1	1	2	2	2	2
3	1	2	2	2	2	2	1	2	2	1	1
4	2	2	1	1	2	2	2	2	1	2	1
5	1	1	2	2	1	2	2	2	1	2	2
6	2	1	2	1	1	2	2	1	2	1	1
7	1	2	1	1	1	1	2	2	2	1	2
8	2	2	1	2	1	2	1	1	2	2	2

续表

实验号	列号										
	1	2	3	4	5	6	7	8	9	10	11
9	1	1	1	1	2	2	1	1	1	1	2
10	2	1	1	2	1	1	1	2	1	1	1
11	1	2	2	1	1	1	1	1	1	2	1
12	2	2	2	2	2	1	2	1	1	1	2

表 A-4　$L_{16}(2^{15})$

实验号	列号														
	1	2	3	4	5	6	7	8	9	10	11	12	13	14	15
1	1	1	1	1	1	1	1	1	1	1	1	1	1	1	1
2	1	1	1	1	1	1	1	2	2	2	2	2	2	2	2
3	1	1	1	2	2	2	2	1	1	1	1	2	2	2	2
4	1	1	1	2	2	2	2	2	2	2	2	1	1	1	1
5	1	2	2	1	1	2	2	1	1	2	2	1	1	2	2
6	1	2	2	1	1	2	2	2	2	1	1	2	2	1	1
7	1	2	2	2	2	1	1	1	2	2	2	2	2	1	1
8	1	2	2	2	2	1	1	2	1	1	1	1	1	2	2
9	2	1	2	1	2	1	2	1	2	1	2	1	2	1	2
10	2	1	2	1	2	1	2	2	1	2	1	2	1	2	1
11	2	1	2	2	1	2	1	1	2	1	2	2	1	2	1
12	2	1	2	2	1	2	1	2	1	2	1	1	2	1	2
13	2	2	1	1	2	2	1	1	2	2	1	1	2	2	1
14	2	2	1	1	2	2	1	2	1	1	2	2	1	1	2
15	2	2	1	2	1	1	2	1	2	2	1	2	1	1	2
16	2	2	1	2	1	1	2	2	1	1	2	1	2	2	1

表 A-5　$L_9(3^4)$

实　验　号	列号			
	1	2	3	4
1	1	1	1	1
2	1	2	2	2
3	1	3	3	3
4	2	1	2	3
5	2	2	3	1

续表

实验号	列号			
	1	2	3	4
6	2	3	1	2
7	3	1	3	2
8	3	2	1	3
9	3	3	2	1

表 A-6　$L_{27}(3^{13})$

实验号	列号												
	1	2	3	4	5	6	7	8	9	10	11	12	13
1	1	1	1	1	1	1	1	1	1	1	1	1	1
2	1	1	1	1	2	2	2	2	2	2	2	2	2
3	1	1	1	1	3	3	3	3	3	3	3	3	3
4	1	2	2	2	1	1	1	2	2	2	3	3	3
5	1	2	2	2	2	2	2	3	3	3	1	1	1
6	1	2	2	2	3	3	3	1	1	1	2	2	2
7	1	3	3	3	1	1	1	3	3	3	2	2	2
8	1	3	3	3	2	2	2	1	1	1	3	3	3
9	1	3	3	3	3	3	3	2	2	2	1	1	1
10	2	1	2	3	1	2	3	1	2	3	1	2	3
11	2	1	2	3	2	3	1	2	3	1	2	3	1
12	2	1	2	3	3	1	2	3	1	2	3	1	2
13	2	2	3	1	1	2	3	2	3	1	3	1	2
14	2	2	3	1	2	3	1	3	1	2	1	2	3
15	2	2	3	1	3	1	2	1	2	3	2	3	1
16	2	3	1	2	1	2	3	3	1	2	2	3	1
17	2	3	1	2	2	3	1	1	2	3	3	1	2
18	2	3	1	2	3	1	2	2	3	1	1	2	3
19	3	1	3	2	1	3	2	1	3	2	1	3	2
20	3	1	3	2	2	1	3	2	1	3	2	1	3
21	3	1	3	2	3	2	1	3	2	1	3	2	1
22	3	2	1	3	1	3	2	2	1	3	3	2	1
23	3	2	1	3	2	1	3	3	2	1	1	3	2
24	3	2	1	3	3	2	1	1	3	2	2	1	3
25	3	3	2	1	1	3	2	2	2	1	2	1	3
26	3	3	2	1	2	1	3	3	3	2	3	2	1
27	3	3	2	1	3	2	1	1	1	3	1	3	2

表 A-7　$L_{18}(6\times3^6)$

实验号	列号						
	1	2	3	4	5	6	7
1	1	1	1	1	1	1	1
2	1	2	2	2	2	2	2
3	1	3	3	3	3	3	3
4	2	1	1	2	2	3	3
5	2	2	2	3	3	1	1
6	2	3	3	1	1	2	2
7	3	1	2	1	3	2	3
8	3	2	3	2	1	3	1
9	3	3	1	3	2	1	2
10	4	1	3	3	2	2	1
11	4	2	1	1	3	3	2
12	4	3	2	2	1	1	3
13	5	1	3	3	1	3	2
14	5	2	1	1	2	1	3
15	5	3	2	2	3	2	1
16	6	1	2	2	3	1	2
17	6	2	3	3	1	2	3
18	6	3	1	1	2	3	1

表 A-8　$L_{18}(2\times3^7)$

实验号	列号							
	1	2	3	4	5	6	7	8
1	1	1	1	1	1	1	1	1
2	1	1	2	2	2	2	2	2
3	1	1	3	3	3	3	3	3
4	1	2	1	1	2	2	3	3
5	1	2	2	2	3	3	1	1
6	1	2	3	3	1	1	2	2
7	1	3	1	2	1	3	2	3
8	1	3	2	3	2	1	3	1
9	1	3	3	1	3	2	1	2
10	2	1	1	3	3	2	2	1

续表

实验号	列号							
	1	2	3	4	5	6	7	8
11	2	1	2	1	1	3	3	2
12	2	1	3	2	2	1	1	3
13	2	2	1	2	3	1	3	2
14	2	2	2	3	1	2	1	3
15	2	2	3	1	2	3	2	1
16	2	3	1	3	2	3	1	2
17	2	3	2	1	3	1	2	3
18	2	3	3	2	1	2	3	1

表 A-9　$L_8(4\times2^4)$

实验号	列号				
	1	2	3	4	5
1	1	1	1	1	1
2	1	2	2	2	2
3	2	1	1	2	2
4	2	2	2	1	1
5	3	1	2	1	2
6	3	2	1	2	1
7	4	1	2	2	1
8	4	2	1	1	2

表 A-10　$L_{16}(4^5)$

实验号	列号				
	1	2	3	4	5
1	1	1	1	1	1
2	1	2	2	2	2
3	1	3	3	3	3
4	1	4	4	4	4
5	2	1	2	3	4
6	2	2	1	4	3
7	2	3	4	1	2
8	2	4	3	2	1
9	3	1	3	4	2

续表

实验号	列号				
	1	2	3	4	5
10	3	2	4	3	1
11	3	3	1	2	4
12	3	4	2	1	3
13	4	1	4	2	3
14	4	2	3	1	4
15	4	3	2	4	1
16	4	4	1	3	2

表 A-11　$L_{16}(4^3 \times 2^6)$

实验号	列号								
	1	2	3	4	5	6	7	8	9
1	1	1	1	1	1	1	1	1	1
2	1	2	2	1	1	2	2	2	2
3	1	3	3	2	2	1	1	2	2
4	1	4	4	2	2	2	2	1	1
5	2	1	2	2	2	1	2	1	2
6	2	2	1	2	2	2	1	2	1
7	2	3	4	1	1	1	2	2	1
8	2	4	3	1	1	2	1	1	2
9	3	1	3	1	2	2	2	2	1
10	3	2	4	1	2	1	1	1	2
11	3	3	1	2	1	2	2	1	2
12	3	4	2	2	1	1	1	2	1
13	4	1	4	2	1	2	1	2	2
14	4	2	3	2	1	1	2	1	1
15	4	3	2	1	2	2	1	1	1
16	4	4	1	1	2	1	2	2	2

表 A-12　$L_{16}(4^4 \times 2^3)$

实验号	列号						
	1	2	3	4	5	6	7
1	1	1	1	1	1	1	1
2	1	2	2	2	1	2	2

续表

实验号	列号						
	1	2	3	4	5	6	7
3	1	3	3	3	2	1	2
4	1	4	4	4	2	2	1
5	2	1	2	3	2	2	1
6	2	2	1	4	2	1	2
7	2	3	4	1	1	2	2
8	2	4	3	2	1	1	1
9	3	1	3	4	1	2	2
10	3	2	4	3	1	1	1
11	3	3	1	2	2	2	1
12	3	4	2	1	2	1	2
13	4	1	4	2	2	1	2
14	4	2	3	1	2	2	1
15	4	3	2	4	1	1	1
16	4	4	1	3	1	2	2

表 A-13　$L_{16}(4^2 \times 2^9)$

实验号	列号										
	1	2	3	4	5	6	7	8	9	10	11
1	1	1	1	1	1	1	1	1	1	1	1
2	1	2	1	1	1	2	2	2	2	2	2
3	1	3	2	2	2	1	1	1	2	2	2
4	1	4	2	2	2	2	2	2	1	1	1
5	2	1	1	2	2	1	2	2	1	2	2
6	2	2	1	2	2	2	1	1	2	1	1
7	2	3	2	1	1	1	2	2	2	1	1
8	2	4	2	1	1	2	1	1	1	2	2
9	3	1	2	1	2	1	1	2	2	1	2
10	3	2	2	1	2	2	2	1	1	2	1
11	3	3	1	2	1	2	1	2	1	2	1
12	3	4	1	2	1	1	2	1	2	1	2
13	4	1	2	2	1	2	2	1	2	2	1
14	4	2	2	2	1	1	1	2	1	1	2
15	4	3	1	1	2	2	2	1	1	1	2
16	4	4	1	1	2	1	1	2	2	2	1

表 A-14　$L_{16}(4\times2^{12})$

实验号	列号												
	1	2	3	4	5	6	7	8	9	10	11	12	13
1	1	1	1	1	1	1	1	1	1	1	1	1	1
2	1	1	1	1	1	2	2	2	2	2	2	2	2
3	1	2	2	2	2	1	1	1	1	2	2	2	2
4	1	2	2	2	2	2	2	2	2	1	1	1	1
5	2	1	1	2	2	1	1	2	2	1	1	2	2
6	2	1	1	2	2	2	2	1	1	2	2	1	1
7	2	2	2	1	1	1	1	2	2	2	2	1	1
8	2	2	2	1	1	2	2	1	1	1	1	2	2
9	3	1	2	1	2	1	2	1	2	1	2	1	2
10	3	1	2	1	2	2	1	2	1	2	1	2	1
11	3	2	1	2	1	1	2	1	2	2	1	2	1
12	3	2	1	2	1	2	1	2	1	1	2	1	2
13	4	1	2	2	1	1	2	2	1	1	2	2	1
14	4	1	2	2	1	2	1	1	2	2	1	1	2
15	4	2	1	1	2	1	2	2	1	2	1	1	2
16	4	2	1	1	2	2	1	1	2	1	2	2	1

表 A-15　$L_{25}(5^6)$

实　验　号	列号					
	1	2	3	4	5	6
1	1	1	1	1	1	1
2	1	2	2	2	2	2
3	1	3	3	3	3	3
4	1	4	4	4	4	4
5	1	5	5	5	5	5
6	2	1	2	3	4	5
7	2	2	3	4	5	1
8	2	3	4	5	1	2
9	2	4	5	1	2	3
10	2	5	1	2	3	4
11	3	1	3	5	2	4
12	3	2	4	1	3	5

续表

实验号	列号					
	1	2	3	4	5	6
13	3	3	5	2	4	1
14	3	4	1	3	5	2
15	3	5	2	4	1	3
16	4	1	4	2	5	3
17	4	2	5	3	1	4
18	4	3	1	4	2	5
19	4	4	2	5	3	1
20	4	5	3	1	4	2
21	5	1	5	4	3	2
22	5	2	1	5	4	3
23	5	3	2	1	5	4
24	5	4	3	2	1	5
25	5	5	4	3	2	1

表 A-16　$L_{12}(3\times2^4)$

实验号	列号				
	1	2	3	4	5
1	1	1	1	1	2
2	2	2	1	2	1
3	2	1	2	2	2
4	2	2	2	1	1
5	1	1	1	2	2
6	1	2	1	2	1
7	1	1	2	1	1
8	1	2	2	1	2
9	3	1	1	1	1
10	3	2	1	1	2
11	3	1	2	2	1
12	3	2	2	2	2

表 A-17　$L_{12}(6\times2^2)$

实验号	列号		
	1	2	3
1	1	1	1

续表

实验号	列号		
	1	2	3
2	2	1	2
3	1	2	2
4	2	2	1
5	3	1	2
6	4	1	1
7	3	2	1
8	4	2	2
9	5	1	1
10	6	1	2
11	5	2	2
12	6	2	1

附录 B　离群数据分析判断表

表 B-1　Grubbs 检验临界 T_{α} 表

m	显著性水平 α			
	0.05	0.025	0.01	0.005
3	1.153	1.155	1.155	1.155
4	1.463	1.481	1.492	1.496
5	1.672	1.715	1.749	1.764
6	1.822	1.887	1.944	1.973
7	1.938	2.02	2.097	2.139
8	2.032	2.126	2.221	2.274
9	2.11	2.215	2.323	2.387
10	2.176	2.29	2.41	2.482
11	2.234	2.355	2.485	2.564
12	2.285	2.412	2.550	2.636
13	2.331	2.462	2.607	2.699
14	2.371	2.507	2.659	2.755
15	2.409	2.549	2.705	2.806
16	2.443	2.585	2.747	2.852
17	2.475	2.62	2.785	2.894
18	2.504	2.65	2.821	2.932
19	2.532	2.681	2.854	2.968
20	2.557	2.709	2.881	3.001
21	2.58	2.733	2.912	3.031
22	2.603	2.758	2.939	3.06
23	2.624	2.781	2.963	3.087
24	2.644	2.802	2.987	3.112
25	2.663	2.822	3.009	3.135
26	2.681	2.841	3.029	3.157
27	2.698	2.859	3.049	3.178
28	2.714	2.876	3.068	3.199
29	2.73	2.893	3.085	3.218

续表

m	显著性水平 α			
	0.05	0.025	0.01	0.005
30	2.745	2.908	3.103	3.236
31	2.759	2.924	3.119	3.253
32	2.773	2.938	3.135	3.27
33	2.786	2.952	3.15	3.286
34	2.799	2.965	3.164	3.301
35	2.811	2.979	3.178	3.316
36	2.823	2.991	3.191	3.33
37	2.835	3.003	3.204	3.343
38	2.846	3.014	3.216	3.356
39	2.857	3.025	3.288	3.369
40	2.866	3.036	3.24	3.381
41	2.877	3.046	3.251	3.393
42	2.887	3.057	3.261	3.404
43	2.896	3.067	3.271	3.415
44	2.905	3.075	3.282	3.425
45	2.914	3.085	3.292	3.435
46	2.923	3.094	3.302	3.445
47	2.931	3.103	3.31	3.455
48	2.94	3.111	3.319	3.464
49	2.948	3.12	3.329	3.474
50	2.956	3.128	3.336	3.483
60	3.025	3.199	3.411	3.56
70	3.082	3.257	3.471	3.622
80	3.13	3.305	3.521	3.673
90	3.171	3.347	3.563	3.716
100	3.207	3.383	3.6	3.754

表 B-2　Cochran 最大方差检验临界 C_α 表

m	n=2		n=3		n=4		n=5		n=6	
	α=0.01	α=0.05	α=0.01	α=0.05	α=0.01	α=0.05	α=0.01	α=0.05	α=0.01	α=0.05
2	—	—	0.995	0.975	0.979	0.939	0.959	0.906	0.937	0.877
3	0.993	0.967	0.942	0.871	0.883	0.798	0.834	0.745	0.793	0.707

续表

m	n=2		n=3		n=4		n=5		n=6	
	α=0.01	α=0.05	α=0.01	α=0.05	α=0.01	α=0.05	α=0.01	α=0.05	α=0.01	α=0.05
4	0.968	0.906	0.864	0.768	0.781	0.684	0.721	0.629	0.676	0.59
5	0.928	0.841	0.788	0.684	0.696	0.598	0.633	0.544	0.588	0.506
6	0.883	0.781	0.722	0.616	0.626	0.532	0.564	0.48	0.52	0.445
7	0.838	0.727	0.664	0.561	0.568	0.48	0.508	0.431	0.466	0.397
8	0.794	0.68	0.615	0.516	0.521	0.438	0.463	0.391	0.423	0.36
9	0.754	0.638	0.573	0.478	0.481	0.403	0.425	0.358	0.387	0.329
10	0.718	0.602	0.536	0.445	0.447	0.373	0.393	0.331	0.357	0.303
11	0.684	0.57	0.504	0.417	0.418	0.348	0.366	0.308	0.332	0.281
12	0.653	0.541	0.475	0.392	0.392	0.326	0.343	0.288	0.31	0.262
13	0.624	0.515	0.45	0.371	0.369	0.307	0.322	0.271	0.291	0.246
14	0.599	0.492	0.427	0.352	0.349	0.291	0.304	0.255	0.274	0.232
15	0.575	0.471	0.407	0.335	0.332	0.276	0.288	0.242	0.259	0.22
16	0.553	0.452	0.388	0.319	0.316	0.262	0.274	0.23	0.246	0.208
17	0.532	0.434	0.372	0.305	0.301	0.25	0.261	0.219	0.234	0.198
18	0.514	0.418	0.356	0.293	0.288	0.24	0.249	0.209	0.223	0.189
19	0.496	0.403	0.343	0.281	0.276	0.23	0.238	0.2	0.214	0.181
20	0.48	0.389	0.33	0.27	0.265	0.22	0.229	0.192	0.205	0.174
21	0.465	0.377	0.318	0.261	0.255	0.212	0.22	0.185	0.197	0.167
22	0.45	0.365	0.307	0.252	0.246	0.204	0.212	0.178	0.189	0.16
23	0.437	0.354	0.297	0.243	0.238	0.197	0.204	0.172	0.182	0.155
24	0.425	0.343	0.287	0.235	0.23	0.191	0.197	0.166	0.176	0.149
25	0.413	0.334	0.278	0.228	0.222	0.185	0.19	0.16	0.17	0.144
26	0.402	0.325	0.27	0.221	0.215	0.179	0.184	0.155	0.164	0.14
27	0.391	0.316	0.262	0.215	0.209	0.173	0.179	0.15	0.159	0.135
28	0.382	0.308	0.255	0.209	0.202	0.168	0.173	0.146	0.154	0.131
29	0.372	0.3	0.248	0.203	0.196	0.164	0.168	0.142	0.15	0.127
30	0.363	0.293	0.241	0.198	0.191	0.159	0.164	0.138	0.145	0.124
31	0.355	0.286	0.235	0.193	0.186	0.155	0.159	0.134	0.141	0.12
32	0.347	0.28	0.229	0.188	0.181	0.151	0.155	0.131	0.138	0.117
33	0.339	0.273	0.224	0.184	0.177	0.147	0.151	0.127	0.134	0.114
34	0.332	0.267	0.218	0.179	0.172	0.144	0.147	0.124	0.131	0.111
35	0.325	0.262	0.213	0.175	0.168	0.14	0.144	0.121	0.127	0.108

续表

m	$n=2$		$n=3$		$n=4$		$n=5$		$n=6$	
	$\alpha=0.01$	$\alpha=0.05$	$\alpha=0.01$	$\alpha=0.05$	$\alpha=0.01$	$\alpha=0.05$	$\alpha=0.01$	$\alpha=0.05$	$\alpha=0.01$	$\alpha=0.05$
36	0.318	0.256	0.208	0.172	0.165	0.137	0.14	0.118	0.124	0.106
37	0.312	0.251	0.204	0.168	0.161	0.134	0.137	0.116	0.121	0.103
38	0.306	0.246	0.2	0.164	0.157	0.131	0.134	0.113	0.119	0.101
39	0.3	0.242	0.196	0.161	0.154	0.129	0.131	0.111	0.116	0.099
40	0.294	0.237	0.192	0.158	0.151	0.126	0.128	0.108	0.114	0.097

附录C　F 分布表

表 C-1　F 分布表（$\alpha=0.05$）

n_2	n_1														
	1	2	3	4	5	6	7	8	9	10	12	15	20	60	∞
1	161.4	199.5	215.7	224.6	230.2	234	236.8	238.9	240.5	241.9	243.9	245.9	248	252.2	254.3
2	18.51	19	19.16	19.25	19.3	19.33	19.35	19.37	19.38	19.4	19.41	19.43	19.45	19.48	19.5
3	10.13	9.55	9.28	9.12	9.01	8.94	8.89	8.85	8.81	8.79	8.74	8.7	8.66	8.57	8.53
4	7.71	6.94	6.59	6.39	6.26	6.16	6.09	6.04	6	5.96	5.91	5.86	5.8	5.69	5.63
5	6.61	5.79	5.41	5.19	5.05	4.95	4.88	4.82	4.77	4.74	4.68	4.62	4.56	4.43	4.36
6	5.99	5.14	4.76	4.53	4.39	4.28	4.21	4.15	4.1	4.06	4	3.94	3.87	3.74	3.67
7	5.59	4.74	4.35	4.12	3.97	3.87	3.79	3.37	3.68	3.64	3.57	3.51	3.44	3.3	3.23
8	5.32	4.46	4.07	3.84	3.69	3.58	3.5	3.44	3.39	3.35	3.28	3.22	3.15	3.01	2.93
9	5.12	4.26	3.86	3.63	3.48	3.37	3.29	3.23	3.18	3.14	3.07	3.01	2.94	2.79	2.71
10	4.96	4.1	3.71	3.48	3.33	3.22	3.14	3.07	3.02	2.98	2.91	2.85	2.77	2.62	2.54
11	4.84	3.98	3.59	3.36	3.2	3.09	3.01	2.95	2.9	2.85	2.79	2.72	2.65	2.49	2.4
12	4.75	3.89	3.49	3.26	3.11	3	2.91	2.85	2.8	2.75	2.69	2.62	2.54	2.38	2.3
13	4.67	3.81	3.41	3.18	3.03	2.92	2.83	2.77	2.71	2.67	2.6	2.53	2.46	2.3	2.21
14	4.6	3.74	3.34	3.11	2.96	2.85	2.76	2.7	2.65	2.6	2.53	2.46	2.39	2.22	2.13
15	4.54	3.68	3.29	3.06	2.9	2.79	2.71	2.64	2.59	2.54	2.43	2.4	2.33	2.16	2.07
16	4.49	3.63	3.24	3.01	2.85	2.74	2.66	2.59	2.54	2.49	2.42	2.35	2.28	2.11	2.01
17	4.45	3.59	3.2	2.96	2.81	2.7	2.61	2.55	2.49	2.45	2.38	2.31	2.23	2.06	1.96
18	4.41	3.55	3.16	2.93	2.77	2.66	2.58	2.51	2.46	2.41	2.34	2.27	2.19	2.02	1.92
19	4.38	3.52	3.13	2.9	2.74	2.63	2.54	2.48	2.42	2.38	2.31	2.23	2.16	1.98	1.88
20	4.35	3.49	3.1	2.87	2.71	2.6	2.51	2.45	2.39	2.35	2.28	2.2	2.12	1.95	1.84
21	4.32	3.47	3.07	2.84	2.68	2.57	2.49	2.42	2.37	2.32	2.25	2.18	2.1	1.92	1.81
22	4.3	3.44	3.05	2.82	2.66	2.55	2.46	2.4	2.34	2.3	2.23	2.15	2.07	1.89	1.78
23	4.28	3.42	3.03	2.8	2.64	2.53	2.44	2.37	2.32	2.27	2.2	2.13	2.05	1.86	1.76
24	4.26	3.4	3.01	2.78	2.62	2.51	2.42	2.36	2.3	2.25	2.18	2.11	2.03	1.84	1.73
25	4.24	3.39	2.99	2.76	2.6	2.49	2.4	2.34	2.28	2.24	2.16	2.09	2.01	1.82	1.71
30	4.17	3.32	2.92	2.69	2.53	2.42	2.33	2.27	2.21	2.16	2.09	2.01	1.93	1.74	1.62
40	4.08	3.23	2.84	2.61	2.45	2.34	2.25	2.18	2.12	2.08	2	1.92	1.84	1.64	1.51
60	4	3.15	2.76	2.53	2.37	2.25	2.17	2.1	2.04	1.99	1.92	1.83	1.75	1.53	1.39
120	3.92	3.07	2.68	2.45	2.29	2.17	2.09	2.02	1.96	1.91	1.83	1.75	1.66	1.43	1.25
∞	3.84	3	2.6	2.37	2.21	2.1	2.01	1.94	1.88	1.83	1.75	1.67	1.57	1.32	1

表 C-2　F 分布表（$\alpha=0.01$）

n_2	n_1														
	1	2	3	4	5	6	7	8	9	10	12	15	20	60	∞
1	4 052	4 999.5	5 403	5 625	5 764	5 859	5 928	5 982	6 022	6 056	6 106	6 157	6 209	6 313	6 366
2	98.5	99	99.17	99.25	99.3	99.33	99.36	99.37	99.39	99.4	99.42	99.43	99.45	99.48	99.5
3	34.12	30.82	29.46	23.71	28.24	27.91	27.67	27.49	27.35	27.23	27.05	26.37	26.69	26.32	26.13
4	21.2	18	16.69	15.98	15.52	15.21	14.98	14.8	14.66	14.55	14.37	14.2	14.02	13.65	13.46
5	16.26	13.27	12.06	11.39	10.97	10.67	10.46	10.29	10.16	10.05	9.89	9.72	9.55	9.2	9.02
6	13.75	10.92	9.78	9.15	8.75	8.47	8.26	8.1	7.98	7.87	7.72	7.56	7.4	7.06	6.88
7	12.25	9.55	8.45	7.85	7.46	7.19	6.99	6.84	6.72	6.62	6.47	6.31	6.16	5.82	5.65
8	11.26	8.65	7.59	7.01	6.65	6.37	6.18	6.03	5.91	5.81	5.67	5.52	5.36	5.03	4.86
9	10.56	8.02	6.99	6.42	6.06	5.8	5.61	5.47	5.35	5.26	5.11	4.96	4.81	4.48	4.31
10	10.04	7.56	6.55	5.99	5.64	5.39	5.2	5.06	4.94	4.85	4.71	4.56	4.41	4.08	3.91
11	9.65	7.21	6.22	5.67	5.32	5.07	4.89	4.74	4.63	4.54	4.4	4.25	4.1	3.78	3.6
12	9.33	6.93	5.95	5.41	5.06	4.82	4.64	4.5	4.39	4.3	4.16	4.01	3.86	3.54	3.36
13	9.07	6.7	5.74	5.21	4.86	4.62	4.44	4.3	4.19	4.1	3.96	3.82	3.66	3.34	3.17
14	8.86	6.51	5.56	5.04	4.69	4.46	4.28	4.14	4.03	3.94	3.8	3.66	3.51	3.18	3
15	8.68	6.36	5.42	4.89	4.56	4.32	4.14	4	3.89	3.8	3.67	3.52	3.37	3.05	2.87
16	8.53	6.23	5.29	4.77	4.44	4.2	4.03	3.89	3.78	3.69	3.55	3.41	3.26	2.93	2.75
17	8.4	6.11	5.18	4.67	4.34	4.1	3.93	3.79	3.68	3.59	3.46	3.31	3.16	2.83	2.65
18	8.29	6.01	5.09	4.58	4.25	4.01	3.84	3.71	3.6	3.51	3.37	3.23	3.08	2.75	2.57
19	8.18	5.93	5.01	4.5	4.17	3.94	3.77	3.63	3.52	3.43	3.3	3.15	3	2.67	2.49
20	8.1	5.85	4.94	4.43	4.1	3.87	3.7	3.56	3.46	3.37	3.23	3.09	2.94	2.61	2.45
21	8.02	5.78	4.87	4.37	4.04	3.81	3.64	3.51	3.4	3.31	3.17	3.03	2.88	2.55	2.36
22	7.95	5.72	4.82	4.31	3.99	3.76	3.59	3.45	3.35	3.26	3.12	2.98	2.83	2.5	2.31
23	7.88	5.66	4.76	4.26	3.94	3.71	3.54	3.41	3.3	3.21	3.07	2.93	2.78	2.45	2.26
24	7.82	5.61	4.72	4.22	3.9	3.67	3.5	3.36	3.26	3.17	3.03	2.89	2.74	2.4	2.21
25	7.77	5.57	4.68	4.18	3.85	3.63	3.46	3.32	3.22	3.13	2.99	2.85	2.7	2.36	2.17
30	7.56	5.39	4.51	4.02	3.7	3.47	3.3	3.17	3.07	2.98	2.84	2.7	2.55	2.21	2.01
40	7.31	5.18	4.31	3.83	3.51	3.29	3.12	2.99	2.89	2.8	2.66	2.52	2.37	2.02	1.8
60	7.08	4.98	4.13	3.65	3.34	3.12	2.95	2.82	2.72	2.63	2.5	2.35	2.2	1.84	1.6
120	6.85	4.79	3.95	3.48	3.17	2.96	2.79	2.66	2.56	2.47	2.34	2.19	2.03	1.66	1.38
∞	6.63	4.61	3.78	3.32	3.02	2.8	2.64	2.51	2.41	2.32	2.18	2.04	1.88	1.47	1

附录D　相关系数检验表

$n-2$	5%	1%	$n-2$	5%	1%	$n-2$	5%	1%
1	0.997	1.000	16	0.468	0.590	35	0.325	0.418
2	0.950	0.990	17	0.456	0.575	40	0.304	0.393
3	0.878	0.959	18	0.444	0.561	45	0.288	0.372
4	0.811	0.917	19	0.433	0.549	50	0.273	0.354
5	0.754	0.874	20	0.423	0.537	60	0.250	0.325
6	0.707	0.834	21	0.413	0.526	70	0.232	0.302
7	0.666	0.798	22	0.404	0.515	80	0.217	0.283
8	0.632	0.765	23	0.396	0.505	90	0.205	0.267
9	0.602	0.735	24	0.388	0.496	100	0.195	0.254
10	0.576	0.708	25	0.381	0.487	125	0.174	0.228
11	0.553	0.684	26	0.374	0.478	150	0.159	0.208
12	0.532	0.661	27	0.367	0.470	200	0.138	0.181
13	0.514	0.641	28	0.361	0.463	300	0.113	0.148
14	0.497	0.623	29	0.355	0.456	400	0.098	0.128
15	0.482	0.606	30	0.349	0.449	1 000	0.062	0.081

附录 E　氧在蒸馏水中的溶解度(饱和度)

温度/℃	溶解氧/(mg/L)	温度/℃	溶解氧/(mg/L)	温度/℃	溶解氧/(mg/L)
0	14.62	11	11.08	22	8.83
1	14.23	12	10.83	23	8.63
2	13.84	13	10.60	24	8.53
3	13.48	14	10.37	25	8.38
4	13.13	15	10.15	26	8.22
5	12.80	16	9.95	27	8.07
6	12.48	17	9.74	28	7.92
7	12.17	18	9.54	29	7.77
8	11.87	19	9.35	30	7.63
9	11.59	20	9.17		
10	11.33	21	8.99		

参 考 文 献

[1] 孙丽欣,贾学斌,张振宇. 水处理工程应用实验[M]. 3 版. 哈尔滨:哈尔滨工业出版社,2015.

[2] 李燕城,吴俊奇. 水处理实验技术[M]. 北京:中国建筑工业出版社,2004.

[3] 严煦世,范瑾初. 给水工程[M].4 版. 北京:中国建筑工业出版社,1999.

[4] 张自杰. 排水工程[M]. 5 版. 北京:中国建筑工业出版社,2015.

[5] 郝瑞霞,吕鉴. 水质工程学实验与技术[M]. 北京:北京工业大学出版社,2006.